अभिप्राय

वायू प्रदूषणाचा भस्मासुर

दैनिक लोकसत्ता, २५-७-२००४

वायू प्रदूषणाची जाणीव...

दैनिक सकाळ (पुणे) २६-९-२००४

प्रस्तुत पुस्तकात पृथ्वीचा हा ऱ्हास थांबवता यावा यासाठी पर्यावरण लोकजागृती, पर्यावरण शिक्षण आणि कायद्याची कडक अंमलबजावणी याविषयी चर्चा आढळते.

तरुण भारत, नागपूर, ६-६-२००४
दैनिक तरुण भारत सोलापूर,
२३-५-२००४, २०-६-२००४

वायू प्रदूषण

डॉ. किशोर पवार
सौ. नलिनी पवार

मेहता पब्लिशिंग हाऊस

◆ *या पुस्तकातील लेखकाची मते, घटना, वर्णने ही त्या लेखकाची असून त्याच्याशी प्रकाशक सहमत असतीलच असे नाही.*

VAYU PRADUSHAN by DR. KISHOR PAWAR & NALINI PAWAR

वायू प्रदूषण : प्राचार्य डॉ. किशोर पवार व प्रा. सौ. नलिनी पवार / - - -

Email : author@mehtapublishinghouse.com

© प्राचार्य डॉ. किशोर पवार व प्रा. सौ. नलिनी पवार

मराठी पुस्तक प्रकाशनाचे हक्क मेहता पब्लिशिंग हाऊस, पुणे.

प्रकाशक   : सुनील अनिल मेहता, मेहता पब्लिशिंग हाऊस,
               १९४१ सदाशिव पेठ, माडीवाले कॉलनी, पुणे – ४११०३०.

अक्षरजुळणी : पीसी-नेट, नारायण पेठ, पुणे ३०.

मुखपृष्ठ   : निर्मिती, कोल्हापूर

प्रकाशनकाल : एप्रिल, २००४ / पुनर्मुद्रण : डिसेंबर, २००८

P Book ISBN 9788177664263

E Books available on : play.google.com/store/books
www.amazon.in

नाशिकचे सुप्रसिद्ध शल्यविशारद, माजी खासदार व
नाशिक जिल्हा मराठा विद्याप्रसारक समाज संस्थेचे सरचिटणीस
मा. डॉ. वसंतराव पवार
यांना कृतज्ञतापूर्वक अर्पण

मनोगत

विज्ञान-तंत्रज्ञानाच्या बळावर मानवाने आपले जीवन सुखी व समृद्ध करण्याच्या अमर्याद हव्यासामुळे अनेक समस्याही निर्माण केल्या. प्रदूषण ही देखील अशीच मानवनिर्मित जागतिक समस्या बनली आहे. हवा, पाणी, जमीन व ध्वनी प्रदूषण यांचे प्रश्न गंभीर झाले आहेत. त्यांचे दुष्परिणाम इतर सजीवांप्रमाणेच मानवालाही भोगावे लागत आहेत. अर्थात या सर्व समस्यांचे मूळ आहे मानवाच्या, निसर्गावर सातत्याने होत असलेल्या, आक्रमणात आहे. औद्योगिक क्रांतीनंतर मानवी जीवनात आमूलाग्र बदल घडून आले. विज्ञान तंत्रज्ञानाची क्षितीजे विस्तारली. कारखानदारी वाढली. शहरं लोकसंख्येने फुगत गेली. नैसर्गिक संपदेची मनसोक्त आणि अमर्यादपणे लूट केली गेली. मानवाने विविध क्षेत्रात आर्थिक, सांस्कृतिक प्रगती गाठली परंतु निसर्गातील मानवाच्या हस्तक्षेपामुळे प्रदूषणाचा भस्मासूर वाढतच गेला. ह्या भस्मासुराला वेळीच आवर घातला नाही तर तो सजीवांसह मानवालाही संपवून टाकेल अशी भीती भेडसावत आहे. प्रदूषणाच्या विळख्याने आता साऱ्या जगालाच वेढलं आहे, आणि साऱ्या जगाला विनाशाच्या उंबरठ्यावर आणून सोडलं आहे.

ज्या हवेशिवाय सजीवांचं अस्तित्व अशक्य आहे तीच आता दूषित होत आहे. अधिक मोठ्या प्रमाणात औद्योगीकरण म्हणजेच विकास हे सूत्र ठरल्यामुळे जगभर कारखानदारी भरमसाठ प्रमाणात वाढत आहे. इंधनांचा वापर प्रचंड प्रमाणात वाढत आहेत. त्यामुळे हवेत दूषित, विषारी वायू, धूर, धूळ, घनतरंग, अपद्रवे मिसळली जातात आणि त्यामुळे मानवी आरोग्य धोक्यात आलं आहे. वनस्पती व इतर सजीवांचीही हानी होत आहे. इमारती, वास्तू शिल्पे यांची झीज होऊ लागली असून त्यांचे सौंदर्य नष्ट होत आहे. त्या काळवंडत आहेत. ताजमहालसारख्या जगातील एका अप्रतिम शिल्पालाही धोका पोहोचला आहे. स्वयंचलित वाहनांची प्रचंड वेगाने वाढणारी संख्या, झपाट्याने वाढणारी शहरे, अणुचाचण्या, राष्ट्राराष्ट्रांमध्ये चालू असलेली युद्धे, विषारी वायू गळती इ. मुळे हवा दूषित होते. आखाती युद्धाचे दुष्परिणाम अनेक देशांनी अनुभवले आहेत.

मानवी चुकांमुळे घडलेल्या भयानक अपघातांमुळे वायू प्रदूषणाच्या अनेक

दुर्घटना जगात घडल्या आहेत. भारतासारख्या विकसनशील देशातही छोट्या मोठ्या दुर्घटना घडल्या आहेत. ३ डिसेंबर १९८४ रोजी भोपाळ येथील युनियन कार्बाईड या कारखान्यात मेथिल आयसोसायनेट या अत्यंत विषारी वायूची गळती होऊन हजारो लोक मृत्युमुखी पडले आणि लाखो लोक व्याधीग्रस्त झाले. या भयानक वायुकाडांची नोंद प्रदूषणाच्या इतिहासात सदैव राहील. भारतातील दिल्ली, कोलकोता, मुंबई, ही जगातील अत्यंत प्रदूषित शहरे म्हणून नोंदली गेली आहेत.

प्रदूषणाचा हा विळखा सोडविता येणार नाही का? विकसित राष्ट्रे देखील प्रदूषणाच्या वाढीला हातभार लावतात. परंतु आता प्रदूषणाच्या दुष्परिणामांबाबत जागतिक स्तरावरच प्रयत्न सुरू झाले आहेत. वेळीच प्रदूषणाच्या समस्येला आवर घातला तरच भावी पिढ्यांना सुखासमाधानाने जगता येईल. त्यासाठी पर्यावरण शिक्षण, जनजागृती, शैक्षणिक, सामाजिक, सेवाभावी संस्थांचा सहभाग होणे गरजेचे आहे. त्याचप्रमाणे प्रदूषणसंदर्भात कडक कायदे व त्यांची यशस्वीरित्या कडक अंमलबजावणी करणेही गरजेचे आहे. दुर्दैवाने आपल्या देशात याबाबत अनास्था व अनागोंदी आहे. त्यामुळे प्रदूषणास जबाबदार कारखानदार बेफिकीर आहेत. सर्वच स्तरावर प्रदूषणाच्या या भस्मासूराला गाडून टाकण्यासाठी एकजुटीने प्रयत्न होण्याची गरज आहे.

ह्या पुस्तकाच्या लेखनासाठी अनेक संदर्भ ग्रंथांची मदत घ्यावी लागली. त्या ग्रंथांचे लेखक व प्रकाशक यांचे आम्ही मन:पूर्वक आभार मानतो. लेखनकाळात चि. राहुल, डॉ. अमरजा, कु. अलकनंदा यांचे मोलाचे सहकार्य लाभले. त्याबद्दल त्यांचे आभार.

ह्या पुस्तकाची सुंदर छपाई, मेहता पब्लिशिंग हाऊसचे मालक माझे स्नेही श्री. सुनील मेहता यांनी केल्याबद्दल त्यांचे आभार मानावे तेवढे थोडेच आहेत.

या पुस्तकात अनेक महत्त्वाच्या दुरुस्त्या, माझे मित्र व सुप्रसिद्ध विज्ञान लेखक श्री. निरंजन घाटे यांनी सुचविल्याबद्दल त्यांचे आभार मानावेत तेवढे थोडेच आहेत. तसेच दै. सकाळ नाशिकचे ग्रंथपाल श्री. एस. एम. पाटील यांनी महत्त्वाचे संदर्भ उपलब्ध करून दिले, त्याबद्दल त्यांचे आभार मानणे माझे कर्तव्य आहे.

प्राचार्य डॉ. किशोर पवार
प्रा. सौ. नलिनी पवार

अनुक्रमणिका

१. वायू प्रदूषण एक जागतिक समस्या!

सूर्य कुलातील नऊ ग्रहांपैकी आपली पृथ्वी तथा वसुंधरा हा जीवसृष्टी असलेला एकमेव ग्रह आहे. सजीवांसाठी आवश्यक असणारे जीवनोपयोगी घटक म्हणजे हवा, पाणी, जमीन आणि अन्न या गोष्टी फक्त भूतलावरच आहेत. इतर ग्रहांवर जीवसृष्टी असावी असा अंदाज शास्त्रज्ञांना वाटतो म्हणून त्या दिशेने शोध मोहिमा जगातील प्रगत राष्ट्रे राबवित आहेत. परंतु आजमितीला शास्त्रज्ञांनाही ठामपणे सांगता येईल असे पुरावे उपलब्ध नाहीत. या विश्वात आजतरी पृथ्वी हाच एक ग्रह जीवसृष्टीने बहरलेला आहे. निसर्गाने अत्यंत मुक्तहस्ताने पृथ्वीला जीवनोपयोगी गोष्टींचे वरदान दिले आहे. सजीवांचे वास्तव्य असलेल्या ह्या आवरणास जीवावरण (Biosphere) असे म्हटले जाते. हे आवरण भूपृष्ठापासून वर तसेच भूपृष्ठाखाली फार मर्यादित आहे. कारण खूप उंचावर तसेच भूपृष्ठाखाली जीवनावश्यक परिस्थिती नसल्यामुळे तेथे सजीवांचे वास्तव्य नसते. त्यामुळे जीवावरणाच्या मर्यादेपलिकडे काही अपवाद वगळल्यास सजीवांचं अस्तित्व नसतं. उदा. सागराच्या तळाशी खोलवर सूर्यप्रकाश नसतो त्यामुळे अन्ननिर्मिती करणाऱ्या वनस्पती नसतात. परंतु अशा ठिकाणी काही जीव आपली उपजीविका करतात. उष्णपाण्याचे झरेही त्यांच्या मुखाशी जीवसृष्टी दर्शवितात.

पृथ्वीवर सजीवसृष्टी ज्या विशिष्ट वातावरणात तथा नैसर्गिक परिस्थितीत जगते त्याला आपण पर्यावरण म्हणतो. मग हे पर्यावरण पाण्याचे, हवेचे, अथवा जमिनीचे असो तेथे सजीवांची निर्मिती, वाढ, रंगरुप, प्रजनन होत असते. भूतलावर वनस्पती, प्राणी व मानव ज्या पर्यावरणात राहातात त्या पर्यावरणातील विविध घटकांमध्ये एक संतुलन प्रस्थापित झालेले असते. हे संतुलन जैविक व अजैविक घटकांमध्ये असते. त्याचप्रमाणे सजीव घटकांमध्येही परस्परावलंबन असते आणि त्यामुळेच पर्यावरणाचे संतुलन टिकून राहते. जीवसृष्टीला आवश्यक असणाऱ्या गोष्टी म्हणजे अन्न, पाणी, हवा व निवारा.

या गोष्टी पुरेशा प्रमाणात त्यांना उपलब्ध असल्या म्हणजे त्या पर्यावरणातील जीवसृष्टीचे व्यवहार तथा चक्र सुरळीतपणे चालू असतात. परंतु काही वेळा अशा पर्यावरणात मानवनिर्मित किंवा नैसर्गिक कारणांमुळे घातक व अपायकारक घटकांचा शिरकाव होतो. हे घटक सजीवांना घातक आणि प्रतिकूल ठरतात. असे पर्यावरण सजीवांच्या अस्तित्त्वाला धोकादायक ठरते. त्यामुळे पर्यावरणातील विविध घटकांमधील संतुलन बिघडते. पर्यावरणाचे संतुलन बिघडविणारे अपायकारक घटक म्हणजे दूषितके (Pollutants) होत. दूषितकांमुळे पर्यावरण दूषित होऊन त्यातील सजीवांना धोका पोहोचतो आणि याच प्रक्रियेला प्रदूषण म्हणतात.

आज भूतलावरील स्वामी आहे माणूस! तो इतर सर्वच प्राण्यांपेक्षा बुद्धिमत्तेत श्रेष्ठ आहे. त्यामुळे निसर्गावरही त्याला त्याचे वर्चस्व गाजवायचे आहे. म्हणूनच त्याचे निसर्गावर अतिक्रमण चालू आहे. निसर्गात त्याच्या सातत्याने होत असलेल्या हस्तक्षेपामुळेच प्रदूषणाच्या समस्येला मानव कारणीभूत ठरलेला आहे. विज्ञान तंत्रज्ञानातील प्रचंड प्रगतीमुळे होणारे वाढते, अमर्याद औद्योगिकरण, अफाट लोकसंख्या वाढीमुळे होणारे शहरीकरण यामुळे प्रदूषणाची समस्या दिवसेंदिवस उग्र बनत चालली आहे.

प्रदूषण ही एक जागतिक समस्या बनली आहे. वायू प्रदूषण हे नैसर्गिक कारणांमुळेही होते. भूतलावर अनेक प्रकारच्या भौतिक, रासायनिक व जैविक प्रक्रिया घडून येतात. सजीवांच्या एका जातीने त्याज्य केलेली वस्तू दुसऱ्या एखाद्या जातीच्या पोषणाला उपयुक्त ठरते. भूतलावर भूकंप, ज्वालामुखी यांचा उद्रेक होतो. या उद्रेकामुळे मोठ्या प्रमाणात जीवित व वित्तहानी होत असते. विषारी वायू, धूळ, धूर यामुळे वातावरण प्रदूषित होते. कुजण्याची प्रक्रिया जीवाणूंमुळे होत असते. त्या प्रक्रियेत काही दुर्गंधीयुक्त वायु तयार होतात आणि पर्यावरण दूषित होते.

यंत्रयुगाची सुरुवात झाली आणि परिस्थिती झपाट्याने बदलली. निसर्गावर मात करणे अधिक सोपे झाले. रस्ते, धरणे, शेती यासाठी प्रचंड प्रमाणात निसर्गदत्त जंगलाचा विनाश होत आहे. भयानक वेगाने एकूणच जगाची लोकसंख्या वाढत आहे. कारखानदारी, उद्योगधंदे झपाट्याने वाढत आहेत. अशा ठिकाणी ऊर्जेसाठी खनिज इंधन, अणुऊर्जेचा वापर मोठ्या प्रमाणात होत आहे. जागतिकीकरणामुळे आंतरराष्ट्रीय बाजारपेठात तीव्र स्पर्धा निर्माण झाली आहे. त्यामुळे जगात अग्रेसरत्त्व मिळविण्यासाठी प्रगत राष्ट्रांमध्ये प्रचंड चुरस निर्माण झाली आहे. त्यासाठी औद्योगिक उत्पादन वाढविण्यावर भर दिला गेला. जीवन गतिमान बनले. स्वयंचलित वाहनांची संख्या भरमसाठ वाढली. वाढत्या लोकसंख्येला पुरेसे अन्नधान्य मिळावे म्हणून अन्नधान्याचे उत्पादन वाढविण्यासाठी रासायनिक

खतांचा आणि विषारी कीटकनाशकांचा वापर मोठ्या प्रमाणात वाढला. अर्थात त्यामुळे उत्पादन वाढले. परंतु या सर्व मानवी व्यवहारांमुळे घातक व रोगकारक द्रव्यांचे, रसायनांचे, उपद्रवी दूषितकांचे प्रमाण पर्यावरणात वाढले. त्यामुळे पर्यावरणाचे प्रदूषण वाढले. हवा, पाणी, मृदा तथा जमीन मोठ्या प्रमाणात दूषित होत आहे. ह्या समस्या आता जगभर आहेत. अपायकारक, उपद्रवी वायूरूप, घनरुप व द्रवरुप अशा पदार्थांच्या शिरकावामुळे त्यांचे घातक व जीवघेणे दुष्परिणाम आता प्रकर्षाने जाणवू लागले आहेत.

मानवाच्या बेफिकीर वृत्तीमुळे, चंगळवादामुळे आणि पर्यावरणाबद्दल अनास्था यामुळे प्रदूषणाची समस्या जटिल बनली आहे. प्रदूषणामुळे मानवासह सजीवांचे अस्तित्वच कायमचे नष्ट होईल की काय अशी भीती आता वाटू लागली आहे. भोपाळच्या वायू दुर्घटनेमुळे हजारो निष्पाप जीव मृत्युमुखी पडले. जगातील ही एक प्रदूषणाची भयंकर दुर्घटना मानली जाते. मानव ती दुर्घटना कधीही विसरू शकणार नाही.

वायू प्रदूषणामुळे जगबुडी होईल की काय ही भीती जगभरातील पर्यावरण तज्ज्ञांना वाटत आहे. कारण गेल्या शतकापासून हरितगृह परिणामामुळे पृथ्वीचे तापमान हळूहळू वाढत असल्याचे शास्त्रज्ञांच्या लक्षात आले आहे. सध्या ०.५° सें. एवढी वाढ आहे. १९८० नंतर हे प्रमाण वेगाने वाढत आहे. पृथ्वीवरील वायूंच्या फेरफारामुळे विशेषतः कार्बनडाय ऑक्साइड व कार्बन मोनॉक्साईड वायूंच्या वाढत्या प्रमाणामुळे हे तापमानवाढीचे संकट उभे राहिले आहे. डॉ. मायकेल ओपन हेमर या पर्यावरण तज्ज्ञाच्या मते कार्बनडाय ऑक्साईडची वाढ येत्या ४० वर्षांत शंभर टक्क्यांनी वाढेल. भूतलावरील तापमान वाढल्यामुळे दक्षिण व उत्तर ध्रुव व पर्वतांवरील बर्फ वितळेल. त्यामुळे नद्यांना महापूर येतील. जलप्रलय होईल. या पाण्यामुळे पर्यायाने सागरांची पातळी वाढेल. सागर काठावर वसलेली शहरे जलमय होतील. ही समस्या वायू प्रदूषणाच्या अतिरेकाचा परिपाक आहे.

भूतलाभोवतालचे जीवावरण हे तीन महत्त्वपूर्ण घटकांनी बनलेले आहे. ते घटक म्हणजे पाणी तथा जलावरण (Hydrosphere), मृदावरण तथा जमीन (Lithosphere) आणि वातावरण (Atmosphere) हे होत. कारण हे तीनही घटक सजीवांच्या अस्तित्वासाठी अत्यावश्यक आहेत. पाण्याला त्यामुळेच जीवन म्हटले जाते. सजीवांच्या शरीरातील पाणी हा महत्त्वाचा घटक आहे. पाणी नसेल तर सजीवांचं जीवनच संपुष्टात येतं. हे पाणी भूतलावर विपुल प्रमाणात म्हणजे जवळपास ३ भाग आहे आणि त्यात ९७ टक्के खारट पाणी हे समुद्रात आहे आणि ३ टक्के गोडे पाणी हे नदी, नाले, तलाव आणि हिम

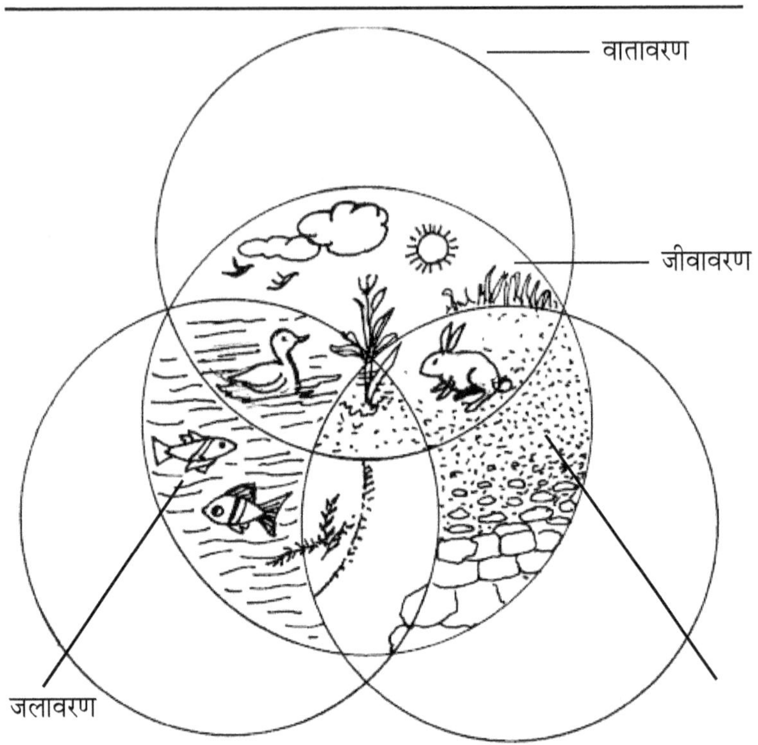

आकृती १.१ : जीवावरण हे जलावरण, वातावरण
आणि मृदावरण या तीन घटकांनी बनते.

तथा बर्फ रुपात अस्तित्वात आहे. पाणी ही निसर्गाने दिलेली एक अनमोल
देणगी आहे. भूतलावरील जलाचा मूळ स्रोत म्हणजे भूतलावरील सागर,
महासागर हेच आहेत. कारण त्यांच्या पाण्याची सूर्याच्या उष्णतेमुळे वाफ होऊन
त्या वाफेपासून ढग तयार होतात व ढगांपासून पावसाच्या रुपाने पाणी मिळते.
हेच पाणी जमिनीत मुरते व भूजलाचे साठे तयार होतात. निसर्गाचे हे जलचक्र
अव्याहतपणे चालू आहे. परंतु मानवाने हे जलदेखील दूषित केले आहे. आज
जलप्रदूषणाची समस्याही बिकट झाली आहे.

मृदा तथा माती हा देखील अत्यंत महत्त्वपूर्ण घटक आहे. तिच्या अंगी
निर्मितीची क्षमता आहे. मातीमुळेच वनस्पतींना पोषक घटक मिळतात. मातीमुळेच
पिकांची, अन्नधान्याची निर्मिती होते. मग ती माती खडकाळ, रेताड असो
अथवा लाल, काळी असो. माती हा जीवनाधार आहे. तिच्या कुशीतच सजीव

वाढतात. परंतु या मातीला देखील मानवाने मोठ्या प्रमाणात प्रदूषित केले आहे. कधी पाण्याचा अतिरिक्त वापर, तर कधी कीटकनाशके, कृत्रिम रासायनिक खतांच्या अमर्याद वापरामुळे मातीची उपजाऊ शक्तीच नष्ट होते. ती दूषित होते.

पृथ्वीभोवती असलेले वातावरण हा जीवावरणाचा सर्वात मोठा भाग आहे. वातावरण हे पारदर्शक असून विविध वायूंनी व्यापलेले कवच आहे. या वातावरणात सातत्याने घनरुप, द्रवरूप व वायुरुप नैसर्गिक व मानवनिर्मित घटक शोषून घेतले जातात. हे पदार्थ हवेतून प्रवास करतात आणि वातावरणात पसरतात. त्यांच्यात भौतिक व रासायनिक प्रक्रिया घडून येतात. त्यातील अनेक पदार्थ हे सागरात जाऊन मिळतात. तसेच सजीव वनस्पती, प्राणी व मानवाच्या शरीरात शिरतात. उदा. हेलियम जीवावरणातून मुक्त होऊन वातावरणात शिरतो. कार्बनडायऑक्साईड वायू मात्र वातावरणात इतर वायूंपेक्षा अधिक वेगाने मिसळतो. हवेत तो साठून राहातो.

जलावरण, मृदावरण व वातावरण या जीवावरणाच्या तीनही घटकांमध्ये एकमेकांमध्येही परस्परप्रक्रिया होत असतात. त्यांना आंतरप्रक्रिया म्हणतात. नैसर्गिक तसेच मानवनिर्मित दूषित व अपायकारक घटकांचे दुष्परिणाम या विविध आवरणांवर होत असतात आणि त्यामुळे वायू तथा हवा, जल आणि मृदा प्रदूषण घडून येते.

वातावरणातील हवा म्हणजे विविध वायूंचे मिश्रण असते. स्वच्छ कोरड्या हवेत वेगवेगळे वायू खालील प्रमाणात आढळतात.

१) नायट्रोजन ७८%
२) ऑक्सिजन २१%
३) अरगॉन ०.९%
४) कार्बनडाय ऑक्साईड ०.०४%
५) मिथेन ०.०००२%
६) हायड्रोजन ०.००००५%
७) इतर वायु (हेलियम, क्रिप्टॉन, नायट्रस ऑक्साईड, झेनॉन इ.) सूक्ष्म व अत्यल्प प्रमाणात

अनेक प्रकारचे दूषित घटक सातत्याने कमी अधिक प्रमाणात मानवाच्या हस्तक्षेपामुळे व नैसर्गिक घटनांमुळे वातावरणात शिरतात. हे घटक पर्यावरणावर प्रक्रिया घडवून आणतात. त्यामुळे वातावरण विषारी, रोगकारक बनते. त्या पर्यावरणाचे सौंदर्य नष्ट होते. त्यातील सजीवांवर दुष्परिणाम होतात. पर्यावरणाचा ऱ्हास सुरू होतो. या घटकांना आपण दूषितके म्हणतो.

मानवाच्या विविध कृतींमुळेच वायू प्रदूषणाची समस्या उद्भवते. जसजशी लोकसंख्या वाढत आहे, तसतशी प्रदूषणाची समस्या उग्ररूप धारण करत आहे. कारण वाढत्या लोकसंख्येला अधिक अन्न, पाणी आणि ऊर्जा लागते. या प्रदूषणाची बीजं मानवाने अग्नीचा जो पहिला शोध लावला त्यातच होती. प्राचीन काळी आदिमानवाने गुहेत स्वयंपाकासाठी, उष्णतेसाठी आणि प्रकाशासाठी अग्नीचा उपयोग केला आणि तेव्हापासूनच खऱ्या अर्थाने हवा तथा वायू प्रदूषणाला सुरुवात झाली. आज ह्या समस्येने साऱ्या जगालाच ग्रासले आहे.

वातावरणात ओझोन, धूळ, धूर, धुरके, क्षार कण, घनरुप, द्रवरूप सूक्ष्म तरंगणारे कण, ज्वालामुखीची राख, विषारी वायू, परागकण, जीवाणू, विषाणू इ. अनेक गोष्टी आढळतात. कार्बनी व अकार्बनी प्रदूषक घटकही मोठ्या प्रमाणात असतात. वातावरण पृथ्वीच्या जवळ खूप दाट असते. पण जसजसे उंचावर जावे तसतसे ते विरळ होऊ लागते. हिमालयासारख्या उंच पर्वत शिखरावर मात्र हिरव्या वनस्पती नसतात. हवाही विरळ होत जाते. पृथ्वीचे वातावरण पृथ्वीच्या १००० कि.मी तरी पोहोचते. अर्थात वातावरण नक्की कोठे संपते हे सांगणे मात्र अवघड आहे.

पृथ्वीभोवती असलेल्या वातावरणाचे, त्याच्या कायिक गुणधर्मांवरून खालील विविध भाग पाडण्यात आले आहेत. हे भाग म्हणजे गोलाकार कडी असून त्यांची घनता, तापमान, रचना आणि गुणधर्म वेगवेगळे असतात. भूपृष्ठाजवळ घनता सर्वाधिक असते, तर ती उंचावर विरळ होत जाते. वातावरण त्याच्या गुणधर्मांवरून चार प्रमुख भागात विभागलेले असते.

१) क्षोभावरण (Troposphere) : हे आवरण भूपृष्ठापासून सुमारे ८ ते १० कि.मी उंचीपर्यंत पसरलेले असते. वातावरणातील ९० टक्के हवा या आवरणात सामावलेली आहे. पृथ्वीवरील सर्व सजीव क्षोभावरणातच राहातात. भूपृष्ठाकडून सौरऊर्जा शोषून घेतली जाते. तसेच सौरऊर्जेमुळे भूतलावरील पाण्याचे बाष्पीभवन होऊन त्या वाफेपासून ढग बनतात व ते वाऱ्यामुळे वाहून नेले जातात.

२) स्तरितावरण (Stratosphere) : हे आवरण क्षोभावरणावर असून त्याची जाडी भूपृष्ठापासून ५० ते ५५ कि.मी. एवढी आहे. भूतलावरील सजीवांच्या दृष्टीने हे आवरण अत्यंत महत्त्वाचे आहे. त्यात प्रामुख्याने ओझोन वायूचे संरक्षक कवच आहे. या थराला संरक्षक म्हणण्याचे कारण म्हणजे ओझोन वायूचा थर सूर्य प्रकाशातील जंबूपार किरणे शोषून घेतो. ही किरणे सजीवांना अत्यंत धोकादायक असतात. ओझोनच्या संरक्षक कवचामुळे भूपृष्ठावर पोहोचू शकत नाहीत. परंतु आता या ओझोन आवरणालाही धोका पोहोचला

आहे. विषारी वायूरूप प्रदूषकांमुळे या आवरणाला हानी पोहोचली आहे. या आवरणाला अंटार्क्टिक प्रदेशाच्या वरती हानी पोहोचल्याचे शास्त्रज्ञांच्या निदर्शनास आले असून तिथे हे आवरण विरळ बनले आहे. त्याला ओझोन विवर म्हणतात. हे विवर बुजण्यासाठी आंतरराष्ट्रीय स्तरावरच प्रयत्न चालू आहेत. त्यासाठी माॅट्रीयल बैठकीत प्रगत राष्ट्रांनी निधी उभारण्याचा संकल्प केला असून हे विवर बुजण्यासाठी प्रयत्न चालू आहेत. परंतु ओझोन थराचा क्षय हा मानवनिर्मित असून हवा प्रदूषणामुळे ही समस्या उद्भवली आहे.

३) **मध्यांबर** (Mesosphere) हे आवरण स्तरितावरणाच्या वर भूपृष्ठापासून सुमारे ५० ते १०० किमी जाडीचे असून त्यास मध्यांबर म्हणतात. या आवरणाचे वैशिष्ट्य म्हणजे त्याचे तापमान -८०° सें. पर्यंत कमी होते.

४) **आयनांबर** - (Ionosphere) या आवरणास थर्मोस्फिअर असेही म्हणतात. मध्यांबराच्या बाहेरील हे आवरण असून त्याचे तापमान हे १०००° सें. पर्यंत असते. यात मूलद्रव्ये ही आयन स्वरूपात असतात. तसेच त्यात मुक्त इलेक्ट्रॉन्सही असतात. भूतलावरून या आवरणात रेडिओ लहरींचे संदेश पाठविले

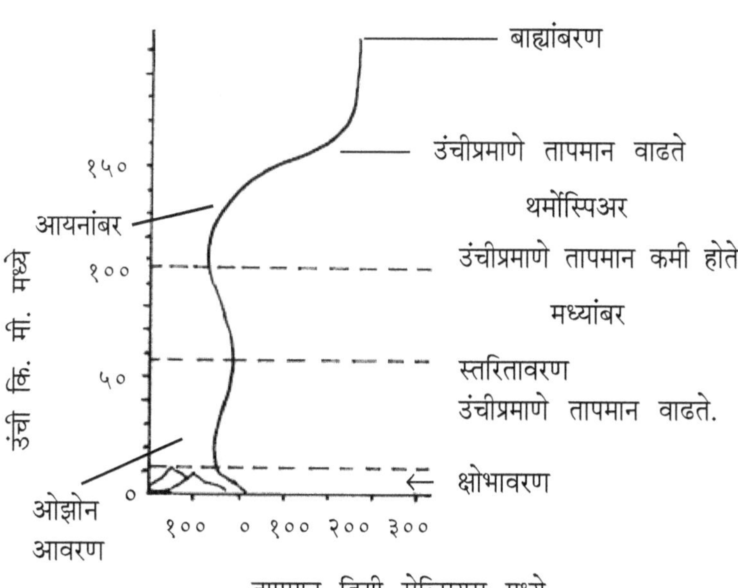

आकृती १.२ : वातावरणाचे विविध स्तर

जातात. त्यांचे परावर्तन याच आवरणातून होत असते आणि त्यामुळे दूरदूरच्या रेडिओकेंद्रांवरील कार्यक्रम आपण ऐकू शकतो. मानवनिर्मित कृत्रिम उपग्रह देखील या आवरणातच पृथ्वीभोवती फिरते ठेवले जातात. किंवा वेगवेगळ्या उंचीवर स्थिर ठेवले जातात. हे आवरण जवळपास ४०० कि.मी. उंचीपर्यंत पसरलेले आहे.

५) बाह्यांबर (Exosphere) हे आवरण ४०० ते ५०० कि.मीच्या पलिकडे असते. यात हवा नसतेच. त्यामुळे ते अत्यंत विरळ असते. बाह्यांबर ओलांडले की अवकाश (space) सुरू होते. परंतु या दोहोंमध्ये सीमारेषा नाही.

थोडक्यात, वातावरण हे सजीवांच्या अस्तित्वासाठी अविभाज्य घटक आहे. त्यामुळेच सजीवांना ऑक्सिजन, नायट्रोजन, तथा नत्रवायू व कार्बनडाय ऑक्साइड वायू मिळतात. वातावरणामुळेच अनंत अंतरावर रेडिओ लहरींचे वहन होते. त्याचप्रमाणे वातावरणामुळेच सूर्याकडून येणाऱ्या हानीकारक अशा जंबूपार किरणांपासून सजीवांचे ओझोनवायूच्या संरक्षक कवचामुळे संरक्षण होते.

आता वातावरणाला धोका पोहोचत आहे. बाह्यदूषित घटकांचा शिरकाव वातावरणात मोठ्या प्रमाणात होत आहे. त्यामुळे हवेच्या विविध घटकांचे संतुलन ढासळत आहे. प्रदूषणाची ही समस्या दिवसेंदिवस उग्र बनत चालली आहे. वायू प्रदूषणाच्या विविध व्याख्यांवरून या समस्येचं स्वरूप सहज लक्षात येईल.

बाह्यदूषित घटकांचा हवेतील शिरकाव म्हणजे वायू प्रदूषण होय, अशी साधी, सोपी व सरळ व्याख्या वायू प्रदूषणाची करता येईल. पर्यावरण तज्ज्ञ सी. एन. राव यांनी केलेली व्याख्या अत्यंत महत्त्वपूर्ण आहे. हवेमध्ये बाह्यदूषित घटकांचे प्रमाण जर अधिक असले आणि त्यामुळे मानव व त्याच्या पर्यावरणावर घातक परिणाम आढळले तर त्याला वायू प्रदूषण म्हणतात. या हवेत कार्बन मोनॉक्साईड, हायड्रोकार्बन्स यासारखे विषारी व घनतरंग, किरणोत्सारी पदार्थ व इतर अनेक घातक घटकांचा समावेश असतो.

'हवेमध्ये अतिरिक्त प्रमाणात असलेल्या ज्या अनेकविध बाह्यदूषित घटकांमुळे मानवी आरोग्य धोक्यात येते, किंवा त्याच्या मालमत्तेचे नुकसान होते त्यास वायू प्रदूषण म्हणतात. ही व्याख्या अमेरिकन मेडिकल असोसिएशनने केली आहे.

अमेरिकेच्या इंजिनिअर्स जॉईंट कौन्सिलने हवा प्रदूषणाची व्यापक व्याख्या पुढीलप्रमाणे केली आहे. 'वायू प्रदूषण म्हणजे वातावरणात एक किंवा अनेक दूषित घटकांचा शिरकाव; ज्यांच्यामुळे मानव, वनस्पती व प्राणी तसेच मालमत्तेवर

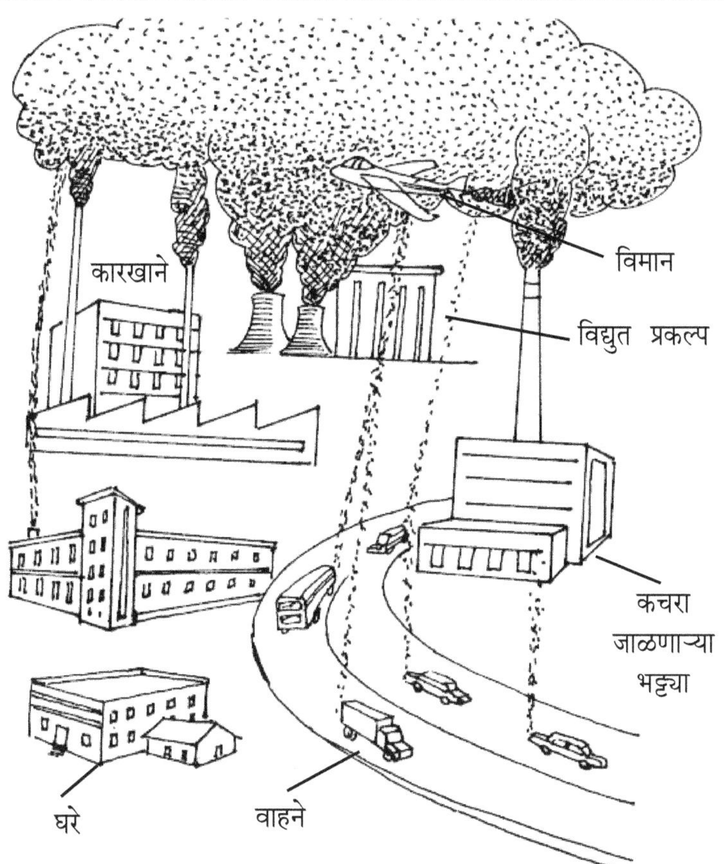

आकृती १.३ : शहरांमध्ये वायू प्रदूषण अनेकविध घटकांमुळे घडून येते.

दुष्परिणाम होतात. हे दूषित घटक मानवी जीवनातील मौज व आनंद हिरावून घेतात आणि मालमत्तेची हानी करतात.'

भारतीय मानक संस्था (इंडियन स्टॅंडर्स इन्स्टिटट्यूशन) या संस्थेनेदेखील अत्यंत बोलकी व्याख्या केली आहे. 'हवा प्रदूषण म्हणजे बाह्य घटकांचे वातावरणातील अतिरिक्त प्रमाण. हे घटक मानवनिर्मित असून ते वातावरणात दीर्घकाळ राहिल्यास त्यामुळे ते मानवाच्या सुखी समाधानी जीवनास, आरोग्यास व समृद्धीस बाधा आणतात.'

वाढते औद्योगिकरण, शहरीकरण, भरमसाठ लोकसंख्या वाढ, प्रचंड प्रमाणात स्वयंचलित वाहनांची निर्मिती व वापर, कृषीक्षेत्रात कीटकनाशकांचा प्रचंड

वापर, खाणकाम, भट्ट्या इ. मुळे वायू प्रदूषणाची समस्या उग्र बनत आहे. त्यामुळे टीकाकार मंडळी तर वायू प्रदूषण म्हणजे औद्योगिकरणाची एक देणगीच आहे असे मानतात. वायू प्रदूषणाची समस्या स्थलपरत्वे भिन्न असते. टोकियो किंवा लॉस एंजेलिस येथील हवेचे प्रदूषण हे मुंबई अथवा दिल्लीपेक्षा भिन्न आहे.

वातावरणात फार मोठ्या प्रमाणात धूळ, धूर व सूक्ष्म घनतरंग मिसळतात. त्यामुळे प्रकाश अडविला जातो. त्यामुळे दूरचे धूसर दिसते. तसेच सूर्यापासून पृथ्वीला मिळणारी उष्णताही कमी होते आणि पर्यायाने तापमान कमी होते. जागतिक सरासरी तापमान हे कमी होत असून वातावरणात मिसळणाऱ्या धूलीकणांमुळे हा परिणाम उद्भवतो. याउलट हरितगृह परिणाम हा वातावरणात आढळणाऱ्या वाढत्या कार्बनडाय ऑक्साइडमुळे उद्भवतो. त्यामुळे येत्या ५० वर्षांत ४° सें.ने. तापमान वाढेल. अर्थात या वाढत्या तापमानामुळे भूतलावरील बर्फ वितळेल आणि महापूर येतील आणि त्यामुळे त्याचे दुष्परिणाम मानवावर होतील.

वायू प्रदूषणामुळे सजीवांचा मृत्यूही ओढवतो. आरोग्य बिघडते. प्रकाश अडविला जात असल्यामुळे धूसर दिसते. फार मोठ्या प्रमाणात आर्थिक नुकसान होते. शहरांची तसेच देशाची हानी होते. त्याचप्रमाणे प्रदूषणामुळे ऐतिहासिक स्मारकांचा देखील विनाश होतो. आज ताजमहाल या भव्य व जगप्रसिद्ध वास्तूला प्रदूषणामुळेच धोका निर्माण झाला आहे.

प्रगत राष्ट्रांमध्ये वाढत्या औद्योगिकरणामुळे उदा. अमेरिका, यु. के व इतर युरोपियन देशांमुळे स्कँडिनाव्हियात आम्ल पावसाची समस्या उद्भवली आहे. या समस्येमुळे तेथे जंगलाची वाढ खुंटली आहे. आम्ल पावसामुळे कॅनडातील हजारो तळी, जलाशय नष्ट झाले आहेत. ती जलचरांसाठी निरूपयोगी ठरली.

या समस्यांमुळे परिस्थितीकीवर (Ecology) अनिष्ट परिणाम होतात. जंगलांचा होणारा मोठ्या प्रमाणातील ऱ्हास ऑक्सिजनचे असंतुलन तर निर्माण करतोच परंतु हवामान व पर्जन्यमान यावर विपरित परिणाम होतात. औष्णिक विद्युत केंद्रे, सिमेंट कारखाने, तेलशुद्धीकरण कारखाने, रासायनिक, पोलाद कारखाने, खतप्रकल्प इ. मुळे वायू प्रदूषणाच्या गंभीर समस्या उद्भवतात. वायू प्रदूषणाची खरी झळ पोहोचते ती वृद्ध व्यक्तींना. कारण छातीचे व श्वसनाचे विकार त्यांच्यात अधिक बळावतात. वायू प्रदूषणाच्या अनेक घटनांमध्ये हजारो लोक मृत्यूमुखी पडल्याची उदाहरणे आहेत. मेथिल आयसोसायनेट या विषारी वायु गळतीमुळे भोपाळ येथे १९८४ साली ६ हजारांपेक्षा अधिक लोक मृत्यूमुखी पडले. तर सन १९५२ मध्ये लंडन येथे धुरामुळे ४ हजार लोक मृत्यूमुखी

पडले. या भयंकर दुर्घटनेत धूर व धुके यांचा संयोग होऊन धुरके (स्मॉग) निर्माण झाले. धुरात असलेले कार्बनचे कण व सल्फर डायऑक्साइड यांचा धुक्यातील पाण्याच्या कणांशी संयोग होऊन गंधकाम्लाचे (H_2SO_4) बारीक थेंब तयार झाले. कार्बनच्या कणांवर ते आरूढ झाले व श्वसनाबरोबर फुप्फुसात गेले. परिणामी ४ हजार लोकांना आपली जीवनयात्रा संपवावी लागली. या दुर्घटनेत वातावरण विपरीततेने (Atmospheric Inversion) भर घातली. कारण ह्या दूषितकांचा थर हवेत वर जाण्याऐवजी बराच काल खालच्या पातळीवर राहिला. या उलट भोपाळ वायुकांडात विषारी वायू गळतीने हजारो लोक मृत्यूमुखी पडले व लाखो लोकांमध्ये विकृती निर्माण झाल्या.

वायू प्रदूषणामुळे कॅन्सर, दमा, अंधत्व, नपुंसकत्व, त्वचारोग, श्वसनाचे विकार, जन्मजात विकृती, इ. व्याधी मानवात उद्भवतात.

◆

२. वायू प्रदूषणाच्या दुर्घटना

वायू प्रदूषणाच्या जगभर कुठे ना कुठे दुर्घटना घडत असतात. अशा भयानक दुर्घटनांची नोंद प्रदूषणाच्या इतिहासात आढळते. भोपाळ वायू दुर्घटना ही अलिकडच्या काळातील भयंकर वायू प्रदूषणाची दुर्घटना म्हणून ओळखली जाते. मानवाच्या निष्काळजीपणामुळे व विषारी वायूमुळे किती निष्पाप जीवांना आपल्या प्राणाला मुकावे लागते याचे ज्वलंत उदाहरण म्हणजे भोपाळ वायूकांड होय. जगात अनेक ठिकाणी दुर्घटना घडल्या आहेत परंतु भोपाळ येथे मात्र सर्वाधिक जीवित हानी झाल्यामुळे भारत ह्या घटनेला कधीही विसरू शकणार नाही. अशा अनेक वायू प्रदूषणाच्या दुर्घटनांनी मानवाचे लक्ष वेधून घेतले आहे आणि वायू प्रदूषणाची समस्या किती गंभीर असू शकते याची जाणीव देखील त्यामुळे झाली आहे. या समस्येमुळे माणसं जशी मृत्युमुखी पडतात तसेच जे जगतात त्यांच्यातही आरोग्याच्या भयंकर समस्या उद्भवतात. ज्यांना मृत्यू आला नाही त्यांना आपण मेलो असतो तर बरे झाले असते असं वाटू लागावं, इतके त्यांचे हाल झाले. अनेकांना अंधत्व आले. मेंदूच्या विकृती निर्माण झाल्या. ह्या प्रदुषणामुळे गर्भवती मातांनाही भयानक यातना भोगाव्या लागल्या. काही मातांचे गर्भपात झाले तर काहींमध्ये गर्भातल्या बालकांमध्ये जन्मजात विकृती निर्माण झाल्या. विषारी वायूच्या दुष्परिणामामुळे अंध, बधिर, बालके जन्माला आली. कित्येक बालकांना कायमचे अपंगत्व आले. अशाप्रकारे भोपाळ दुर्घटनेने भयंकर हाहाकार उडविला. या प्रदूषणाच्या कचाट्यातून पशूपक्षी देखील सुटले नाहीत.

जगातील प्रदूषणाच्या बहुतेक दुर्घटनांमध्ये जी जीवित हानी होते त्याचे कारण म्हणजे वातावरणाची विपरीतता हे असते. म्हणून कारखान्याच्या उंच धुराड्यांतून बाहेर पडणारे वायू हे गरम असल्यामुळे थंड व जड वातावरणाच्या थरातून वरवर जातात व वातावरणात पसरतात किंवा विखुरले जातात. परंतु नेहमीच असे घडते असे नाही. कधीकधी उबदार वायूचे थर हे थंड थरावर स्थिरावतात. या प्रकाराला वातावरणीय विपरीतता म्हणतात. सूर्यास्ताच्या वेळी

भूपृष्ठावरून उष्णतेचे उत्सर्जन होऊ लागते आणि भूपृष्ठाजवळील हवेचा थर वेगाने थंड होऊ लागतो. त्या तुलनेत वातावरणातील वरचे थर उबदार असतात. परंतु सामान्यस्थितीत मात्र भूपृष्ठाकडे उबदार व वातावरणाच्या वरच्या थरात थंड तापमानाचे थर असतात. अशा असामान्य परिस्थितीला वातावरणीय विपरीतता म्हणतात. या परिस्थितीमुळे कारखाने व स्वयंचलित वाहनांमुळे दूषित हवा वातावरणाच्या वरच्या थरात जाऊ शकत नाही व ती विखुरली जात नाही. त्यामुळे विषारी वायू व इतर घटकांचा थर तथा चादर भूपृष्ठानजीकच राहिल्यामुळे सजीवांना धोका पोहोचतो. ही परिस्थिती काही वेळा जास्त दिवस टिकते व दूषित घटकांचा, वायुंचा साठा वाढत जातो व प्रदूषणाची पातळी वाढते. भारतात मुंबई, दिल्ली, कोलकोता यासारखी प्रदूषित शहरे असून तेथील वातावरणात प्रदूषकांचा संचार मोठ्या प्रमाणात आहे.

वायू प्रदूषणासंदर्भात जगातील काही ठळक घटनांची माहिती घेणे उचित ठरेल.

१) बेल्जियम दुर्घटना- वायू प्रदूषणाच्या इतिहासातील आधुनिक काळातील ही पहिली दुर्घटना असून बेल्जियम देशातील म्यूज खोऱ्यात डिसेंबर १९३० मध्ये झाली. वातावरणात घडून आलेल्या बदलांमुळे ही दुर्घटना घडली. इथल्या हवेत उच्च दाबाचा पट्टा तयार होऊन त्या पट्ट्याने जणू बेल्जियमला झाकून टाकले होते. या खोऱ्यात जवळपास २४ कि.मी. लांबीच्या प्रदेशात व आजूबाजूला ८० ते १२० मीटर उंचीच्या डोंगरदऱ्याच्या पट्ट्यात अनेक औद्योगिक प्रकल्प आहेत. त्यात प्रामुख्याने पोलाद कारखाने, विद्युत निर्मिती प्रकल्प, सल्फ्युरिक आम्ल प्रकल्प, काच कारखाने, जस्त धातूच्या भट्ट्या, खत कारखाने इ. अनेकविध प्रकारचे कारखाने तेथे आहेत. तेथे निर्माण झालेल्या परिस्थितीमुळे तापमानातही बदल घडून आले आणि त्याचा परिणाम म्हणून या औद्योगिक वसाहतीमधून बाहेर पडणारे विविध विषारी प्रदूषक घटक त्या खोऱ्यातील वातावरणात वातावरणीय विपरीततेमुळे बंदिस्त झाले. त्यांना वातावरणाच्या वरील थरात जाता आले नाही. या विचित्र परिस्थितीमुळे ३ दिवसांनंतर अनेक लोक आजारी पडले. आणि ६० व्यक्ती मृत्युमुखी पडल्या. रूग्णांमध्ये खोकला, घशाची खवखव, श्वसनात अडथळे, श्वसनमार्गाचा दाह, मळमळ, उलट्या, इ. लक्षणे दिसून आली. ही लक्षणे स्त्री पुरुष, तरुण वृद्ध व बालकांमध्ये आढळली. परंतु जे वृद्ध हृदयविकार व श्वसन विकाराने त्रस्त होते, त्यांच्यात इतरांपेक्षा मृत्यूचे प्रमाण अधिक होते. इतकेच काय पण इतर प्राणी व गुरेदेखील मृत्युमुखी पडली. नंतर मात्र या दूषित वायूंचे परीक्षण केल्यावर असे अनुमान काढण्यात आले की, या वायूंमधील दाहक प्रदूषणकारी घटकांमुळेच माणसं आजारी

पडली व त्यामुळे मृत्यू ओढवला. त्यात प्रामुख्याने सल्फरडायऑक्साईड व सल्फरट्रायऑक्साईडचे द्रवरूप कण यांच्या मिश्रणामुळे ही समस्या उद्भवली. फ्ल्युराइडस्, जस्ताचे धूलीकण इ. प्रदूषकांचा सहयोग नाममात्र होता. पण तरीही या दुर्घटनेत अनेक लोक मृत्युमुखी पडले.

२) डोनोरा दुर्घटना - ही दुर्घटना अमेरिकेत ऑक्टोबर १९४८ मध्ये घडली. पेनिसिल्व्हानिया राज्यात डोनोरा हे शहर पिट्सबर्गच्या दक्षिणेस ४५ कि.मी. अंतरावर वसलेले आहे. हे शहर मोनांगहिला नदीमुळे तयार झालेल्या घोड्याच्या नालेच्या आकाराच्या खोऱ्यात आहे. या नदीच्या दोन्ही बाजूंना उंचच उंच असे डोंगर आहेत. या प्रदेशात देखील वातावरणाचा उच्च दाबाचा पट्टा तयार होत असतो. त्यामुळे ऑक्टोबर १९४८ मध्ये चार दिवस या वातावरणीय विपरीततेमुळे हवेची थोडी देखील हालचाल होऊ शकली नाही. या खोऱ्यात पोलाद कारखाना, जस्ताचा कारखाना आणि सल्फ्युरिक आम्लाचे प्रकल्प होते. तेथील लोकसंख्या तेव्हा फक्त १४००० होती. त्यापैकी जवळजवळ ४३ टक्के लोक आजारी पडले आणि १० टक्के लोकांना भयंकर व्याधी जडल्या. २० माणसे मृत्युमुखी पडली. त्यात प्रामुख्याने प्रौढांचा भरणा अधिक होता. त्यातील १३ रुग्ण श्वसन व हृदयविकाराने पीडित होते. रुग्णांमध्ये जी लक्षणे दिसली त्यात नाक, डोळे व घशाचा दाह, खोकला, डोकेदुखी, वांत्या व श्वसनमार्गाचा दाह ह्यांचा समावेश होता. त्या चार दिवसात सर्वच गोष्टी धुराने काळवंडल्या होत्या. सल्फरडाय ऑक्साइड व इतर प्रदूषक घटकांच्या मिश्रणाचा परिणाम होऊन माणसं दगावली.

३) लंडन दुर्घटना - (London Disaster) ही दुर्घटना इ.स. १९५२ मध्ये घडली. या वायुकांडात ४ हजार लोक मृत्युमुखी पडले. लंडन शहर हे थेम्स नदीच्या खोऱ्यात वसलेले, औद्योगिकदृष्ट्या अत्यंत प्रगत असलेले शहर. या शहराने भयंकर धुक्यामुळे प्रदूषणाचा विदारक अनुभव ५ ते ९ डिसेंबर १९५२ या काळात घेतला. या संहारक धुराने हजारो लोक गुदमरून मारले. या मृत्युधुराची सुरुवात झाली ती ४ डिसेंबर रोजी. कारण दक्षिण इंग्लंडमध्ये झालेली हवामानातील उलथापालथ ओसरल्यानंतर ४ डिसेंबर रोजी उच्चदाबाचे क्षेत्र लंडन शहरावर तयार झाले. दाट पांढरे धुके लंडनवर पसरले. यात धूर व धुके यांचा संयोग होऊन धुरके (smog) निर्माण झाले. या धुक्याची निर्मिती झाली ती अमर्याद प्रमाणात ज्वलनासाठी वापरण्यात आलेल्या दगडी कोळशामुळे. कडाक्याच्या थंडीपासून बचाव करण्यासाठी लोक घरात उष्णता निर्मितीसाठी कोळसा जाळीत होते. तसेच औष्णिक विद्युतकेंद्रामध्ये वीज निर्मितीसाठीही प्रचंड प्रमाणात दगडी कोळसा वापरला जात होता. जो दगडी कोळसा वापरला

जात असे त्यात सल्फरचे प्रमाण जवळपास १.५ टक्के एवढे होते. त्यामुळे त्या वातावरणात राख, धुलीकण, धूर आणि सल्फरडायऑक्साइड या प्रदूषणकारी घटकांचे प्रमाण विपुल प्रमाणात वाढले. धुरात असलेले कार्बनचे कण व सल्फरडायऑक्साइड यांचा धुक्यातील पाण्याच्या कणांशी संयोग होऊन गंधकाम्लाचे सूक्ष्म थेंब तयार झाले. कार्बनच्या कणांवर ते आरूढ झाले. परिणामी पांढरे धुके काळे झाले. या काळात धुराचे प्रमाण ५ पटीने वाढले होते. तसेच सल्फरडायऑक्साइड वायूचे सरासरी प्रमाण नेहमीपेक्षा ६ पटीने वाढले होते. त्यात वातावरण विपरीततेने भर टाकली. उच्च दाब निर्माण झालेला पट्टा हा स्थिर राहिला. हा दूषितांचा थर हवेत वर जाण्याऐवजी त्या काळापर्यंत खालच्या पातळीवर राहिला. हवेतील प्रदूषक घटक व त्यांच्या मिश्रणामुळे सर्वत्र वातावरण धूसर झाले, काळवंडले, जवळचे देखील काहीच दिसत नव्हते. ६ डिसेंबरपर्यंत तर हवेत या दूषित वायूंच्या प्रदूषकांचे प्रमाण कमालीचे वाढले. त्यामुळे चार हजार माणसांना आपला जीव गमवावा लागला. दोन समोरासमोर उभ्या असलेल्या व्यक्ती एकमेकांना दिसत नव्हत्या. पांढऱ्या शर्टची कॉलर २० मिनिटात काळीकुट्ट होत असे. अनेक रुग्णांमध्ये खोकला, नाक वाहणे, घसा खवखवणे, डोळ्यांची चुरचुर, श्वासनलिकेचा दाह, उलट्या अशी लक्षणे दिसत होती.

मृतांमध्ये अधिक प्रमाण होते वृद्धांचे! त्या व्यक्तींमध्ये जुनाट श्वसन विकार, दमा, न्यूमोनिया, फुफ्फुसाचे व हृदयविकाराचे रुग्ण यांचा समावेश होता. तरुण मंडळीदेखील या तडाख्यातून सुटली नाही. हे संहारक धुके ९ डिसेंबर रोजी वातावरणात वर गेले आणि लोकांनी सुटकेचा निःश्वास टाकला. या भयंकर दुर्घटनेत ४ हजार लोक मृत्युमुखी पडले. अनेक लोक व्याधीग्रस्त झाले. ही दुर्घटना घडली केवळ दगडी कोळसा जाळल्यामुळे व त्यातून निघालेल्या धूर व विषारी वायूंमुळे. प्रदूषणामुळे काय घडू शकतं याची चुणूक या प्रकाराने दाखविली.

अशाच प्रकारच्या दुर्घटना परंतु काहीशा सौम्य स्वरूपाच्या इ.स. १९५२च्या पूर्वीदेखील लंडनमध्ये घडल्या होत्या. डिसेंबर १८७३, जानेवारी १८८०, फेब्रुवारी १८८२, डिसेंबर १८९१ व १८९२, नोव्हेंबर १९४८ आणि डिसेंबर १९५० या वर्षी अशा दुर्घटनांची नोंद आहे. यामध्ये १९५० मधील दुर्घटनेत मात्र १ हजाराहून अधिक लोक मृत्युमुखी पडले होते. इ.स. १९५२ नंतर देखील लंडनमध्ये वातावरणीय विपरीततेच्या घटना घडल्या आहेत. त्यात जानेवारी १९५५, जानेवारी १९५६, डिसेंबर १९५६, १९५७, जानेवारी १९५९ व डिसेंबर १९६२ या वर्षांची नोंद आहे. इ.स १९६२ मध्ये

प्रदूषणाची गंभीर समस्या उद्भवली होती. कारण १९५२ सारखेच सल्फरडायऑक्साइडचे अधिक प्रमाण हवेत होते. परंतु थराची पातळी मात्र कमी होती. त्या वेळेस हवा स्वच्छ करण्याचे काम 'ब्रिटीश क्लीन एअर ॲक्ट १९५६' अन्वये केल्यामुळे १९५२ च्या तुलनेत फार कमी लोक मृत्युमुखी पडले होते. आजही लंडनमध्ये दरवर्षी १०० पेक्षा अधिक लोक यामुळे मृत्युमुखी पडतात असे आढळून आले आहे.

४) लॉस एंजेलिस दुर्घटना - येथील दुर्घटना देखील वातावरणीय विपरीततेमुळेच घडली. पॅसिफिक महासागरावरील उच्च दाबाच्या पट्ट्यामुळे ही घटना घडली. या पट्ट्यामुळे गरम हवा समुद्राकडून जमिनीकडे कमी उंचीच्या प्रदेशाकडे वाहते. लॉस एंजेलिस शहराच्या उत्तरेला व पश्चिमेला उंच डोंगर असल्यामुळे विषारी घातक वायू, धूर, धुलीकण अडविले जातात. अर्थात ह्या वायूंची निर्मिती हजारो लाखो स्वयंचलित वाहनांमुळे होते व ते हवेत सोडले जातात. त्यांचे जमिनीवरून समांतर वहन डोंगरांमुळे अडविले जाते.

स्वयंचलित वाहनांच्या धुराड्यातून नायट्रोजन डायऑक्साईड, धूर, हायड्रोकार्बन्स इ. प्रदूषक घटक सोडले जातात. या प्रदूषकांमुळे, प्रकाश रासायनिक प्रक्रियेमुळे ओझोन वायूची मोठ्या प्रमाणात निर्मिती झाली. नायट्रोजन डायऑक्साईड वायू मात्र वातावरणात सूर्यप्रकाशातील ऊर्जा शोषून घेतो आणि त्याचे विघटन होऊन ऑक्सिजनचे अणु नायट्रीक ऑक्साईड हे घटक तयार होतात. ऑक्सिजनचे अणु पुन्हा ऑक्सिजनशी संयोग पावून ओझोन वायू तयार होतो. स्वयंचलित वाहनांमधून बाहेर पडणाऱ्या विषारी व दूषित वायूंची तीव्रता वाढते आणि त्यांच्यापासून सूर्य प्रकाशामुळे प्रकाश रासायनिक धुरके मोठ्या प्रमाणात तयार होते. या विषारी धुरामुळे डोळे, नाक व घसा यांची जळजळ सुरू होते. काही शास्त्रज्ञांच्या मते पेरॉक्सी ॲसिटील नायट्रेट (PAN) या घटकामुळे ही समस्या उद्भवते. हा रासायनिक घटक ऑक्साईडस् व हायड्रोकार्बन्स यांच्यात होणाऱ्या प्रकाश रासायनिक अभिक्रियेमुळे तयार होतो. लॉस एंजेलिसमध्ये जी प्रदूषणाची भयंकर समस्या आहे ती प्रामुख्याने स्वयंचलित वाहनांमुळे! या वाहनांमुळे ७५ ते ८० टक्के प्रदूषण होते. या शहरात केलेल्या एका पाहणीत असेही आढळून आले की, जेव्हा प्रदूषणाची पातळी उच्च असते तेव्हा शाळेत जाणारी मुले अनावर होतात, बेभान होतात. अत्यंत रागीट होतात. कुणाचेही ऐकत नाहीत. हा परिणाम प्रदूषणामुळेच उद्भवतो. या प्रदूषणामुळे या परिसरातील पिकांचे, भाज्यांचे आणि फळबागांचे दरवर्षी लक्षावधी डॉलर्सचे नुकसान होते. नुकसान भरपाईदेखील फार मोठ्या प्रमाणात द्यावी लागते.

५) न्यूयॉर्क दुर्घटना - न्यूयॉर्क हे अमेरिकेतील एक मोठे व दाट लोकवस्तीचे

शहर असून तेथेही वायू प्रदूषणाच्या दुर्घटना घडल्या आहेत. त्या घटनांमध्ये अनेक माणसे यमसदनाला गेली आहेत. उदाहरणार्थ, नोव्हेंबर १९६२ व १९६३ मध्ये घडलेल्या घटना होत. इ.स १९६६ मध्ये थँक्स गिव्हींग सणाच्या विकएंडला जी दुर्घटना घडली त्यात १६८ लोक प्रदूषणामुळे मृत्युमुखी पडले. या मृतांमध्ये वृध्दांचा समावेश अधिक होता. कारण या प्रदूषणाला हा वयोगट अत्यंत संवेदनशील असतो.

६) **पोझारिका (मेक्सिको) दुर्घटना** - मेक्सिको देशात पोझारिका हे तेलशुध्दीकरण व नैसर्गिक वायूंवर प्रक्रिया करणारे मोठे केंद्र आहे. या केंद्रात २४ नोव्हेंबर १९५० मध्ये भयंकर दुर्घटना घडली. अपघातामुळे हायड्रोजन सल्फाईड (H_2S) ह्या वायूची फार मोठ्या प्रमाणात गळती झाली आणि या दुर्घटनेमुळे ३२० व्यक्ती विविध रोगांच्या शिकार झाल्या. तर २२ जण मृत्युमुखी पडले. हे देखील घडले ते वातावरणीय विपरीततेमुळेच. वायू गळती नंतर १०-२० मिनिटांनी तेथे काम करणाऱ्या कामगारांवर परिणाम होऊन त्यांना विषबाधा झाली. अनेक जण गंभीररित्या आजारी पडले. अल्पावधीत काहींना मृत्यू आला. रुग्णांमध्ये गंधज्ञानाची संवेदना नष्ट झाली. खोकला, मळमळ, दाह, आणि भयंकर डोकेदुखी यासारखी लक्षणे सुरू झाली. विविध वयोगटातील स्त्री पुरुषांना ही विषबाधा झाली.

७) **टोकिओ दुर्घटना** - जगातील अनेक मोठमोठी शहरे प्रदूषण समस्येने त्रस्त आहेत. त्यात टोकिओ या जपानमधील शहराचा क्रमांक खूप वरचा आहे. अर्थात त्याला कारण आहे वाढते औद्योगिकरण आणि प्रचंड संख्येने धावणारी स्वयंचलित वाहने! इ.स. १९६७ पासून टोकिओ शहराच्या वातावरणात फार मोठ्या प्रमाणात प्रदूषणकारी घटक शिरत आहेत. टोकिओ मेट्रोपोलिटन पब्लिक हेल्थ रिसर्च लॅबोरेटरीनेच हा अहवाल सादर केला आहे. सन १९७० मध्ये या शहरावर सकाळी दाट धुके दिसत असे. पण जसजसा वेळ जात असे तसतसे धुके विरळ होऊन नाहीसे होत असे. परंतु दोन कि.मी पेक्षा दूरचे काहीच दिसत नसे. सकाळी ११ ते १ वाजेपर्यंत डोळे चुरचुरण्याची लक्षणे लोकांमध्ये दिसत. एका शाळेत तर ४५ विद्यार्थ्यांनी डोळे चुरचुरण्याची तक्रार केली. घशाची खवखव आणि श्वास घ्यायला त्रास त्यांना जाणवत होता. अनेक विद्यार्थ्यांना तर दवाखान्यात दाखल करून विषारी धुरामुळे झालेल्या विषबाधेवर उपचार करण्यात आले. जवळपास ६ हजार रुग्ण विविध लक्षणांनी बेजार होते. सकाळी ८ वाजेपासून दुपारपर्यंत हवेत सल्फर डायऑक्साइडचे प्रमाण जवळपास ०.३९ पी.पी.एम पर्यंत पोहोचत असे. हा विषारी वायू आणि इतर घटकांची रासायनिक अभिक्रिया होऊन सल्फ्युरिक आम्लाची निर्मिती होत असल्याचा

निष्कर्ष काढण्यात आला आणि या आम्लामुळेच डोळ्यांची चुरचुर होत होती.

८) भोपाळ दुर्घटना - भारतातील नव्हे तर जगातील औद्योगिक प्रदूषणाच्या इतिहासातील भयानक दुर्घटना म्हणजे भोपाळ वायू कांड! अलिकडील काळात जगातील सर्वात मोठी औद्घागिक दुर्घटना म्हणून या घटनेचा उल्लेख केला जातो. कारण या वायुकांडात हजारो लोक मृत्युमुखी पडले आणि लाखो लोक व्याधीग्रस्त झाले. म्हणून जग या दुर्दैवी घटनेला कधीही विसरू शकणार नाही.

भोपाळ वायूकांड घडले ते ३ डिसेंबर १९८४ रोजी. ती रात्र भोपाळवासीयांसाठी काळरात्र ठरली. त्या काळरात्री वायूप्रदूषणाच्या भयंकर काळसर्पाने हजारो लोकांना जणू गिळंकृत केले. भोपाळ येथील युनियन कार्बाइड या कीटकनाशके तयार करणाऱ्या बहुराष्ट्रीय कंपनीतील एका टाकीतून मेथिल आयसोसायनेट (MIC) या विषारी वायूची अचानक गळती सुरू झाली आणि या वायू प्रदूषणामुळे ५ हजार निष्पाप लोक मृत्युमुखी पडले आणि जवळपास २ लाखापेक्षा अधिक लोकांना विविध व्याधींनी जेरीस आणले. मृतांचा सरकारी अधिकृत आकडा ५ हजार असला तरी अनधिकृत आकडा १५ हजारापर्यंत आहे. प्रदूषणामुळे मृत्युमुखी पडलेल्या व्यक्तींची संख्या जगात सर्वाधिक आहे. या भयानक दुर्घटनेमुळे अनेक रुग्णांमध्ये अनेक विकृती जन्माला आल्या. कुणी अंध झालं तर कुणी विकलांग. अनेक गर्भवती मातांचे गर्भपात झाले. अनेक मातांनी आंधळ्या, पांगळ्या व विकृत बालकांना जन्म दिला. भोपाळवायुकांडाने जसे हजारो लोकांचे बळी घेतले तसे अनेकांचे संसार देखील उद्ध्वस्त केले. अनेक अनाथ बनले आणि अनेकांचे जीवन अंध:कारमय झाले.

युनियन कार्बाइड कंपनीत अल्डीकार्ब हे कीटकनाशक तयार केले जात असे. मेथिल आयसोसायनेट हा विषारी वायू कच्चा माल म्हणून वापरला जात असे. परंतु या कंपनीत हा वायू साठविण्याची यंत्रणा सदोष होती. टाकीच्या झडपेत दोष निर्माण झाल्यामुळे झडप उघडली व मोठ्या प्रमाणात वायूची गळती झाली. अशा आणीबाणीच्या प्रसंगी जी प्रभावी सुरक्षा व्यवस्था पाहिजे ती पण नव्हती. त्यामुळे हजारो निष्पाप जिवांना आपला बळी द्यावा लागला. युनियन कार्बाइड ही अमेरिकेतील बहुराष्ट्रीय कंपनी असून १२७ देशांमध्ये तिच्या १३८ शाखा आहेत. ह्या कंपनीचा विशेष म्हणजे तिला आपल्या मायभूमीत अमेरिकेतच पर्यावरण तज्ज्ञांनी दोषी धरले आहे. त्याचे कारण म्हणजे या कंपनीत तयार केली जाणारी रसायने ही मानवाला आणि पर्यावरणाला अत्यंत धोकादायक ठरली आहेत. खुद्द अमेरिकेत तर अशी घातक रसायने तयार करण्यास या कंपनीला बंदी घातलेली आहे. कॅनडा सरकारने तर १९७२ मध्ये या कंपनीच्या मेथिल आयसोसायनेट निर्मिती प्रकल्पाला गाशा गुंडाळण्याचा

आदेश दिला होता. त्याचे कारण म्हणजे त्यामुळे होणारे पर्यावरण प्रदूषण व तेथील लोकांच्या जीविताला धोका होता. कॅनडातील बंद केलेला हा प्रकल्प सन १९८० मध्ये भोपाळ येथे उभारला गेला. यात आश्चर्याची बाब म्हणजे भारताच्या केंद्रसरकारने व मध्यप्रदेश शासनाने कॅनडाने बंद केलेल्या प्रकल्पाचे कशासाठी व का स्वागत केले हे एक न उलगडणारे कोडेच आहे.

मे १९८२ मध्ये डॅनबरी पश्चिम व्हर्जिनिया अमेरिका येथील ह्या कंपनीच्या केंद्रीय कार्यालयाने ३ वरिष्ठ अधिकाऱ्यांना भोपाळ येथील प्रकल्पाची सुरक्षा उपाययोजना पाहणी करून त्याबाबतचा अहवाल पाठविण्यास सांगितले होते. तेथील पहाणी करून त्या तज्ज्ञांनी अहवाल केंद्रीय कार्यालयाकडे पाठविला होता. मिथिल आयसोसायनेट हा वायू टाकीत स्वयंचलित यंत्रणेऐवजी कामगारांकरवी भरला जातो, असे त्यांनी दिलेल्या अहवालात नमूद करण्यात आले होते. तेथे काही दोष निर्माण झाला तर तिथे कोणतीही पर्यायी सुरक्षा व्यवस्था उपलब्ध नव्हती. त्या अहवालात पुढे म्हटले होते की, फॉस्जिन हा अत्यंत विषारी वायू ज्या टाकीत साठविला जात होता त्या टाकीला वायूदाब मापक उपकरण होते ते देखील निकामी होते. टाकीत असलेल्या वायूचा दाब दर्शवू शकेल असे दुसरे उपकरणही तिथे बसविलेले नव्हते. त्याही पुढे कळस म्हणजे मिथिल आयसोसायनेट वायू हा ८°सें. तापमानाखाली ठेवावा लागतो. म्हणजे तो शीतगृहात ठेवणे गरजेचे होते. परंतु तेथील रेफ्रीजरेशन प्लांटदेखील बराच काळ बिघडलेला होता. तसेच वायू गळती झाली तर चटकन तो वायू जाळून टाकण्यासाठी यंत्रणा लागते ती यंत्रणा देखील कार्यान्वित नव्हती. या अहवालावरून असे लक्षात येते की, कंपनीने त्यांच्या तज्ज्ञाच्या अहवालास अजिबात किंमत व महत्त्व दिले नाही आणि कोणतीही पर्यायी सुरक्षा उपाययोजना केली नाही. अशा या बेजबाबदार व निष्काळजीपणामुळे ३ डिसेंबर १९८४ रोजी भयानक वायुकांड घडले. या वायुकांडाला न्यायमूर्ती कृष्णा अय्यर यांनी 'भोपोशिमा' म्हटले आहे. हिरोशिमा या जपानमधील शहरावर अणुबॉंब टाकल्यामुळे भयानक मानव व जीवितहानी झाली होती. तशीच परिस्थिती भोपाळमध्ये उद्‌भवली होती. या भयंकर घटनेवरून एक गोष्ट स्पष्ट होते की, या बहुराष्ट्रीय कंपन्या विकसनशील देशांमध्ये किती बेजबाबदारपणे आणि निष्काळजीपणे काम करतात. कामगार तसेच सामान्य जनतेच्या सुरक्षिततेसाठी कोणत्याही प्रभावी यंत्रणा राबवित नाही. विकसनशील राष्ट्रे म्हणजे 'प्रदूषणाची विश्रांती स्थानेच' असं ते मानतात. अशा ठिकाणी कमी खर्चात प्रचंड प्रमाणात नफा कमवितात. त्या देशातील जनतेच्या जीवाशी ते खेळ खेळतात. जनतेची कुठलीच पर्वा त्यांना नसते. तिकडे ते जाणूनबुजून दुर्लक्ष करतात. आणि अशा दुर्घटनांमध्ये निष्पाप

लोकांना बळी दिलं जातं. या सर्व प्रकारात सरकारी अधिकारी, महानगर पालिकेचे छोटे, मोठे अधिकारीदेखील जबाबदार आहेत, तितकेच दोषी आहेत. त्यांनी अशा या मृत्यूचा सापळा असलेल्या कंपनीला परवाना दिला. त्या परवान्याचे नूतनीकरण केले. केवढी बेपर्वाई ही! खरं तर त्यांनादेखील कायद्याच्या जाळ्यात पकडणे सहज शक्य होते. कारण भारतीय दंड संहितेच्या कलम २८४ अन्वये ते अपराधी ठरतात.

या वायुकांडात बळी गेलेल्या व्यक्तींच्या नातेवाईकांना नुकसान भरपाई मिळावी यासाठी अनेक वर्षे कायद्याची लढाई चालली. अमेरिकेच्या कोर्टात दावा दाखल करावा असे ठरले पण कायद्यातील त्रुटींमुळे ते शक्य झाले नाही. कंपनीने अनेक पळवाटा शोधून काढल्या. नंतर मात्र भारतात सर्वोच्च न्यायालयात केस दाखल करण्यात आली आणि कोर्टाने ४७ कोटी डॉलर्सची नुकसान भरपाई वायुकांडात बळी गेलेल्या व्यक्तींच्या कुटुंबियांना द्यावी असा निकाल दिला. कंपनीही भरपाई देण्यास चटकन तयार झाली. कारण त्यांच्या अपेक्षेपेक्षा ही रक्कम खूपच नगण्य होती. जर विकसित राष्ट्रांमध्ये हा खटला चालला असता तर तर कंपनीला कित्येक पटीने नुकसान भरपाई द्यावी लागली असती आणि कंपनीचं कंबरडं कायमचं मोडलं असतं. त्यानंतर अनेकांनी वैयक्तिकरित्या दावे दाखल केले. त्यामुळे पुन्हा निकाल लागण्यास खूप दिरंगाई झाली. न्याय मिळण्यात जेवढी दिरंगाई होते तेव्हा न्याय मिळण्यापासून माणसं वंचित राहातात. हेच भोपाळ वायुकांडाने दाखवून दिले. या घटनेत ज्यांना नुकसान भरपाई मिळायला हवी त्यांना मिळाली नाहीच. जी मिळाली ती नगण्य होती. अनेक समाजकंटकांनी, दलालांनी लोकांना फसवून स्वतःची पोळी भाजून घेतली.

भोपाळ वायुकांड एक भयानक शोकांतिका होती. अनेक लोक मृत्युमुखी पडले. अनेकांना व्यंग, अपंगत्व आले. कुणाला अंधत्व आलं तर कुणी रोगग्रस्त झाले. अनेक माता अकाली प्रसूत झाल्या. अनेक अपुऱ्या दिवसांची बालके जन्माला आली. अनेक मृतावस्थेत जन्मली. जी जगली ती विकृती घेऊनच जगली. या मृत्युकांडात हजारो कुटुंबे उद्ध्वस्त झाली. अनेकांना आपले मृत आप्तस्वकीय ओळखता आले नाहीत. ही घटना घडली तेव्हा ३ हजारपेक्षा अधिक माता गर्भवती होत्या. अनेक मातांमध्ये ३ महिन्याच्या आत गर्भपात झाले. प्रसूत झालेल्या मातांना पान्हाच फुटला नाही. अनेक मातांमध्ये श्वसनाचे, पोटाचे विकार सुरू झाले. जन्माला आलेली बालके कमी वजनाची, काळी निळी कातडी असलेली, हातपाय वाकडे अशा विकृती घेऊन आली. अनेक महिलांनी विकृत बालकांना जन्म देण्यापेक्षा खाजगी रुग्णालयात गर्भपात करून घेतले. या हत्याकांडानंतर गर्भपाताचे प्रमाण तिप्पटीने वाढले. इंडियन

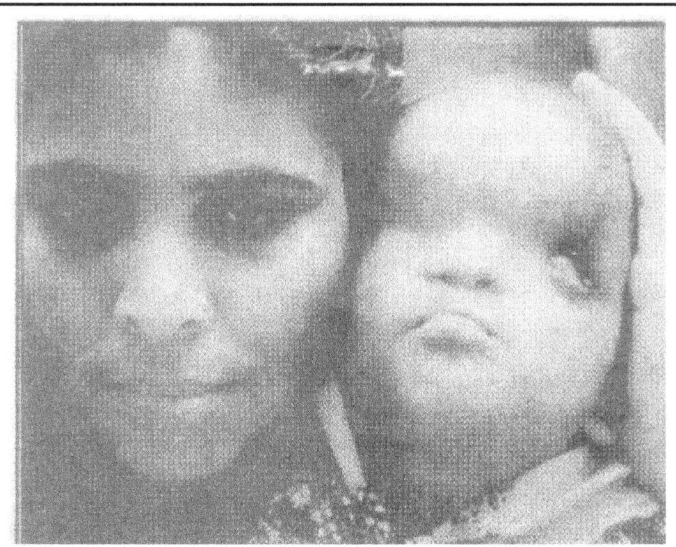

आकृती २.१ : भोपाळ येथील भयानक वायुकांडानंतर जन्माला आलेले विकृत बालक.

कौन्सिल ऑफ मेडिकल रिसर्च (ICMR) या संस्थेने केलेल्या पाहणीत विकृत, अकाली जन्माला आलेली, हृदयरोगग्रस्त, दृष्टीदोषग्रस्त व सुजलेले हातपाय असलेली बालके आढळली. मृत बालकांच्या विविध स्नायू व अवयवांचा अभ्यास केला गेला. रक्त गोठणे, यकृत व फुफ्फुसावर विषाचा परिणाम, मेंदूला इजा, मेंदूत रक्तस्त्राव, जाड व राठ कातडी व नाळेतही विषाचा परिणाम आढळला. जी बालके जगली ती विकृत व विकलांग आहेत.

चेर्नोबील अपघात - २६ एप्रिल १९८६ रोजी रशियाच्या चेर्नोबील या अणुभट्टीस आग लागून भयंकर अपघात घडला. या आगीत हा अणुऊर्जा वीज निर्मिती प्रकल्प जळून खाक झाला. असे अपघात घडत असतात परंतु हा अपघात वेगळा होता. या अर्थाने की या दुर्घटनेमुळे किरणोत्सर्जन वाढले आणि किरणोत्सर्गाचे दुष्परिणाम अत्यंत घातक असतात याची कल्पना मानवाला असल्यामुळे या घटनेला विशेष महत्त्व आले. या अपघातामुळे जवळपासच्या परिसरात ४ ते ५ पटीने किरणोत्सर्जन वाढल्याचे आढळून आले. रशियाने जरी ही बातमी चटकन् जगाला दिली नाही तरी लँडसॉट या अमेरिकन उपग्रहाने व युरोपियन उपग्रहाने चेर्नोबील अपघाताची भासचित्रे टिपली होती. कॉंप्युटरच्या साहाय्याने त्याच्या प्रतिमा छापल्या आणि साऱ्या जगाला चेर्नोबील अपघाताची

चित्रं पहायला मिळाली. त्या प्रकल्पातील २ अणुभट्ट्या स्फोट होऊन जळाल्या. त्यामुळे शेकडो लोक मृत्युमुखी पडले तर हजारो जखमी झाले. या अपघातामुळे किरणोत्सर्गी धुळीचे ढग वातावरणात पसरले. उष्णतेमुळे काँक्रीटचे रस्ते वितळले. दूषित वातावरणामुळे भट्ट्यांजवळ कुणी जाऊ शकत नव्हतं. या धुळीच्या ढगामुळे युफेन आणि बायलो ही रशियन संघराज्ये जी रशियन अन्नधान्याची कोठारं समजली जातात, तेथील उभी पिकं प्रदूषित झाली.

अपघात का झाला असावा याचा शोध घेतांना लक्षात आले की, चेर्नोबील अणुभट्टीत वापरलेले तंत्रज्ञान अत्यंत जुनाट व टाकाऊ होते. कोणतीही अत्याधुनिक यंत्रणा त्यात नव्हती. रशियन मंडळी जरी तिच्या गुणवत्तेबद्दल दावा करीत होती तरी तिच्यात अणुस्फोट झाला आणि आजूबाजूला किरणोत्सर्गाची झळ पोहोचली. जगात ३६४ च्या वर अणुभट्ट्या आहेत आणि ह्या अणुभट्ट्या म्हणजे विनाशस्थानके आहेत. छोटे मोठे अपघात या भट्ट्यांमध्ये जगात होतात. त्यांची नोंद आहे. परंतु अणुभट्ट्यातील अपघात हे यांत्रिक व मानवी चूक यामुळे घडून येतात.

किरणोत्सारामुळे भयानक दुष्परिणाम होतात. त्याचे मानवी शरीरावर परिणाम होतात त्यांना किरणोत्सारजन्य आजार म्हणतात. गॅमा, बीटा, अल्फा, न्यूट्रॉन, व क्ष किरणांमुळे हे आजार उद्भवतात. यामधील गॅमा उत्सर्जन हे सर्वाधिक धोकादायक असते. या आजारात भूक मंदावते. मळमळ होऊन उलट्या होतात. खूप ताप येतो. रुग्णाचे वजन कमी होते. माणसं आळशी व निरुत्साही बनतात. हाडातील मगज तथा अस्थिमज्जेला इजा पोहोचते त्यामुळे पांढऱ्यापेशींचे प्रमाण खूप कमी होते. पर्यायाने रोगप्रतिकार शक्तीच नाहीशी होते. १५० रेम (रेम हे उत्सर्जन मापक आहे) व्यक्तीला आठवडाभर सहन करावे लागले तर यातली लक्षणे दिसू लागतात. रक्ताचा कर्करोग होतो.

चेर्नोबील जवळच्या ५०० चौ. कि.मी. परिसरातील १ लक्ष ३५ हजार लोकांना दुष्परिणाम भोगावे लागतील असा अंदाज शास्त्रज्ञांचा आहे. अधिकृतरित्या या अपघातात २९ व्यक्ती मृत्युमुखी पडल्याचं जरी रशियन सरकारने जाहीर केलं तरी प्रत्यक्षात हा आकडा १० वर्षात १० हजारच्या पुढे जाईल असा अंदाज आहे. दुष्काळी आफ्रिका, नेपाळ व इतर देशांना पोलंडने पुरविलेली दुधाची भुकटी ही चेर्नोबीलच्या किरणोत्सारी विखारानं दूषित झाली होती. चेर्नोबील भोवतालच्या २५ कि.मी. त्रिज्येच्या वर्तुळात ९० हजार माणसे तेथून हलविण्यात आली. अनेकांच्या डॉक्टरांनी अस्थिमज्जा रोपणाच्या शस्त्रक्रिया केल्या. प्राण्यामध्ये किरणोत्सर्जन वाढल्याचे आढळले. जपानमध्ये किरणोत्साराची पातळी बरीच वाढलेली दिसली. दूध, भाज्या इ. पदार्थांचे सेवन जपानी लोकांनी त्यावेळेस बंद केले होते.

चेर्नोबीलच्या एका अणुभट्टीतील अपघातामुळे एवढा हाहाकार माजला. २०-३० वर्षांनंतर खरे दुष्परिणाम आढळतील. कदाचित कॅन्सरची वाढ होईल. या अपघातामुळे पूर्व युरोपातील देशांनी धसका घेतला होता. भीतीने साऱ्या युरोपलाच पछाडले होते. अणुभट्टीमुळे ही परिस्थिती निर्माण होते जर अणुयुद्ध झाले तर काय परिस्थिती निर्माण होईल याची कल्पनाही करवत नाही.

◆

३. वायू प्रदूषणाचा उगम व प्रदूषक घटकांचे वर्गीकरण

वायू प्रदूषण हे नैसर्गिक व मानवनिर्मित प्रदूषणांमुळे घडून येते. खालील काही प्रमुख घटकांमुळे प्रदूषणाची समस्या उद्भवते.

१) नैसर्गिक घटक - हे घटक निसर्गनिर्मित असून मानवाचा त्यांच्या निर्मितीत सहभाग नसतो. उदा. ज्वालामुखीचा उद्रेक झाला म्हणजे त्यातून राख, विषारी वायू, धूळ, धूर इ. वातावरणात सोडले जातात. हे प्रदूषक घटक फार मोठ्या प्रमाणात दीर्घकाळ वातावरणात सोडले जातात. त्यामुळे ज्वालामुखीच्या आजूबाजूच्या परिसरातील वातावरण दूषित होते. विषारी वायूंमुळे सजीवांना धोका पोहोचतो. जीवितहानी देखील मोठ्या प्रमाणात होते. वातावरणातील बदलामुळे धुळीची वादळे निर्माण होतात. त्यामुळे प्रचंड प्रमाणात हवेत धुलीकण मिसळतात व हवा दूषित होते.

वनस्पतींचे परागकण देखील हवेमुळे इतस्तत: वाहून नेले जातात. परागकण हे अत्यंत सूक्ष्म असून ते हवेत तरंगतात. गाजर गवताचे परागकण तर फार मोठ्या प्रमाणात हवेत आढळतात. ह्या परागकणांचे सूक्ष्मदर्शक यंत्राखाली निरीक्षण

आकृती ३.१ : ज्वालामुखीच्या नैसर्गिक उद्रेकामुळे फार मोठ्या प्रमाणात वायू प्रदूषण होते.

केल्यास त्यांचा चित्रविचित्र आकार लक्षात येतो. हे परागकण तण, गवत, झाडेझुडपे, वृक्षवेली यांचे असून हवेत त्यांचा मुक्तसंचार असतो. वाऱ्यामुळे फार मोठ्या प्रमाणात परागकण हवेत शिरतात. कारण काही वनस्पतींमध्ये परागीभवन (Pollination) हे वाऱ्यामुळे होते. हवेत तरंगणारे हे सूक्ष्म परागकण हे १० ते ५० मायक्रॉन (μ) आकाराचे असतात. काही मात्र ५ मायक्रॉन एवढे लहान तर काही १०० मायक्रॉन व्यासाचे असतात. हवेतील हे परागकण प्रदूषकच असतात. कारण श्वसनामुळे ते नाकावाटे घशात, फुफ्फुसात जातात. अशा परागकणांची काही व्यक्तींना ॲलर्जी तथा वावडे असते व काही माणसं अत्यंत संवेदनशील असतात. अशा परागकणांमुळे त्यांना सतत शिंका येतात. दमा, ताप यासारखे आजार उद्भवतात. काहींना श्वसनाचे विकार, त्वचा विकारही सतावतात.

निसर्गात मृत झालेल्या सेंद्रिय घटकांची कुजण्याची प्रक्रिया चालू असते. या प्रक्रियेत दूषित वायू बाहेर पडतात त्यामुळे वातावरणात दुर्गंधी पसरते व ते दूषित होते. विषाणू, जिवाणू व बुरशीचे बिजाणू हे देखील नैसर्गिक प्रदूषक आहेत.

२) मानवनिर्मित घटक - मानवाने आपल्या सुख समृद्धीसाठी निसर्गावर सतत आक्रमण केले आहे. विज्ञान तंत्रज्ञानाचा वापर देखील मोठ्या प्रमाणात मानव करीत आहे. त्यामुळे पर्यावरणात घातक प्रदूषकांचे प्रमाण सातत्याने वाढत आहे. मानवनिर्मित घटकांच्या खालील यादीवरून सहज लक्षात येईल.

१) कारखाने, उद्योगधंदे
२) जैविक इंधन, पेट्रोल, डिझेल, दगडीकोळसा, नैसर्गिक वायू
३) कीटकनाशकांचा वापर
४) स्वयंचलित वाहने
५) हवाई वाहतूक
६) पारंपरिक इंधनाचा वापर उदा. लाकूड, कोळसा, गोवऱ्या,
७) नैसर्गिक वायूचे ज्वलन
८) शहरीकरण
९) लोकसंख्यावाढ
१०) जंगलतोड
११) औद्योगिक अपघात
१२) अणुवीज निर्मितीकेंद्रे, अणुचाचण्या
१३) युद्धे

१४) रासायनिक व जैविक अस्त्रांचा युध्दातील वापर

१५) जंगलांना लावलेल्या आगी

१६) कृषीक्षेत्रातील कचऱ्याचे ज्वलन

१७) फटाके, दारूकाम

वायू प्रदूषणास कारणीभूत ठरणाऱ्या विविध दूषित घटकांची विभागणी दोन प्रकारात केली जाते.

१) **प्राथमिक प्रदूषक** (Primary pollutants) हे प्रदूषक घटक नैसर्गिक असोत वा मानवनिर्मित, त्यांची विल्हेवाट त्यांच्या उगमापासून सरळ वातावरणात लावली जाते. त्यांच्यात काही बदल घडून आलेले नसतात किंवा ते दुसऱ्या प्रकारात रूपांतरीत झालेले नसतात. त्यांना प्राथमिक प्रदूषक म्हणतात. त्यात खालील प्रदूषकांचा समावेश होतो.

अ) नैसर्गिक प्रदूषक - यात ॲलर्जीकारक वनस्पतींचे परागकण, रोगकारक जीवाणू, विषाणू, बुरशीचे बिजाणू (Spores) इ. चा समावेश होतो. ज्वालामुखीच्या उद्रेकामुळे बाहेर पडणारे विषारी वायू, राख, धुलीकण, बाष्प ह्यांचादेखील नैसर्गिक प्रदूषकात समावेश होतो.

ब) मानव निर्मित प्रदूषक - यामध्ये कारखान्यांमधून बाहेर पडणारे धुलीकण, धूर, आम्लाच्या वाफा, धुके, किरणोत्सर्गी कण, बाष्प, कणरुप प्रदूषके, राख, द्रवकण इ. चा समावेश होतो.

क) वायुरूप प्रदूषक - अनेक प्रकारचे विषारी घातक वायू हवा दूषित करतात. हे वायू कारखान्यांमधून, स्वयंचलित वाहनांच्या धुराड्यांमधून वातावरणात पडतात. त्यात प्रामुख्याने सल्फरडाय ऑक्साइड (SO_2), सल्फरट्राय ऑक्साइड (SO_3) मर्क्याप्टन्स, नायट्रस ऑक्साईड (NO), नायट्रोजन डायऑक्साईड (NO_2) अमोनिया (NH_3), क्लोरीन (Cl_2), कार्बनमोनॉक्साईड (CO), कार्बनडायऑक्साईड (CO_2), हायड्रोजन फ्ल्युराईड (HF), सुगंधी हायड्रोकार्बन्स, अल्डेहाईडस्, किरणोत्सर्गी वायू (Radioactive gases) इ. वायूंचा प्रदूषक वायू म्हणून समावेश होतो.

२) **दुय्यम प्रदूषक** (Secondary pollutants) हे प्रदूषक, वातावरणात एक किंवा अनेक प्राथमिक प्रदूषक व वातावरणातील घटक यांच्यात होणाऱ्या रासायनिक प्रक्रियेनंतर तयार होतात. बरेचदा प्रकाश रासायनिक प्रक्रियेमुळे या प्रदूषकांची निर्मिती होते. यात ओझोन (O_3) फॉर्मल्डेहाईड, पेरॉक्सी ॲसेटिल नायट्रेट (PAN) प्रकाश रासायनिक धुरके, सल्फ्युरिक आम्ल व नायट्रीक आम्ल यांच्या वाफा, आम्लयुक्त पाऊस (Acid rain) इ. प्रदूषक अनेक रासायनिक

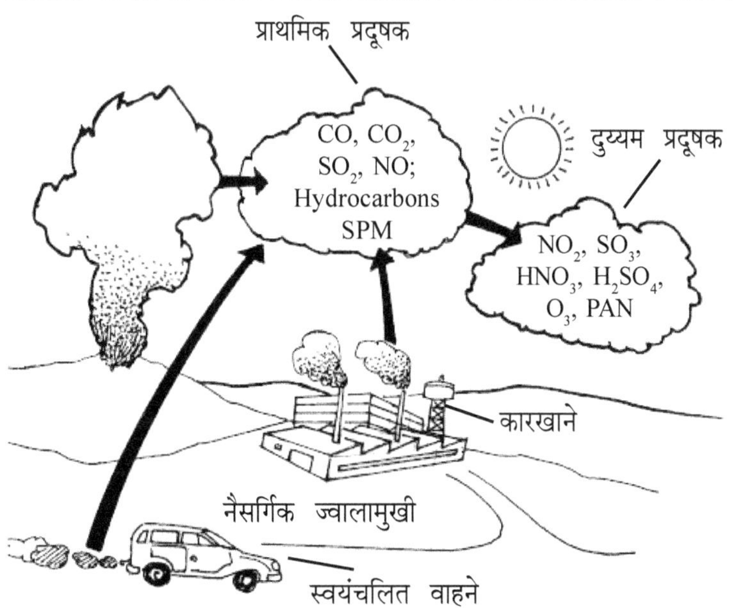

आकृती ३.३ : प्राथमिक व दुय्यम वायू प्रदूषक घटक व त्यांची उगमस्थाने

प्रक्रियांमुळे तयार होतात. हे प्रदूषक प्राथमिक प्रदूषकांपेक्षा अत्यंत घातक व प्रभावी प्रदूषणकारी असतात. त्यांच्यामुळे सजीवांवर हानीकारक परिणाम होतात.

जैवी विघटनशील व जैवी अविघटनशील प्रदूषके

प्रदूषणकारी घटकांचे आणखी एका पध्दतीने वर्गीकरण करता येते. ते म्हणजे

१) जैवी विघटनशील (Biodegradable Pollutants) - ह्या प्रदूषक घटकांचे नैसर्गिक परिस्थितीत सूक्ष्म जीवाणूंमार्फत विघटन (Decomposition) केले जाते. त्यांचे विघटन होऊन त्यांचे रूपांतर सौम्य प्रदूषकात होते. तसेच ते वातावरणात दीर्घकाळ टिकून राहात नाहीत. अत्यंत क्लिष्ट घटकांपासून जैविक प्रक्रियेमुळे साध्या घटकात त्यांचे रूपांतर होते. उदा. शेतीक्षेत्रातील निरुपयोगी घटक, दुर्गंधीकारक कचरा यांचे विघटन सूक्ष्मजीवांमुळे होते.

२) जैवी अविघटनशील (Non-biodegradable pollutants)- ह्या प्रदूषकांचे वैशिष्ट्य म्हणजे ते वातावरणात दीर्घकाळ कोणताही बदल न होता टिकून राहातात. सूक्ष्म जीवाणूंमुळेही त्यांचे विघटन होत नाही. त्यात प्रामुख्याने

कृत्रिम प्रदूषकांचा समावेश असतो. उदा. पाण्याचे क्षार, रबर, प्लॅस्टिक, कृत्रिमधागे, डी.डी.टी., बी.एच.सी., अल्ड्रीन, डायएल्ड्रीन, एंड्रीन. इ. सेंद्रिय क्लोरीनयुक्त कीटकनाशके व इतर घटक पर्यावरणात दीर्घकाळ टिकून राहातात. अन्नसाखळीद्वारेही त्यांचा संचार असतो. त्यामुळे अनेक समस्या उद्भवतात. ते अन्नसाखळीत सजीवांच्या शरीरात साठून राहातात. ते स्थिर (Stable) असून पाण्यातही विरघळत नाहीत. पारा, शिसे, निकेल, कॅडमियम, यासारखे धातू वातावरणाबरोबर पाणीही दूषित करतात. किरणोत्सर्गी पदार्थदेखील वातावरणात दीर्घकाळ टिकून राहातात. कारण त्यांचे अर्धजीवन (Half-life) फार मोठे असते. या दूषित घटकांमुळे अनेक रोग होतात. ते मृत्युलाही आमंत्रक ठरतात.

प्रदूषकांचे प्रकार व त्यांचे दुष्परिणाम
कणरूप प्रदूषके (Particulate Matter)

वातावरणात तरंगणाऱ्या सूक्ष्म अशा घन व द्रवरूप कणांना कणरूप तरंग असे म्हणतात. असंख्य प्रकारचे दूषित घटक हवेत तरंगतात. दूषित वातावरणात तर त्यांचे प्रमाण अधिक असते. त्यात धूर, धूळ, प्राणी व वनस्पती यांच्यापासून निघणारे सूक्ष्म धूलीकण, परागकण, बुरशीचे बिजाणू (Spores) राखेचे कण, धुके, सूक्ष्म जलकण इ. अनेक प्रदूषकांचा समावेश असतो. हे घटक अत्यंत सूक्ष्म व वजनाने हलके असल्यामुळे ते हवेत तरंगतात. त्यांची निर्मिती प्रामुख्याने द्रविभवन किंवा विखरण्याच्या प्रक्रियांमुळे होत असते. उदा. धूप, झीज, पदार्थाची भुकटी करणे, द्रवरूप पदार्थांचा फवारा (Sprey) मारणे, बाष्प निर्मिती यामुळे देखील कणरूप प्रदूषके तयार होतात. द्रवरुप कीटकनाशके पाण्यात मिसळून त्याचा फवारा पिकांवर विमानाच्या साहाय्याने मारतात किंवा पंपाने मारतात. अशा वेळी असंख्य सूक्ष्म जलकण तयार होतात व ते वातावरणात बराच काळ तरंगतात. पदार्थाच्या ज्वलनामुळे तयार होणारा धूर हा कणरूप तरंगणारा प्रदूषक घटक वायू, बाष्प व धुके यांचे मिश्रण असते. द्रवरूप व कणरूप पदार्थांच्या मिश्रणाने धूर तयार होतो. हवेत तरंगणाऱ्या या द्रवरूप व कणरूप घटकांना इंग्रजीत एरोसोल (Aerosol) असे म्हणतात. एरोसोल्समध्ये सूक्ष्म जलकण व कणरूप घटक असतात किंवा दोहोंचे मिश्रण असते. या सूक्ष्म तरंगणाऱ्या घनरूप कणांचा आकार अत्यंत सूक्ष्म असून त्यांचा व्यास मायक्रॉन (μ) या एककात मोजतात. (१ मायक्रॉन म्हणजे १ मि.मी चा हजारावा भाग) त्यांचा व्यास ०.०१ पासून १०० मायक्रॉन पर्यंत असतो. कणांचा आकार, त्यांची घनता आणि प्रदूषक म्हणून त्यांचे महत्त्व याबाबत एरोसोल्समध्ये फरक

आढळतो. कणरूप प्रदूषक अथवा एरोसोल्समध्ये निष्क्रिय संयुगे आणि क्रियाशील संयुगे ह्यांचा समावेश असतो. निष्क्रिय पदार्थांचा पर्यावरणावर कोणताही परिणाम होत नाही. तसेच त्यांच्या बाह्यरचनेतही ज्वलन अथवा इतर प्रक्रियांमुळे बदल होत नाही. या उलट अत्यंत क्रियाशील पदार्थ असेल तर त्याचे भस्मीकरण होऊन त्याची रासायनिक प्रक्रिया पर्यावरणावर होत असते.

सारणी - ३.१ कणरूप प्रदूषकांचे काही शहरातील प्रमाण

शहर	कणरूप प्रदूषक मायक्रोग्रॅम (μg) प्रती घनमीटर
१. मुंबई	२३८
२. कोलकोता	५२७
३. दिल्ली	७००
४. कानपूर	४८८
५. लंडन	२२१
६. न्यूयॉर्क	१३४

संदर्भ - यन्नावार पी.के. व सहकारी (१९७०) नागपूर.

कणरूप प्रदूषकांचे ही त्यांच्या आकारावरून प्रकार पाडलेले आहेत. अत्यंत सूक्ष्म म्हणजे ०.१ मायक्रॉनपेक्षा लहान व्यासाचे कणरूप प्रदूषक, मध्यम तथा मोठे म्हणजे ०.१ ते १ मायक्रॉन व्यासाचे कणरूप प्रदूषक व अजस्र कणरूप प्रदूषक हे १ मायक्रॉनपेक्षा मोठे असतात. त्यांच्या या आकार व वजनामुळे जमिनीवर पडण्याचा त्यांचा वेग भिन्न असतो.

कणरूप प्रदूषकांचे प्रकार

१) धूळ (Dust) - धूळ तथा धूलिकण हे आपल्या सर्वांचे परिचयाचे आहेत. धुळीचा संचार सर्वत्र असतो. घरात पडणाऱ्या प्रकाशाच्या कवडशात तर अगणित धूलिकण असतात. घरात साफसफाई केली नाही तर धुळीचे थर बसलेले दिसतात. धूळ ही घनकणांनी बनलेली असून त्यांचा आकार १ ते १०० मायक्रॉनपर्यंत असतो. हे कण एरोसोल्सपेक्षा मोठे असून ते काही काळ हवेत किंवा इतर वायुंच्या बरोबर वातावरणात तात्पुरते तरंगतात. वातावरणात

धुलीकणांची निर्मिती विविध प्रकारे होत असते. नैसर्गिकरित्या खडक, माती जेव्हा दुभंगतात, फुटतात त्यामुळे हे कण हवेत विखुरले जातात. धुळीची वादळेदेखील हवेत धुलीकण पसरवितात. वजनाने हलके धुलीकण वातावरणात दीर्घकाळ तरंगतात. ज्वालामुखीच्या उद्रेकामुळे वातावरणात प्रचंड प्रमाणात धुलीकण पसरतात. मानवाच्या विविध कृतीमुळे हे धूलीकण हवेत मिसळतात. उदा. दगडांचा भुगा केल्यामुळे, दगड खाणीत सुरुंग लावल्यामुळे, रस्ते तयार करणे, अणुचाचण्या इ. मुळे वातावरणात फार मोठ्या प्रमाणात धूळ मिसळते. कार्बनी व अकार्बनी पावडरीचा धुरळा केल्यानेही सूक्ष्मकण वातावरणात जातात. कीटकनाशकांचा धुरळा पिकांवर विमानाने, हेलिकॉप्टरने केला जातो. त्यामुळेही हे सूक्ष्म कण वातावरणात तरंगतात. प्रगत राष्ट्रांमध्ये अशा पद्धतीनेच फवारणी केली जाते. त्यामुळे फार मोठ्या प्रमाणात वातावरणाचे प्रदूषण होते.

निरूपयोगी टाकाऊ पदार्थ, घनकचरा मोठ्या शहरांमध्ये जाळला जातो त्यामुळे-देखील अर्धवट ज्वलनामुळे कार्बन तथा काजळीचे कण हवेत पसरतात. औष्णिक विद्युत्केंद्रांमध्ये दररोज हजारो टन दगडी कोळसा उष्णतेसाठी वापरला जातो. या कोळशाच्या ज्वलनामुळे धुराड्यातून फार प्रचंड प्रमाणात उडू रक्षा (Fly ash) बाहेर पडते. या राखेचे सूक्ष्मकण वातावरणात प्रचंड प्रमाणात विखुरले जातात. त्याचप्रमाणे कापडगिरण्या, सिमेंट कारखाने, चुन्याच्या भट्ट्या, ओतकाम करणारे कारखाने, वीटभट्ट्या, इ. मधून धूलिकण वातावरणात सोडले जातात. घरात स्वयंपाकासाठी लाकूड, लाकडी कोळसा, जाळला जातो. त्या

आकृती ३.४ : कारखान्यांचे धुराडे वातावरणात अशा प्रचंड प्रमाणात विषारी वायू, धूर ओकतात.

धुरात घनकण असतात. स्वयंचलित वाहनांची संख्या भरमसाठ वाढत आहे. त्यासाठी वापरले जाणारे पेट्रोल, डिझेल या इंधनाच्या ज्वलनामुळे हवेत धूर सोडला जातो. दिल्ली, मुंबई, कोलकोता, पुणे यासारख्या शहरांमध्ये दररोज लाखो वाहने रस्त्यावर धावतात. त्यांच्या धुरामुळे फार प्रदूषण होते. वातावरणात त्यामुळे धूळ पसरते. त्याचप्रमाणे वखारीत लाकडे कापण्यामुळे फार मोठ्याप्रमाणात धूळ तयार होते. तसेच खाद्य उद्योगात धान्याच्या पिठामुळे धूळ उडते. धातू वितळविण्याच्या भट्ट्या, ओतकाम करणारे कारखाने, तेलशुद्धीकरण कारखाने, साखर कारखाने इ. अनेक औद्योगिक क्षेत्रात धूर व धूळ वातावरणात सोडली जाते.

सारणी क्र. ३.२ वातावरणातील धुलीकणांचा उगम

उगम	उदाहरण
१) ज्वलन	१) दगडीकोळसा, लाकूड, पेट्रोल, डिझेल इंधनाचे ज्वलन. २) घरगुती व महानगरातील घनकचऱ्याचे ज्वलन. ३) आगी, जंगलांना लागलेल्या आगी, विडी, सिगारेट ओढणे.
२) पदार्थांची हाताळणी व प्रक्रिया	१) अशुद्ध धातू, दगड, सिमेंट, खडक, प्रक्रिया रसायने दळणे, भुकटी करणे. २) वाळू, रेती, कोळसा, चुना, सिमेंट इ. ची चढउतार करणे. ३) रसायने, रासायनिक खतांचे मिश्रण व पॅकिंग करणे. ४) धान्य दळणे, पीठ. ५) लाकूड कापणे. ६) ओतकाम व धातू वितळविणारे कारखाने, भट्ट्या

उगम	उदाहरण
	७) कागद, कापड तयार करणारे कारखाने.
३) भूपृष्ठावरील कामे	१) रस्ते, इमारती, धरणे इ. बांधकामे. २) खाणकाम, सुरुंगकाम. ३) शेतीसाठी जमीनीचे सपाटीकरण, नांगरणी इ. ४) वारे, वादळे इ.
४) संकीर्ण	१) घराची साफसफाई २) कच्च्या रस्त्यांची साफसफाई ३) कीटकनाशक पावडरचा पिकांवरील धुरळा ४) स्वयंचलित वाहनांच्या धुराड्यातील धूर

२) धूर (Smoke) - प्रदूषणकारी घटकांमध्ये धूर हा घटक अत्यंत महत्त्वपूर्ण असून धुरामुळे फार मोठ्या प्रमाणात प्रदूषण होते. धुरामध्ये अत्यंत सूक्ष्म असे ०.०१ ते १ मायक्रॉन आकाराचे कण असतात आणि त्यांची निर्मिती कार्बनी पदार्थांच्या अर्धवट ज्वलनामुळे होत असते. हे सूक्ष्मकण द्रवरूप अथवा घनरूप असतात. त्यात प्रामुख्याने कार्बन कणांचा समावेश असतो. कोळशाच्या धुरातील सूक्ष्म कणांचा आकार ०.०१ ते ०.२ मायक्रॉन असतो तर पेट्रोल, डिझेल या इंधनापासून तयार होणाऱ्या धूर कणांचा आकार ०.०३ ते १ मायक्रॉन एवढा सूक्ष्म असतो. धुराला वेगवेगळा रंग असतो. तो कधी काळाकुट्ट, तर कधी पांढरा, पिवळा अथवा तांबूस असतो. अर्थात हा रंग जळणाऱ्या पदार्थांवर अवलंबून असतो. कारखान्यांमधून धुराड्यावाटे विपुल प्रमाणात धूर वातावरणात उंचावर सोडला जातो. खत कारखाने, औष्णिक विद्युत केंद्रे, साखर कारखाने, वस्त्रोद्योग इ. मधून मोठ्या प्रमाणात धुराची निर्मिती होते. स्वयंचलित वाहने धूर निर्मितीत मोठा हातभार लावतात. ही वाहने कार्बनयुक्त धूर सोडतात. घरात उष्णता निर्मितीसाठी सरपण, कोळसा,

गोवऱ्या, रॉकेल, इंधन म्हणून वापरल्यामुळे धूर होतो. घरात, सार्वजनिक ठिकाणी धुम्रपान करणाऱ्या व्यक्तींमुळेही धूर हवेत पसरतो. सन १९९१ मध्ये इराण, इराक या आखाती युध्दात तर तेलखाणींना आगी लावल्यामुळे तेथील परिसरात अनेक दिवस धुराचे प्रचंड लोट पसरले होते. ह्या धुराचे ढग एवढे मोठे होते की त्यामुळे अनेक दिवस सूर्याचे दर्शनदेखील झाले नव्हते. यावरुन धूर किती मोठा प्रदूषणकारी घटक आहे हे सहज लक्षात येते. कृषीक्षेत्रात निरुपयोगी कचरा, उसाचे पाचट यांना आग लावून जाळून टाकण्यात येते. त्यामुळे देखील धूर मोठ्या प्रमाणात वातावरणात शिरतो. हवाई कसरती करतांना रंगीबेरंगी धूर वातावरणात सोडला जातो. तसेच परिस्थितीवर नियंत्रण आणण्यासाठी बऱ्याचदा युध्दात, अश्रूधुराचा वापर केला जातो. सन १९५२ मध्ये लंडन शहरात कडाक्याच्या थंडीपासून बचाव करण्यासाठी प्रत्येक घरात फार मोठ्या प्रमाणात दगडी कोळसा जाळला गेला. परंतु त्या धुरामुळे वातावरणात प्रकाश रासायनिक धुरके (Photochemical smog) तयार होऊन त्या घातक प्रदूषणामुळे ४ हजार लोक मृत्युमुखी पडले. हे आपण यापूर्वी बघितले आहेच.

३) विषारी धूर (Fumes) - हा धूर नाकाला झिणझिण्या आणणारा असून दाहक असतो. अत्यंत सूक्ष्म कणांच्या रुपाने वातावरणात तरंगत असतो. यामध्ये वायुरुप अवस्थेतील पदार्थाचे वातावरणात सूक्ष्म कणांच्या रुपात द्रवीभवन होत असते. वितळलेल्या पदार्थापासून त्याच्या वाफा तयार होतात. हे बाष्प उडून हवेत जाते. भस्मीकरण (Oxidation) या रासायनिक प्रक्रियेत ऑक्सिजनशी पदार्थाचा संयोग होऊन हे बाष्प तयार होते. अनेक रसायनांपासून तसेच धातू शुध्द करणाऱ्या भट्ट्यांमधून हा धूर हवेत शिरतो. विविध प्रकारच्या आम्ल निर्मिती कारखान्यांमधून मोठ्या प्रमाणात आम्लयुक्त वाफा वातावरणात मिसळतात व त्यामुळे वातावरण मोठ्या प्रमाणात दूषित होते. अनेक कार्बनी रासायनिक पदार्थ (Organic Chemicals) हे उडनशील असतात. उदा. पेट्रोल, डिझेल, बेंझिन, इथर इ. त्यापासून अदृश्य बाष्प तयार होऊन ते वातावरणात शिरते. अशा पदार्थांच्या सान्निध्यात काम करणाऱ्या कामगारांच्या नाकातोंडावाटे हे प्रदूषक शरीरात जातात व त्यांना अनेक रोग होतात. या प्रदूषकाच्या कणांचा आकार १ मायक्रॉनपेक्षाही लहान असतो.

४) विरळ धुके (Mist) - विरळ धुके हे अत्यंत सूक्ष्म जलकणांच्या रूपात असते व ते हवेत तरंगते. वातावरणातील बाष्पाचे द्रवीभवन होऊन त्यापासून सूक्ष्मकण तयार होतात. तसेच कारखान्यांमध्ये देखील ते तयार होतात. हा धुक्याचा प्रकार असला तरी जलकण अत्यंत सूक्ष्म असल्यामुळे

दिसत नाहीत. म्हणून ह्या प्रकारास विरळ धुके म्हणतात. नैसर्गिकरित्या वातावरणात पाण्याच्या वाफेपासून हे धुके तयार होते. या कणांचा आकार १० मायक्रॉनपेक्षा लहान असतो. औद्योगिक क्षेत्रातील कारखान्यांमधूनही असे जलकण वातावरणात सोडले जातात. ते प्रथम बाष्परुपात असतात. उदा. सल्फरट्राय ऑक्साईड वायू (SO_3) पासून २२°से. तापमानाला त्यापासून सल्फर ट्रायऑक्साईड द्रवरुपात तयार होतो. त्याचे सूक्ष्म कण वातावरणात मिसळतात. या कणांचा संयोग बाष्पकणांशी झाला म्हणजे सल्फ्युरिक आम्ल तयार होते.

५) धुके (Fog) - पावसाळ्यात वातावरणात आर्द्रता विपुल असल्यामुळे बऱ्याचदा धुके दिसते. कधी कधी हे धुके खूप दाट असल्यामुळे जवळचेदेखील दिसत नाही. हवेत मोठ्या प्रमाणात बाष्प असले म्हणजे त्यापासून द्रवीभवन प्रक्रियेमुळे सूक्ष्म जलकणांच्या रुपाने धुके हवेत तरंगते. या जलकणांचा आकार १ ते ४० मायक्रॉन एवढा असतो. त्यामुळे ते सहजपणे आपल्याला दिसू शकतात. धुके हा द्रवरुपातील कणरूप तरंग म्हणून ओळखले जाते. धूर आणि धुके यांचा वातावरणात संयोग होऊन धुरके (Smog) तयार होते. धुरातील कार्बनचे कण व सल्फर डायऑक्साईड वायू यांचा धुक्यातील पाण्याच्या कणांशी संयोग होऊन गंधकाम्लाचे तथा सल्फ्युरिक ऑसिडचे सूक्ष्म थेंब तयार होतात आणि ते कार्बन कणांवर आरूढ होऊन श्वसनाबरोबर फुफ्फुसात जातात. सन १९५२ मध्ये लंडनमध्ये घडलेल्या दुर्घटनेचे उदाहरण आपण बघितले आहे. जगातील बहुतेक महानगरांमध्ये ही समस्या आढळते.

कणरूप प्रदूषकांचे रासायनिक स्वरूप विविध प्रकारचे असू शकते. ते त्या पदार्थाच्या उगमावर अवलंबून असते. उदा. जर कणरूप घटक माती, क्षार या पासून तयार होत असतील तर त्यांच्यात कॅल्शियम, ॲल्युमिनियम, सिलिकॉन (वाळू) इ. घटक असतात. दगडी कोळसा, खनिज तेल, लाकडी कोळसा, कचरा यांच्या ज्वलनापासून तयार होणाऱ्या धुरात प्रामुख्याने कार्बनी घटक असतात. कीटकनाशकांची पावडर, आम्ले, रसायने तयार करणाऱ्या कारखान्यांमधील वाफा, विषारी धूर, यामध्ये कार्बनी व अकार्बनी रसायने असतात. हायड्रोकार्बन्स देखील कणरूप स्वरूपात असतात. अर्धवट ज्वलनामुळे अत्यंत विषारी व घातक असे पॉलीसायक्लिक कार्बनी पदार्थांचे कणरूप प्रदूषक तयार होतात. ते बेंझोपायरीन या कर्करोगकारक पदार्थांचे घटक आहेत. वातावरणांत कणरूप स्वरूपात अनेक विषारी धातू उदा. शिसे, कॅडमियम, पारा, निकेल, जस्त, इ. आढळतात. ते आरोग्याला अत्यंत घातक असतात. हे प्रदूषक कणरूपात ऑक्साईडस्, हायड्रॉक्साइडस्, सल्फेटस् व नायट्रेटस्च्या स्वरूपात आढळतात.

घनकणांचे दुष्परिणाम

वातावरणात सोडलेल्या घनकणांमुळे पर्यावरणाच्या अनेक समस्या उद्भवतात. वनस्पती आणि प्राण्यांवर विपरीत परिणाम होतात. ते खालीलप्रमाणे असतात.

१) वातावरणातील घनकण सूर्यप्रकाश विखरून टाकतात; त्याचप्रमाणे ते काही प्रमाणात सूर्यप्रकाशाला शोषून घेतात. त्यांच्यामुळे वातावरण धूसर होऊन दूरच्या वस्तू स्पष्ट दिसत नाहीत.

२) घनकणरूप प्रदूषकांमुळे पृथ्वी थंड होत आहे. त्याचा एकूण जगाच्या वातावरणावर देखील परिणाम होऊ शकतो.

३) ग्रामीण भागांपेक्षा शहरी भागात १५ ते २० टक्के सूर्यप्रकाश कमी मिळतो. त्याचे कारण म्हणजे वातावरणातील कणरूप प्रदूषक.

४) घनकणांमुळे वातावरणात येणाऱ्या धूसरतेमुळे वाहनांचे, विमानांचे अपघात होतात.

५) बर्फ, हिम यांच्यावर पडलेल्या घनकणांमुळे सूर्यप्रकाशाचे परावर्तन कमी होते. सूर्यप्रकाश बर्फात शोषला जातो आणि उष्णतेमुळे बर्फ वितळण्याचा वेग वाढतो.

६) वातावरणातील कणरूप प्रदूषकांचा ऐतिहासिक स्मारके, वास्तू, पुतळे, धातूच्या, संगमरवरी वस्तूंवर दुष्परिणाम होतो. हवेत आर्द्रता जास्त असेल तर मात्र या वस्तूंची झीज अधिक होते. रंग विटतात. कपडे खराब होतात. लंडन शहरातील अनेक जुन्या इमारती धुरामुळे काळवंडल्या आहेत. अनेकदा त्या धुवून स्वच्छ करण्याचा प्रयत्न झाला आहे.

७) भारतातील जगप्रसिद्ध ताजमहाल देखील काळवंडण्याचा धोका मथुरा येथील तेलशुद्धीकरण कारखान्यांच्या धुरामुळे निर्माण झाला आहे.

८) वातावरणातील कणरूप प्रदूषकांमुळे एक नवीनच समस्या सुरू झाली आहे. ती म्हणजे इलेक्ट्रॉनिक उपकरणांचे कार्य त्यांच्यामुळे बिघडते. त्यांच्यामुळे झीज होऊन उपकरणांचे नुकसान होते. रासायनिक व भौतिक प्रक्रियांमुळे उपकरणातील विद्युत संपर्कात अडथळे निर्माण होतात व ते निकामी ठरतात. याचे कारण म्हणजे हे प्रदूषक घटक संपर्काच्या जागी स्थिरावतात.

९) घनकणरूप प्रदूषक हे मानव व इतर प्राण्यांना विषारी ठरतात. ही विषबाधा या पदार्थांच्या रासायनिक व भौतिक गुणधर्मांमुळे होते. श्वसन संस्थेत त्यांच्यामुळे अडथळे निर्माण होतात. तसेच हे घातक घटक शरीरात शोषले गेले तरी ते विषारी ठरतात. सूक्ष्मकण तर अत्यंत घातक ठरतात. कारण ते सरळ फुफ्फुसात सहजपणे जाऊन बसतात. मोठे कण मात्र श्वसन संस्थेतून सूक्ष्म केसांद्वारे बाहेर टाकले जातात. दुर्दैवाने सूक्ष्मकण हे अत्यंत विषारी असून कर्करोगकारक असतात. उदा. पॉलिन्युक्लीअर ॲरोमॅटिक हायड्रोकार्बन्स या

सूक्ष्म कणांचे नियंत्रण करणेदेखील अत्यंत अवघड व जिकीरीचे काम असते.

१०) या दूषित घटकांमुळे माणसात आजाराचे व मृत्यूचे प्रमाणही अधिक असते.

११) शिसे या प्रदूषकामुळे लहान मुलांमध्ये मेंदूचे विकार उद्भवतात. तांबड्या रक्तपेशींच्या निर्मितीवर परिणाम होतात. धुम्रपान करणाऱ्या व्यक्तींच्या रक्तात शिसे इतरांपेक्षा अधिक असते. बेरिलियममुळे फुफ्फुसातून रक्तात ऑक्सिजन मिसळण्यात अडथळे निर्माण होतात. कोबाल्टमुळे फुफ्फुसाचे विकार उद्भवतात. ऑसबेस्टॉस, सिलिका इ. मुळेही समस्या निर्माण होतात.

१२) कणरूप पदार्थांमुळे मानवात खालील विकार उद्भवतात.

अ) जुनाट फुफ्फुस नलिकांचा दाह - (Chronic bronchitis) या विकारात फुफ्फुसातील वायूवाहक नलिका कायमच्या निकामी होतात. तसेच त्या नलिकांच्या आतील भागातील रोम तथा सूक्ष्म केसांचे कार्य नष्ट होते. त्यामुळे या नलिकांमध्ये चिकट स्राव तथा कफचे प्रमाण फार वाढते आणि हा कफ बाहेर काढून टाकण्यासाठी खोकला येतो. प्रदूषणकारी घटकांच्यामुळे श्वसनसंस्थेचे कार्य बिघडते.

ब) दमा (Bronchial asthama) वातावरणातील घनकण श्वासावाटे फुफ्फुसात शिरतात. परंतु त्यातील अनेक घनकणांचे शरीराला वावडे असते. त्यालाच आपण ऑलर्जी म्हणतो. फुफ्फुस नलिकांमध्ये हे प्रदूषक कण शिरले म्हणजे आतील नाजूक आंतर त्वचेचा दाह सुरू होतो. त्यामुळे त्या आवरणाला सूज येते. हवा फुफ्फुसात जाऊ शकत नाही. पर्यायाने शरीराला ऑक्सिजनचा पुरवठा कमी होतो. धाप लागते. श्वास घेणे अवघड होते आणि त्यातूनच दम्याचा विकार बळावतो.

क) एंफिसिमा (Emphysema) - श्वास नलिकेच्या सूक्ष्म नलिका या विकारात आकसतात. त्यामुळे फुफ्फुसातील वायुकोश प्रमाणाबाहेर फुगतात व फुटतात. या क्रियेमुळे त्यांच्यावरील केसवाहिन्या नष्ट होतात. केस वाहिन्या जर नसतील तर हवेतील ऑक्सिजन घेता येत नाही आणि रक्तामध्ये ऑक्सिजनची कमतरता भासते. त्यामुळे जीव गुदमरतो. धाप लागते. हा प्रकार घनकणरूप प्रदूषकांमुळे उद्भवतो.

ड) फुफ्फुसाचा कर्करोग - (Lung Cancer) शहरी वातावरणात हवेत असंख्य प्रकारचे घनकणरूप प्रदूषके असतात. त्यात धातूचे, ऑसबेस्टॉस, सुगंधित हायड्रोकार्बन्स, ३-४ बेंझोपायरिन सारखे कर्करोगजन्य घटकांचा समावेश असतो. हे घटक श्वासावाटे फुफ्फुसात शिरतात व तेथे आपला प्रभाव दर्शवितात. पर्यायाने फुफ्फुसाचा कर्करोग रूग्णात बळावतो. ग्रामीण भागापेक्षा शहरी भागात फुफ्फुसाच्या कर्करोगाचे प्रमाण अधिक असते.

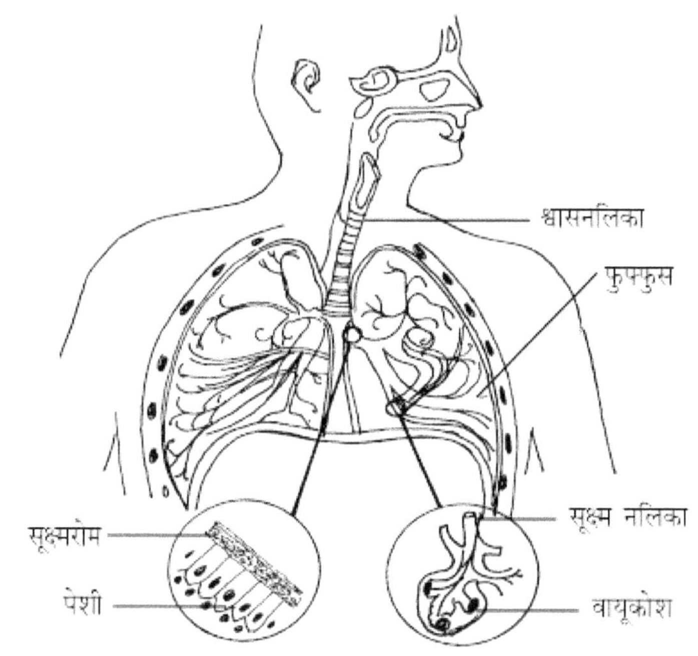

आकृती ३.५ : मानवी श्वसनसंस्था

वायुरूप प्रदूषके

वातावरणात सातत्याने वायुरूप प्रदूषके सोडली जातात. त्यामुळे प्रदूषणाची समस्या दिवसेंदिवस वाढत आहे. दगडी कोळसा, पेट्रोल, डिझेल या इंधनांच्या ज्वलनामुळे सल्फर (गंधक) व नायट्रोजनची भस्मे तयार होतात. तसेच कार्बन मोनॉक्साईड सारखे विषारी वायू निर्माण होतात. अर्धवट ज्वलनामुळे हा वायू वातावरणात पसरतो. औद्योगिक कारखाने, स्वयंचलित वाहने, घरगुती वापरात येणारे सरपण, लाकडी व दगडी कोळसा इ. मुळे वायुरूप प्रदूषके वातावरणात सोडले जातात. हे दूषित वायू कसे तयार होतात व त्यांचे दुष्परिणाम कोणते असतात यांची माहिती घेणे उचित ठरेल.

१) गंधक भस्मे (सल्फर ऑक्साईडस्) - सल्फरडाय ऑक्साईडस् वायू (SO_2) व सल्फरट्राय ऑक्साईड (SO_3) वायू हे गंधक तथा सल्फरची भस्मे असून ते अत्यंत प्रदूषणकारी घटक आहेत. गंधकाची भस्मे अत्यंत क्षोभकारक असतात. यात प्रामुख्याने सल्फरडाय ऑक्साईडस् हा वायू सर्वाधिक

प्रदूषणकारी आहे. या वायूची निर्मिती होते ती दगडी कोळशाच्या ज्वलनाने! जगभर औष्णिक विद्युत केंद्रांमुळे या वायूची निर्मिती फार मोठ्या प्रमाणात होते. कारण यात विद्युत निर्मितीसाठी या केंद्रांमध्ये हजारो टन दगडी कोळसा दर दिवशी जाळला जातो. हा कोळसा उष्णता निर्मितीसाठी जाळला जातो. पाणी तापवून त्यापासून बाष्प निर्मिती करून त्या वाफेद्वारे जनित्रे फिरवली जातात. त्यामुळे मोठ्या प्रमाणात ह्या वायूची निर्मिती होते. तसेच ज्या कच्च्या खनिजात गंधक असते असे खनिज पदार्थ वितळविण्याच्या भट्ट्यांमधून देखील हा वायू बाहेर पडतो. उदा. तांबे, शिसे, जस्त, इ. च्या भट्ट्यांमुळे हा वायू तयार होतो. तेल शुद्धीकरणाचे कारखाने, सल्फ्युरिक आम्ल निर्मिती कारखाने, खतकारखाने, कागद व लगदा तयार करणारे कारखानेदेखील या वायूची उगमस्थाने आहेत. या वायूचे वातावरणातील प्रमाण हे उष्णता व विद्युत निर्मितीसाठी वापरण्यात येणाऱ्या दगडी कोळशात असलेल्या गंधकाच्या प्रमाणावर अवलंबून असते. काही दगडी कोळशात गंधकाचे प्रमाण १ ते ४ टक्क्यांपर्यंत असते. अमेरिकेत कोळशातील गंधकाच्या प्रमाणाची मर्यादा ठरवून देण्यात आली आहे. त्यामुळे तिथे कमी गंधकयुक्त कोळसा जाळला जातो. म्हणून अमेरिकेतील अनेक शहरांमधले गंधकाच्या ऑक्साइडचे प्रमाण कमी झाल्याचे दिसून येते. ज्या कोळशात गंधकाचे प्रमाण अधिक आहे, त्याच्या वापरावरच तेथे बंदी घातली आहे.

कच्च्या पेट्रोलियम पदार्थांमध्ये १ टक्क्यापेक्षा कमी सल्फर असतो तर काहींमध्ये ५ टक्क्यांमध्ये अधिक सल्फर असतो. तेलशुद्धीकरण प्रक्रियांमध्येही गंधकाची संयुगे जड भागात जमा होतात. वायुरूप इंधनांमध्ये देखील गंधक असतो परंतु त्याचे प्रमाण अल्पसे असते. जवळपास ७५ टक्के सल्फरडाय ऑक्साइडवायू कोळशाच्या ज्वलनामुळे वातावरणात सोडला जातो. तर २५ टक्के तेलशुद्धीकरण कारखाने, इंधन वायू व स्वयंचलित वाहने इ. मधून सोडला जातो.

खरं म्हणजे वातावरणातील १/३ सल्फरडाय ऑक्साइड हा मानवाच्या विविध कृतींमुळे तयार होत असतो. मानवी कृतींमुळे ६.५ कोटी टन सल्फर किंवा १३.२५ कोटी टन सल्फरडाय ऑक्साइड वायू दरवर्षी वातावरणात सोडला जातो. प्रामुख्याने कोळसा व पेट्रोल या इंधनाच्या ज्वलनामुळे हा वायू एवढ्या मोठ्या प्रमाणात वातावरणात मिसळतो. त्याचप्रमाणे दरवर्षी १० कोटी टन सल्फरडाय ऑक्साइड वायू पृथ्वीच्या वातावरणात सोडला जातो.

आपल्या देशातदेखील सल्फरडाय ऑक्साइडचे प्रमाण वाढत आहे. सन १९७९ मध्ये ०.६७९ कोटी टन होते. सन २००० पर्यंत हे प्रमाण १.३१९ कोटी टन होईल असे अनुमान आहे. त्याचे कारण म्हणजे दगडी कोळशाचा वापर प्रचंड प्रमाणात वाढला आहे. नॅशनल थर्मल पॉवर कॉर्पोरेशनने आपले

जाळे अधिकच पसरविले आहे. भारतात १९५० मध्ये दगडी कोळशाचे उत्पादन ३.५ कोटी टन होते. ते १९८० मध्ये ते १५ कोटी टन होते आणि सन २००० पर्यंत उत्पादनाचे लक्ष्य २४ कोटी टन आहे.

सारणी क्र. ३.४ भारतातील काही प्रमुख शहरांमध्ये आढळणारे सल्फरडाय ऑक्साइड व नायट्रोजनडाय ऑक्साइडचे प्रमाण.

शहर	सल्फरडाय ऑक्साइड (मायक्रोग्रॅम्स/घनमीटर)	नायट्रोजनडाय ऑक्साइड (मायक्रोग्रॅम्स/घनमीटर)
नवी दिल्ली	४१	३८
कलकत्ता	८५	२४
मुंबई	८३	२३
कानपूर	२५	०९
हैद्राबाद	२६	१६
चेन्नई	१६	१२
जयपूर	१७	१०
नागपूर	१२	२२
अहमदाबाद	७१	२५

दरवर्षी औष्णिक विद्युत केंद्रांची विद्युतनिर्मितीसाठी दगडी कोळशाची मागणी वाढतच आहे. उघड्यावर निरूपयोगी पदार्थांचे जाळणे, नगरपालिकांच्याद्वारे जाळला जाणारा कचरा, सल्फ्युरिक आम्लाचे व कागद तयार करणारे कारखाने यांच्यामुळे ह्या वायूचा शिरकाव वातावरणात होतो.

सल्फरडाय ऑक्साइड (SO_2) वायू हा रंगहीन, ज्वलनशील नसलेला, तिखट चव असलेला वायू आहे. परंतु जर हवेत त्याचे प्रमाण ३ पीपीएम (parts per million) म्हणजे दहा लाखात ३ भाग एवढे असले तर त्याला अत्यंत तिखट, झोंबणारा तथा झणझणीत दाहक वास असतो तो पाण्यात विरघळतो आणि त्यापासून सौम्य सल्फ्युरस आम्ल (H_2SO_3) तयार होते. सल्फरट्राय ऑक्साइड (SO_3) मध्ये रूपांतरीत होतो. परंतु प्रदूषित वातावरणात मात्र सल्फरडाय ऑक्साइडची इतर प्रदूषक घटकांशी प्रकाश रासायनिक अभिक्रिया होऊन सल्फरट्राय ऑक्साइड वायू (SO_3) सल्फ्युरिक ॲसिड व त्यांचे क्षार तयार होतात.

सल्फरट्राय ऑक्साइड (SO_3) वायू सल्फरडाय ऑक्साइडच्या बरोबरच

वातावरणात सोडला जातो. परंतु सल्फरडाय ऑक्साइडचे प्रमाण १ ते ५ पीपीएम पेक्षा जास्त असू नये. हा वायू वातावरणातील बाष्पाशी चटकन संयोग पावतो. आणि त्यापासून सल्फ्युरिक आम्ल (H_2SO_4) तयार होते. द्रवरूपात ते जमिनीवर पडते. वातावरणात हे दोन्ही वायू काही दिवस प्रभावी राहू शकतात. पावसामुळे ते नाहीसे होतात.

सल्फरडाय ऑक्साइडचे दुष्परिणाम

१) या वायूमुळे वस्तूंचे व मालमत्तेचे नुकसान होते. कारण त्यापासून सल्फ्युरिक आम्ल तयार होते व ते अत्यंत क्रियाशील असते. इमारतींचा रंग जाऊन त्या काळपट व ओंगळ दिसतात. त्यांची झीज होते. दगड, चुना, वाळू, सिमेंट यांच्यात प्रक्रिया होते. संगमरवर, चुना, यावरही परिणाम होतो. वातावरणातील वाढत्या सल्फरडाय ऑक्साइडमुळे पुतळे, शिल्प, स्मारके, प्रसिद्ध, वास्तू विद्रूप होतात. काळवंडतात. ताजमहालसारख्या सुंदर वास्तूला देखील धोका पोहोचला आहे.

लोखंड, पोलाद, जस्त, इ. धातूंवर या वायूंमुळे विपरीत परिणाम होतो. वातावरणात कणरूप प्रदूषके व आर्द्रता जास्त असेल तर मात्र या वायुची प्रक्रिया जलद गतीने होते.

२) या वायूचा परिणाम कपडे, धागे, कातडे व रंग यांच्यावर देखील होतो. धागे निकामी होतात. रंग अडून जातात. सल्फरडाय ऑक्साइड कातडी वस्तूंमध्ये सहजपणे शोषला जातो. व यामुळे त्या वस्तू निकामी होतात. कागदाचाही रंग बदलतो. तो पिवळा पडतो. पाने ठिसूळ बनतात. त्यांचे तुकडे होतात.

सारणी क्र. ३.५ सल्फरडाय ऑक्साइडचे मानवावर होणारे परिणाम

सल्फरडाय ऑक्साइड पी.पी.एम. मध्ये प्रमाण	परिणाम
०.२	या न्यूनतम मात्रेला व्यक्तीचा प्रतिसाद मिळतो.
०.३	चवीची जाणीव होते.
०.५	वासाची जाणीव होते.
१.६	निरोगी व्यक्तींमध्ये श्वसनमार्ग आकसतो.
८.१२	घसा खवखवतो.
१०	डोळे चुरचुरतात.
२०	खोकल्याचा त्रास सुरू होतो.

३) सल्फरडाय ऑक्साइडमुळे डोळे चुरचुरतात.

४) सल्फरडाय ऑक्साइड व सल्फ्युरिक आम्ल या दोन्ही दाहक प्रदूषकांमुळे मानव व प्राण्यांच्या श्वसन संस्थेचा दाह सुरू होतो. अधिक प्रमाणात जर वायू असेल तर तो फुप्फुसात जाऊन त्यांना इजा करतो व त्यात रूग्णांचा मृत्यूही ओढवतो. रूग्ण कमी प्रमाणात वायूच्या सान्निध्यात आला तरी अनेक शरीरावर दुष्परिणाम उद्भवतात. हा वायू श्वसनमार्गातील वरच्या ओलसर भागात शोषला जातो आणि अत्यंत संवेदनशील त्वचा आवरणाला त्यामुळे सूज येते. चिकट द्रव तथा श्लेष्मल पदार्थ (Mucus) अधिक प्रमाणात स्रवतो. १ पीपीएम सल्फरडाय ऑक्साइडमध्ये जर व्यक्तीला ठेवले तर श्वसनमार्ग अरुंद होऊन श्वसनास अडथळे निर्माण होतात. दम्यासारखा विकार उद्भवतो. माणसं आजारी पडतात. प्रसंगी मृत्यू ओढवतो. हृदयविकाराच्या रुग्णांमध्ये व वृद्धव्यक्तींमध्ये या वायूमुळे गंभीर परिस्थिती निर्माण होते. लंडन शहरात २० टक्के किंवा अधिक मृत्यू दररोज होतात. त्याचे कारण म्हणजे या वायूचे दिवसभर हवेत प्रमाण ०.५ पीपीएम एवढे असते. त्याचप्रमाणे अनेक लोक आजारी पडतात.

५) सल्फरडाय ऑक्साइडपासून सल्फरट्राय ऑक्साइड वायू तयार होतो. त्याचा संयोग हवेतील बाष्पाशी झाला तर सल्फ्युरस (H_2SO_3) व सल्फ्युरिक (H_2SO_4) आम्ले तयार होतात. ही आम्ले वायूपेक्षाही ४ ते २०० पटीने

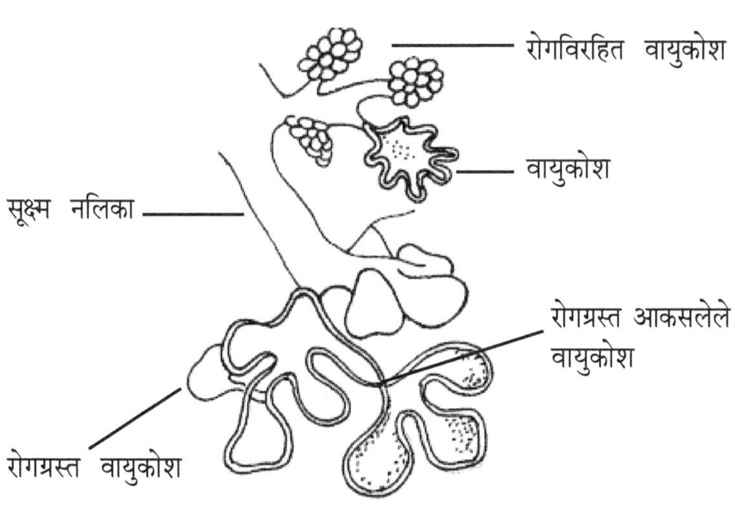

आकृती ३.६ : श्वसनसंस्थेचा एंफिसिमा विकार

अधिक दाहक असतात. आणि ही आम्ले श्वसन विकाराला कारणीभूत ठरतात.

६) सल्फरडाय ऑक्साइडमुळे श्वसनाचे विकार असलेल्या रुग्णाला अधिक त्रास होतो. ते विकार अधिक बळावतात. फोफावतात. अगदी १.६ पीपीएम सल्फरडाय ऑक्साइडमुळे फुप्फुसातील केशवाहिन्या बंद होतात. श्वसनात अडथळे येतात आणि धाप लागते. श्वसनक्रियेची गती वाढते. लहान मुलांनाही त्रास सुरू होतो.

७) सल्फरडाय ऑक्साइडमुळे वनस्पतींवरही परिणाम होतात. अगदी ०.०३ पीपीएम एवढ्या मात्रेला वनस्पती संवेदनशील असतात. प्राण्यांपेक्षा वनस्पती या वायूला अधिक संवेदनशील आहेत. अधिक प्रमाणात या वायूमुळे वनस्पतींच्या पानांना कमी वेळात गंभीर इजा होतात. पानातील उती, पेशी नष्ट होतात. पानावर ठिपके पडतात. पानातील टोकाला तपकिरी रंग येतो. या वायूच्या कमी प्रमाणातील सान्निध्यात दीर्घकाळ वनस्पती राहिल्या तर मात्र पाने पिवळी पडतात. कारण हरितद्रव्य तथा क्लोरोफिलची निर्मितीच होत नाही. त्यामुळे पाने पांढरी पडतात, पानांमध्ये झाडाच्या सालीत सल्फरचे प्रमाण वाढते. पानांवर असलेल्या सूक्ष्म छिद्रांवरही दुष्परिणाम होतात. तसेच पानांवरील सूक्ष्म केसांसारखे रोम व हरितद्रव्याच्या रचनेत बदल होतो.

८) सल्फरडाय ऑक्साइडमुळे आम्ल (Acid rain) पावसाची समस्या उद्भवते. वातावरणातील अधिक प्रमाणामुळे पाऊस आम्लयुक्त असते. स्कॅडेनेव्हिया व ईशान्य अमेरिकेत ही समस्या अधिक आहे. यामुळे पिके, जंगले इ. ची हानी होते. नद्या, जलाशय दूषित होतात. त्यातील जलचरांचे अस्तित्व धोक्यात येते.

९) आम्लयुक्त पावसामुळे जमिनीवर दुष्परिणाम होतात. माती आम्लयुक्त होते. अशा मातीत वनस्पतींची वाढ खुंटते. तसेच तिची उपज क्षमता नष्ट होते. तसेच मातीतील सूक्ष्म जीवाणू नष्ट होतात.

नायट्रोजनची भस्मे (नायट्रोजनची ऑक्साईडे)

वातावरणात ७९% नायट्रोजन असून सामान्य तापमानात त्याची वातावरणात अन्य वायूंबरोबर रासायनिक प्रक्रिया होत नाही. परंतु मानवाच्या विविध कृतींमुळेच नायट्रोजन (N_2) वायू व ऑक्सीजन (O_2) यांच्यापासून ११०००° सें या तापमानास नायट्रोजनची भस्मे तथा ऑक्साईडस् तयार होतात. अर्थात हे तापमान विजा चमकतात तेव्हा असते आणि त्यानंतर हे ऑक्साईड चटकन् थंड होतात. त्यामुळे त्याचे पुन्हा विघटन होत नाही. हवेतील नायट्रीक ऑक्साईड व नायट्रोजनडाय ऑक्साईड यांचे एकत्रित पृथक्करण केले जाते. आणि NOx यास नायट्रोजनची एकूण भस्मे तथा ऑक्साइडस् म्हणून ओळखले जाते. N_2 + XO_2 $\rightleftharpoons$ 2NOx

सल्फरडाय ऑक्साईड नंतर नायट्रोजन ऑक्साईडस् हे सर्वांत मोठे हवा प्रदूषक म्हणून ओळखले जातात. अनेक मोठमोठ्या शहरांमध्ये त्यांच्यामुळे समस्या उद्भवतात. प्रदूषणरहित वातावरणात देखील नायट्रोजनचे ऑक्साईडस् मोठ्या प्रमाणात आढळतात. त्यात प्रामुख्याने नायट्रस ऑक्साईड (N_2O) किंवा हास्य वायू, नायट्रीक ऑक्साईड (NO) आणि नायट्रोजन डाय ऑक्साईड (NO_2) या नायट्रोजन भस्मांचा समावेश आहे.

नायट्रोजनची एकूण ७ भस्मे आहेत ती खालीलप्रमाणे आहेत.

१) N_2O - नायट्रस ऑक्साईड

२) NO - नायट्रीक ऑक्साईड

३) NO_2 - नायट्रोजन डायऑक्साईड

४) NO_3 - नायट्रोजन ट्रायऑक्साईड

५) N_2O_3 - नायट्रस ट्रायऑक्साईड

६) N_2O_4 - नायट्रस टेट्राऑक्साईड

७) N_2O_5 - नायट्रस पेंटाक्साईड

या नायट्रोजन ऑक्साईडपैकी फक्त नायट्रीक ऑक्साईड (NO) आणि नायट्रोजन डाय ऑक्साइड मानवाच्या कृतीमुळे तयार होतात. ती अत्यंत घातक वायू प्रदूषके आहेत. नायट्रीक ऑक्साईड हा जमिनीमध्ये असलेल्या जीवाणूंमुळे अमोनिया वायूच्या भस्मीकरणाने तयार होतो. नायट्रीक ऑक्साईड व नायट्रोजन डायऑक्साईड ह्या वायूंचे जैविक उत्पादन दरवर्षी १० कोटी टनापर्यंत होते आणि ज्वलन प्रक्रियेमुळे मात्र ४.५ कोटी टन नायट्रोजन डाय ऑक्साईड वायू दरवर्षी तयार होतो. नैसर्गिक नायट्रोजन वायुच्या चक्रासाठी ही निर्मिती उपयुक्त ठरते. जैविक घटकांमुळे दरवर्षी १० कोटी टन अमोनिया वायूची निर्मितीदेखील अत्यंत महत्त्वपूर्ण ठरते. नायट्रीक ऑक्साईडचा संपर्क हवेशी येऊन हवेतील ऑक्सिजन किंवा ओझोनशी प्रक्रिया होऊन अत्यंत विषारी असा नायट्रोजन डायऑक्साईड वायू तयार होतो. हवेतील पाण्याच्या वाफेशी त्याचा संयोग होऊन नायट्रीक आम्ल (HNO_3) तयार होते. हे आम्ल हवेतील अमोनिया वायूशी संयोग पावते आणि अमोनियम नायट्रेटची निर्मिती होते.

जैवी इंधन ज्वलनामुळे देखील नायट्रोजनची भस्मे तयार होतात. त्यात ९५% नायट्रीक ऑक्साईड वायू असतो तर ५% नायट्रोजन डाय ऑक्साईड. शहरी भागात ६% नायट्रोजन ऑक्साईडस ही स्वयंचलित वाहनांमुळे वातावरणात शिरतात. २५% टक्के प्रमाण हे औष्णिक विद्युत निर्मिती प्रकल्पांमुळे असते आणि उरलेले प्रमाण हे इतर उगमांद्वारे असते. ग्रामीण भागात मात्र ह्या वायूंचे प्रमाण अत्यंत अल्प असते. ते वातावरणात ३ ते ४ दिवस टिकतात.

शहरी भागात स्वयंचलित वाहने व इंधन ज्वलनामुळे नायट्रीक ऑक्साईडचे वातावरणातील प्रमाण १ पी. पी. एम. पेक्षा अधिक असते. तर नायट्रोजन डाय ऑक्साईडचे प्रमाण देखील कधी कधी ०.५ पी. पी. एम. पर्यंत वाढते. प्रकाश रासायनिक धुरक्याच्या निर्मितीमध्ये या दोन्ही प्रदूषक वायूंचा सहभाग मोठा असतो.

१) नायट्रस ऑक्साईड (N_2O) - हा वायू रंग व वासहीन असून बिनविषारी आहे. नैसर्गिक वातावरणात त्याचे प्रमाण ०.२५ पी. पी. एम. एवढे असते. त्याचे उच्चतम प्रमाण ०.५ पी. पी. एम. असते. मातीतील जैविक प्रक्रियांमुळेच त्याची निर्मिती होते. हा वायू प्रदूषणकारी घटक मानला जात नाही.

२) नायट्रीक ऑक्साईड (NO) - हा वायू देखील रंग व वासहीन असून प्रामुख्याने त्याची निर्मिती इंधनाच्या ज्वलनामुळे होते. या वायूच्या भस्मीकरणामुळे नायट्रोजन डाय ऑक्साईडवायू तयार होतो. अर्थात ही प्रक्रिया प्रदूषित पर्यावरणात प्रकाश रासायनिक संश्लेषण प्रक्रियांमुळे होत असते. या वायुमुळे अनेक दुय्यम प्रदूषक घटकांची निर्मिती होत असते. त्यात पेरॉक्सी ॲसिटील नायट्रेट, ओझोन वायू, कार्बोनील संयुगे इ.चा समावेश असतो. या वायूमुळे मानवी आरोग्यावर थेट दुष्परिणाम होतात याबद्दल सबळ पुरावे नाहीत. अगदी दूषित पर्यावरणात देखील त्याचे परिणाम होत नाहीत. परंतु याचे अति प्रमाण मात्र घातक आहे. हिमोग्लोबीन हा रक्तातील महत्त्वपूर्ण घटक हा वायू झपाट्याने शोषून घेतो. कार्बन मोनाक्साईडच्या १५०० पट अधिक प्रमाणात ही शोषण क्रिया प्रयोगशाळेत पार पाडतांना दिसून आली आहे. परंतु सुदैवाने हवेतील नायट्रीक ऑक्साईड आपल्या रक्तप्रवाहापर्यंत पोहोचू शकत नाही. त्यामुळे तो हिमोग्लोबीनच्या सान्निध्यात येत नाही.

३) नायट्रोजन डाय ऑक्साईड (NO_2) - हा वायूमात्र तांबूस रंगाचा असून त्याचा वास सहजपणे ओळखता येतो. पण त्यासाठी त्याचे प्रमाण हवेत ०.१२ पी. पी. एम. एवढे असणे गरजेचे असते. त्याचा वास देखील त्रासदायक व नकोसा वाटतो. मोठमोठ्या शहरांमध्ये तयार होणाऱ्या प्रकाश रासायनिक धुरक्यामधील हा वायू एक अत्यंत महत्त्वाचा घटक असतो. प्रकाशरासायनिक प्रक्रियांमध्ये त्याचे महत्त्व असण्याचे कारण म्हणजे जंबूपार किरणांना तो मोठ्या प्रमाणात शोषून घेतो. ओझोनमुळे नायट्रीक ऑक्साईड वायूचे भस्मीकरण होऊन त्याची निर्मिती होते. त्याचप्रमाणे इंधनाच्या ज्वलनामुळे आणि नायट्रीक ॲसिड प्रकल्पांमधून देखील हा वायू मोठ्या प्रमाणात वातावरणात सोडला जातो.

दुष्परिणाम - १) हा वायू १०० पी. पी. एम. अथवा जास्त प्रमाणात सजीवांना मारक ठरतो.

२) ५ पी. पी. एम एवढे प्रमाण देखील काही मिनिटात श्वसन संस्थेवर विपरित परिणाम घडवून आणते. माकडांवर केलेल्या प्रयोगांमध्ये ह्या वायूचे १५ ते ५० पी. पी. एम. प्रमाण असलेल्या वातावरणात ठेवलेल्या माकडांवर देखील ह्या वायूचे घातक परिणाम होतात असे दिसून आले आहे. त्यामुळे वातावरणात ह्या वायुमुळे मानवावर व प्राण्यांवर आरोग्यासंदर्भात दुष्परिणाम उद्भवतात. अल्पावधीत गंभीर इजा तथा मृत्यू ओढवतो. १५ मे १९२९ रोजी क्लीव्हलँड्स क्राईल हॉस्पिटलमध्ये एक्स रे फिल्म्सला लागलेल्या आगीमुळे ह्या वायूचे प्रमाण वाढून १२४ व्यक्ती मरण पावल्या.

३) या वायूमुळे फुफ्फुसातील वायुकोशांचा दाह होतो. ते निकामी होऊन व्यक्तीला मृत्यु येतो. सिगारेट ओढणाऱ्या व्यक्तीमध्ये फुफ्फुसाचे विकार लवकर उद्भवतात कारण सिगारेटच्या धुरात ३३० ते १५०० पी. पी. एम. पर्यंत नायट्रोजन डायऑक्साइड असतो.

४) हा वायू वनस्पतींना फारच घातक असतो. ०.३ ते ०.५ पी. पी. एम. एवढ्या वायूच्या सान्निध्यात ठेवलेल्या वनस्पतींची वाढ १० ते २० दिवसात खुंटते. कोवळी पाने जळून जातात. पानांवर डाग पडतात.

५) प्रकाश संश्लेषण (Photosynthesis) प्रक्रिया मंदावते.

६) या वायुमुळे कपड्यांचा रंग फिक्कट होतो. त्यामुळे कापूस, नायलॉन, रेशीम धागे ठिसूळ बनतात.

कार्बन मोनॉक्साईड (CO)

कार्बन मोनॉक्साईड हा एक अत्यंत विषारी प्रदूषक वायू आहे. हा वायू रंगहीन, वासहीन व चवहीन असल्यामुळे या विषारी वायूपासून संरक्षण मिळण्याचे कोणतेही साधन उपलब्ध नाही. कारण त्याच्या अस्तित्वाची कसलीही पूर्वसूचना मिळत नाही. कार्बनयुक्त घटकांच्या अर्धवट ज्वलनामुळे या वायूची निर्मिती होते. त्यामुळे फार मोठ्या प्रमाणात त्याची निर्मिती होत असते. विशेषत: शहरी भागात त्याचे प्रमाण खूप असते. त्याचे कारण म्हणजे स्वयंचलित वाहनांचा धूर! परंतु जर स्वयंचलित वाहने व त्यांच्यामधील इंजिन्स योग्य पद्धतीने कार्य करीत असली तर मात्र हा वायू कमी प्रमाणात बाहेर पडतो. वातावरणात मात्र याचे प्रमाण वाढते ते मोठमोठ्या औद्योगिक प्रकल्पांमधून बाहेर पडणाऱ्या धुरामुळे, विद्युतभट्ट्या, औष्णिक विद्युत केंद्रे, तेलशुद्धीकरण कारखाने, इंधनवायू तयार करणारे उद्योग, कोळशाच्या खाणी, इ. मुळे हा वायू वातावरणात शिरतो. मानवाच्या विविध कृतींमुळे जवळपास २५ कोटी मेट्रिक टन वायू दरवर्षी तयार

होतो. काही जैविक घटकांमुळेही त्याची निर्मिती होत असते. पण त्याबद्दल सखोल माहिती मात्र उपलब्ध नाही. या वायुच्या निर्मितीचा नैसर्गिक स्रोत म्हणजे महासागर. दरवर्षी महासागरांमधून १ कोटी टनापर्यंत हा वायू बाहेर पडतो. तेवढाच कार्बन मोनॉक्साईड पावसाच्या पाण्यात असतो. वातावरणात या वायुचे सरासरी प्रमाण नक्की माहीत नसले तरी ते जवळपास ०.१ पी. पी. एम. (दहा लाखात ०.१ भाग) एवढे आहे. कदाचित हे प्रमाण कित्येक पटीने अधिक असू शकते अथवा कमीही असू शकते. अगदी अलिकडच्या काळापर्यंत कार्बन मोनॉक्साईडच्या नैसर्गिक स्रोताबद्दल माहिती उपलब्ध नव्हती. वातावरणात या वायुचा टिकून राहण्याचा सरासरी काळ २ वर्षांचा मानला जात होता. परंतु अलिकडच्या संशोधनावरून कार्बन मोनॉक्साईड वातावरणात टिकून राहाण्याचा सरासरी काळ १ महिन्यापेक्षा अधिक नाही असं दिसून येतं. तसेच या विषारी वायूचे नैसर्गिक स्रोत हे कृत्रिम तथा मानवनिर्मित स्रोतापेक्षा अधिक महत्त्वाचे आहेत.

कार्बन मोनॉक्साईडचे भस्मीकरण होऊन त्यापासून कार्बनडाय ऑक्साईड वायू तयार होतो. परंतु भस्मीकरणाची प्रक्रिया अत्यंत संथ गतीने होत असते. कार्बन मोनॉक्साईड व कार्बनडाय ऑक्साईड वायुंचे मिश्रण सूर्यप्रकाशात ठेवले तरी अनेक वर्षे ते न बदलता तसेच राहाते. वातावरणात कार्बन मोनाक्साईडचा टिकून राहाण्याचा काळ काही महिनेच असतो. याचा अर्थ असा की, त्या वायूला वातावरणातून काढून टाकण्याची एखादी प्रक्रिया असावी. कदाचित हा वायू भूपृष्ठावर शोषून घेतला जात असावा. त्याचे भस्मीकरण होत असावे. कदाचित तो वनस्पती व प्राणी यांच्यामार्फत वापरला जात असावा. कदाचित प्रकाश रासायनिक प्रक्रिया किंवा उत्प्रेरक प्रक्रियांमुळे हा वायू वापरला जात असावा. अलिकडील संशोधनावरून असे दिसते की, फार मोठ्या प्रमाणात मातीतील सूक्ष्म जीवाणूंमुळे देखील हा वायू वातावरणातून शोषून घेतला जातो.

दुष्परिणाम

या वायूची मानव व इतर प्राण्यांना विषबाधा होते, त्याचे कारण म्हणजे रक्तातील हिमोग्लोबीन या घटकाशी या वायूचा संयोग होतो. हिमोग्लोबीनला (Hb) या वायूचे ऑक्सिजनपेक्षाही अधिक आकर्षण असते. त्यामुळे कार्बॉक्सी

$$HbO_2 \quad + \quad CO \rightleftharpoons HbCO \quad + \quad O_2$$

ऑक्सिहिमोग्लोबीन कार्बन मोनॉक्साईड कार्बाक्सीहिमोग्लोबीन ऑक्सिजन

हिमोग्लोबीन हे संयुग तयार होते. त्यामुळे रक्ताची ऑक्सिजन वाहून नेण्याची क्षमता कमी होते. पर्यायाने शरीरातील पेशींना ऑक्सिजनचा पुरवठा

कमी होतो. त्याचप्रमाणे ऑक्सिहिमोग्लोबीनच्या (ऑक्सिजन व हिमोग्लोबीनचे मिश्रण) विलगीकरणाची प्रक्रिया मंदावते. म्हणजे ऑक्सिजन व हिमोग्लोबीन अशा घटकात रूपांतर होण्यास अडथळे निर्माण होतात. ह्या परिस्थितीत ऑक्सिजनचा तुटवडा शरीराला भासतो. अशा वेळी रक्तात शरीराला आवश्यक असलेल्या ऑक्सिजनपेक्षाही जास्त ऑक्सिजन असला तरी त्याचा वापर करता येत नाही. कार्बन मोनॉक्साईडमुळे पेशींच्या कार्यावर दुष्परिणाम होऊन भस्मीकरणाची क्रिया मंदावते.

कार्बन मोनाक्साईडला हिमोग्लोबीनशी ऑक्सिजनपेक्षा २१० पट अधिक आकर्षण असते. त्यामुळे पेशींना लागणारा ऑक्सिजन वाहून नेण्यास हिमोग्लोबीन कमी पडतो व ऑक्सिजनच्या अभावामुळे मृत्यू येतो.

रक्तात कार्बॉक्सी हिमोग्लोबीनचे प्रमाण वाढल्यास खालील लक्षणे दिसतात व व्यक्ती मृत्युमुखी पडते.

सारणी क्र. ३.६ कार्बॉक्सी हिमोग्लोबीनची (COHb) रक्तातील पातळी.

COHb चे रक्तातील प्रमाण	रुग्णावर दिसणारी लक्षणे
०.०-०.१	दृश्य लक्षणे नसली तरी शरीरातील प्रक्रियांवर ताण पडतो.
०.१-०.२	धाप लागते.
०.२-०.३	डोकेदुखी
०.३-०.४	स्नायूंमध्ये अशक्तपणा, मळमळ होते. चक्कर येते.
०.४-०.५	बोलतांना जीभ अडखळते, तोल सांभाळणे कठीण जाते.
०.५-०.६	झटके येतात.
०.६-०.७	विषबाधा अधिक काळ झाली तर व्यक्ती बेशुद्ध पडते.
०.७-०.८	चटकन मृत्यु येतो.

ज्या वातावरणात कार्बन मोनॉक्साईड कमी असला तरी व्यक्तीच्या रक्तात

२० टक्के कार्बाक्सी हिमोग्लोबीन प्रमाण झाले तर रुग्णाचा मृत्यु अटळ असतो. कार्बन मोनॉक्साईडच्या विषबाधेपासून रुग्णाला वाचविण्यासाठी २ ते २.५ एटीएम ऑक्सिजन असलेल्या उच्चदाबाच्या कोठडीत ठेवावे लागते. त्यामुळे रुग्णाच्या शरीरातील कार्बनमोनॉक्साईडचा बाहेर पडण्याचा वेग वाढतो. रुग्णाच्या स्नायूंना, पेशींना मोठ्या प्रमाणात रक्तातील प्लाझ्मामध्ये विरघळलेला ऑक्सिजन मिळतो. हिमोग्लोबीनची मदत न घेता शरीराला ऑक्सिजनचा पुरवठा होतो आणि रुग्णाला वाचविता येते.

अमेरिकेत शहरी भागात कार्बनमोनॉक्साईडचे प्रमाण अनेक पीपीएममध्ये असते. हे प्रमाण दरवर्षी ८ तासांना सरासरी १० ते ४० पी.पी.एम. एवढे जास्त वाढते. तर काही वेळा अल्पावधीत हे प्रमाण १०० पी.पी.एम. पर्यंतही जाते. त्यामुळे रक्तात २ टक्क्यापर्यंत कार्बाक्सीहिमोग्लोबीन वाढते. हवेत जर CO चे प्रमाण ५०० पी.पी.एम. असेल आणि अशा हवेत व्यक्ती १ तासभर असेल तर व्यक्तीवर चटकन विषबाधेचा परिणाम दिसत नाही. पण १००० पी.पी.एम. कार्बनमोनॉक्साइड हवेत असेल तर मात्र तो अत्यंत घातक ठरतो. ४००० पी.पी.एम. किंवा त्यापेक्षा कार्बनमोनॉक्साइड म्हणजे मृत्यूलाच आमंत्रण ठरते.

सिगारेट न पिणाऱ्या व्यक्तीच्या रक्तात कार्बाक्सीहिमोग्लोबीनचे प्रमाण ०.४% एवढे असते. कारण प्रत्येक व्यक्तीच्या शरीरात जैविक प्रक्रियांमुळे CO तयार होत असतो. परंतु जी माणसे दर दिवशी सिगारेटचे एक पाकीट संपवितात त्यांच्या शरीरात सिगारेटचा धूर जातो आणि त्यामुळे त्यांच्या रक्तात कार्बाक्सीहिमोग्लोबीनचे प्रमाण हे ५% किंवा त्यापेक्षा अधिक असते. या प्रमाणामुळे व्यक्तीत दृश्य स्वरूपात विकार दिसत नसला तरी अशा व्यक्तीच्यामध्ये बौद्धिक क्षमतेत व दृष्टीत बिघाड असतो. CO च्या कमी प्रमाणात पण दीर्घकाळ संपर्कात राहिल्यास व्यक्तीच्या आरोग्य, वर्तन आणि कार्यक्षमतेवर काय परिणाम होतो याबद्दल पुरेशी माहिती उपलब्ध नाही. परंतु हृदयविकाराच्या रूग्णांमध्ये मात्र या वायूचा परिणाम होतो. १० पी.पी.एम. CO मुळे अशा रूग्णांना मृत्यू येतो. कार्बाक्सीहिमोग्लोबीनचे प्रमाण ५% व रूग्ण जर हृदयविकाराने त्रस्त असेल तर त्यात अनेक शारीरिक समस्या असतात. सिगारेट पिणाऱ्या लोकांमध्ये हृदयविकाराचे अधिक प्रमाण असण्याचे कारण म्हणजे सिगारेटच्या धुरातून CO वायू त्यांच्या रक्तात सातत्याने मिसळत असतो. म्हणून सिगारेट पिणे आरोग्यास किती घातक आहे हे नव्याने सांगायची गरज नाही. हे माहीत असूनही दैनंदिन ताणतणाव, प्रतिष्ठा यामुळे ही माणसे व्यसनाधीन होतात व हृदयविकाराची शिकार ठरतात.

बंदिस्त अशा गॅरेजमध्ये स्वयंचलित वाहनांच्या धुरातून तसेच घरातील बंद पडलेल्या धुराड्यातून घरात CO चे प्रमाण वाढले तर विषबाधा होऊन माणसे विषबाधेमुळे शेकडो लोक दरवर्षी मृत्यूमुखी पडतात. त्यात आत्महत्या करणाऱ्यांचाही समावेश असतो.

सारणी क्र. ३.७ मोठ्या शहरांतील कार्बनमोनॉक्साईडचे प्रमाण

शहर	जास्तीत जास्त १ तास कालावधीतील कार्बनमोनॉक्साईडचे पी.पी.एम. मधील प्रमाण
कोलकोता	३५
लंडन	५०
शिकागो	४६
लॉस एंजेलिस	४३
न्यूयॉर्क	२७

भारतात दिल्ली, मुंबई, कोलकोता, इ. शहरांमध्ये कार्बनमोनॉक्साईडचे प्रमाण भरमसाठ वाढत आहे. त्याचे कारण म्हणजे स्वयंचलित वाहने. गर्दीच्या वेळी वाहतुकीमुळे दिल्ली येथे दरदिवशी ६९२ कि.ग्रॅ. एवढा कार्बनमोनॉक्साईड हवेत सोडला जातो. कार्बनमोनॉक्साईडच्या सततच्या संपर्कामुळे व्यक्तीमध्ये हृदयविकार व श्वसनविकार बळावतात. मेंदूला पुरेसा ऑक्सिजन न मिळाल्यामुळे मेंदूचे विकार उद्भवतात. तसेच दृष्टीदोषही निर्माण होतात. १०० ते १०,००० पी.पी.एम. मोनॉक्साईडमुळे वनस्पतींची पाने गळून पडतात. पानांचा आकार लहान होतो. ती अवेळी पिवळी पडतात. तसेच वनस्पतींमध्ये पेशींच्या श्वसनावर विपरीत परिणाम होतो.

ओझोन (O_3)

हवेत ओझोन वायूचा उगम कसा होतो? या संदर्भात सखोल माहिती उपलब्ध नसली तरी ज्वलन प्रक्रिया व सूर्यप्रकाश यांच्यामुळे हा वायू तयार होतो. ओझोन (O_3) हे ऑक्सिजनचे एक रूप आहे. ओझोन म्हणजे 'हुंगणे' असा ग्रीक शब्द आहे. कारण त्याला एक विशिष्ट प्रकारचा वास आहे. हवेत खरं तर या वायूचे प्रमाण खूप अल्प आहे. ते ०.२ ते ०.०७ पी.पी.एम. एवढे आहे. परंतु वातावरणात त्याची निर्मिती अनेक रासायनिक प्रक्रियांमुळे होते.

त्यात सल्फरडाय ऑक्साईड, नायट्रोजन डाय ऑक्साइड, अल्डेहाइडस्, व सूर्यप्रकाशातील जंबूपार किरणे (Ultraviolet radiation) यांच्यात होणाऱ्या रासायनिक क्रियेमुळे हा वायू तयार होतो. परंतु वातावरणात आपण जसजसे वरती जाऊ तसतसे ओझोनचे प्रमाण वाढत जाते. वातावरणातील स्ट्रॅटोस्फिअर अथवा स्तरितांबरात ओझोन वायूचे संरक्षक कवच आहे. भूपृष्ठापासून १६ ते ५० कि.मी. उंचीवरच्या वातावरणाच्या थरास 'स्तरितांबर' असे म्हणतात. ओझोनच्या या संरक्षक आवरणामुळे भूतलावरील वनस्पती व प्राणीसृष्टी सुरक्षित आहे. कारण घातक अशी जंबूपार किरणं त्यामुळे भूतलावर पोहोचू शकत नाहीत. परंतु एका शास्त्रीय अंदाजानुसार ओझोनचे हे संरक्षक कवच आता विरळ होत आहे. त्याचे कारण म्हणजे वातावरणाचे होणारे अमर्याद प्रदूषण! स्वयंचलित वाहनांमुळे होणारे प्रदूषण, कारखाने इ. मुळे या आवरणाला धोका पोहोचला आहे. असं असलं तरी वातावरणात भूपृष्ठालगत असलेला ओझोन वायू मात्र वनस्पती व सजीवांच्या आरोग्याला अत्यंत धोकादायक म्हणून ओळखला जातो. थोडक्यात, ओझोन वायू विनाशकारक व संरक्षक म्हणून दुहेरी भूमिका पार पाडतो. त्यामुळे या वायूच्या विविध गुणधर्मांचा मानवकल्याणच्या दृष्टीने अभ्यास करणे महत्त्वपूर्ण ठरते.

विनाशकारी ओझोन

पृथ्वीपासून आपण जसजसे वर उंचावर जातो तसतसे तापमान कमी कमी होत जाते. पृथ्वीपासून ८ ते १६ कि.मी. उंचीवर ट्रोपोस्फिअर (Troposphere) तथा क्षोभावरण हा स्तर आहे. याउलट यापेक्षा अधिक उंचीवर मात्र तापमान वाढत जाते. १६ ते ५० कि.मी. उंचीवर हा प्रकार घडतो. या आवरणाला स्तरितांबर (स्ट्रॅटोस्फिअर) म्हणतात. येथे जे तापमान वाढते याला कारणीभूत आहे या आवरणातील ओझोन वायू! या वायूच्या आवरणामुळे दोन एकमेकांशी निगडीत प्रक्रिया घडून येतात. एक म्हणजे हे आवरण सूर्य प्रकाशातील सजीवांना अत्यंत घातक असलेले जंबूपार किरण शोषून घेते. त्यामुळे स्तरितांबर हे आवरण तापते. या तापमानातील बदलामुळे उंचावर प्रदूषक घटकांचे मिश्रण होत नाही. या उलट पृथ्वीच्या जवळ वातावरणात घटक विखुरले जातात. त्याचा परिणाम म्हणून औद्योगिकदृष्ट्या आघाडीवर असलेल्या शहरांच्या वातावरणात प्रदूषणकारी घटकांचे ढग तयार होतात; आणि ते शहरावर तरंगताना दिसतात. हे धुरके जमिनीला समांतर दिसते कारण दूषित घटक वातावरणातील तापमानातील बदलामुळे उभ्या दिशेने पसरण्याऐवजी आडव्या दिशेने पसरतात. त्यामुळे प्रदूषणाची समस्या वाढते व त्यांचे गंभीर परिणाम उद्भवतात. ही समस्या सर्वत्र

जगभर काही आठवड्यात किंवा महिन्यात दिसते. या प्रकारामुळे ओझोन आवरणावर दुष्परिणाम होतात. म्हणून कोणताही देश या संरक्षक कवचाचे संरक्षण करू शकत नाही. त्यामुळे ही एक जागतिक समस्या बनली आहे. क्लोरोफ्युरोकार्बन्स (CFC_S) सारखे रासायनिक घटक सरळ स्तरितांबरात शिरतात व ओझोन वायूशी त्यांचा संयोग होऊन ओझोनचा ऱ्हास घडवून आणतात.

भूपृष्ठाजवळ असलेला ओझोन वायू मात्र प्रदूषणकारी व सजीवांना हानीकारक ठरतो. त्यामुळे अनेक समस्या उद्भवतात. नायट्रोजन डायऑक्साइड व हायड्रोकार्बन्स मध्ये प्रकाशरासायनिक अभिक्रिया होऊन पुन्हा ओझोन, पेरॉक्सी ऑसिटिल नायट्रेट (PAN) व हायड्रोजन पेरॉक्साइडसारखे प्रदूषक पदार्थ तयार होतात. नायट्रोजन डायऑक्साइडवर जंबूपार किरणांच्या प्रक्रियेमुळे पुन्हा त्यापासून ओझोन वायू तयार होतो.

$$NO_2 + \text{जंबूपार किरणे} \xrightarrow{} NO_2{}^* \quad \text{उर्जाभारीत नायट्रोजन डायऑक्साईड वायू}$$
$$NO_2{}^* \xrightarrow{\text{विघटन}} NO \ + \ O$$

उर्जाभारीत नायट्रोजन डायऑक्साईड → नायट्रिक ऑक्साईड + ऑक्सिजन अणू

$$O \ + \ O_2 \ \rightarrow \ O_3$$

ऑक्सिजन अणू + ऑक्सिजन रेणू → ओझोन

अशा प्रकारे या प्रदूषक घटकांमुळे वातावरणात प्रकाश रासायनिक धुरके तयार होते. भूपृष्ठाजवळ जर ओझोन वायूचे प्रमाण वाढले तर त्याचा परिणाम वनस्पतीच्या वाढीवर होतो. त्यामुळे अन्नधान्याचे उत्पादन घटते. मानवी आरोग्यावर देखील ओझोनचे दुष्परिणाम होतात. म्हणजे ओझोन खूप प्रमाणात वातावरणात स्तरितांबरात असला तर तो वनस्पती व प्राण्यांचे संरक्षण करतो. परंतु कमी प्रमाणात का होईना पण जर तो सजीवांच्या सरळ संपर्कात आला तरी घातक ठरतो. त्याचे कारण म्हणजे वनस्पतीच्या पर्ण छिद्रांमधून ओझोन वायू पानांमध्ये शिरून पानांना इजा करतो. पर्यायाने वनस्पतींपासून मिळणारे उत्पन्न घटते. तसेच उत्पादनाची गुणवत्ताही चांगली नसते. अगदी ०.०२ पी. पी. एम. एवढ्या ओझोनचा परिणाम तंबाखू, टोमॅटो, वाटाणा, देवदार व इतर अनेक वनस्पतीवर होतो. अमेरिकेत कॅलिफोर्नियात ओझोन वायूमुळे तर कोट्यावधी डॉलर्सचे उत्पन्न घटते. द्राक्ष उत्पादन घेणेही आता ओझोनच्या प्रदूषणामुळे अशक्य झाले आहे. सल्फरडाय ऑक्साईड, नायट्रोजनची ऑक्साइडस्, आणि ओझोन यांच्या संयुक्त परिणामांमुळे युरोपमधील अनेक देशांमध्ये अन्नधान्य व भाजीपाल्याचे उत्पादन सरासरी ५० टक्क्याने घटले आहे. नेदरलँड, डेन्मार्क

या देशांमध्ये बटाटे, वाटाणा, पॉपलर, इ.चे उत्पादन घटले आहे. नायलॉन, सुती धागे, पॉलीस्टर, या धाग्यांवरदेखील ओझोनची प्रक्रिया होते. त्याचप्रमाणे रंगावरही परिणाम होतो. सूर्यप्रकाश व हवेतील आर्द्रतेमुळे ओझोनची प्रक्रिया अधिक वेगाने होते. ओझोनमुळे रबर अधिक कठीण बनते. भूपृष्ठाजवळ असलेला ओझोन जरी प्रदूषक ठरत असला तरी हाच ओझोन स्तरितांबरात असतांना सूर्यप्रकाशातील जंबूपार किरणांपासून आपले व इतर सजीवांचे संरक्षण करतो. हा वायू म्हणजे एक महत्त्वाची चाळणी मानली जाते. कारण ही चाळणी घातक किरण भूतलावर जाऊ देत नाही. म्हणूनच भूतलावर सजीवांचं अस्तित्व अबाधित आहे. स्तरितांबरातील ओझोनचे प्रमाण थोडे जरी कमी झाले तरी त्याचे भूतलावरील सजीवांवर गंभीर परिणाम झाल्याशिवाय राहणार नाहीत. परंतु गेल्या काही वर्षांपासून मात्र ओझोनचा थर विरळ होत आहे. त्यामुळे त्वचेचे, अनेक प्रकारचे कर्करोग होतात. तसेच सागरी प्राणी उदा. खेकडे, कोळंबी, शेवंडे यांची हानी होते. सूक्ष्म वनस्पतींचाही विनाश होतो.

क्लोरोफ्ल्युरो कार्बन्स ही रसायने शितीकरणासाठी वातानुकुलित यंत्रणा व रेफ्रीजरेटर्समध्ये वापरले जातात. तसेच इन्सुलेटर्स, कंप्युटर्स, इलेक्ट्रॉनिक्स सर्किट बोर्ड इ. ठिकाणी होतो. त्याचा वापर गती देणारा पदार्थ म्हणून, फेसाळ आवरण म्हणून व आग विझविण्यासाठी वापरण्यात येणाऱ्या उपकरणांमध्येही केला जातो. या पदार्थांचे सूक्ष्म जलकण स्तरितावरणात शिरतात. जेट विमानांच्या इंजिनांतून, स्वयंचलित वाहनांमधून व नत्रयुक्त खतांमधून तसेच विविध औद्योगिक प्रक्रियांमुळे या घटकांची निर्मिती होत असते. सुपरसॉनिक (स्वनातीत) विमाने ही अत्यंत वेगवान असून ती स्तरितावरणाच्या मधून प्रवास करतात. म्हणून त्यांच्यामुळे देखील ओझोनच्या आवरणात अडथळे निर्माण होतात. परंतु क्लोरोफ्ल्युरो कार्बन्समुळे सर्वाधिक धोका ओझोन आवरणाला पोहोचतो. जवळपास १४ टक्क्यांपर्यंत ओझोनचा विनाश होतो. कारण या रसायनांमधील क्लोरीन वायू ओझोनचा ऱ्हास घडवून आणतो. सध्या संपूर्ण जगात क्लोरोफ्ल्युरोकार्बन्स ११ व १२ चे उत्पादन १२४५० लाख कि.ग्रॅ. आहे, व जगात ३००० लाख कि.ग्रॅ. सी.एफ.सी. रसायनांचा वापर होतो. या रसायनांच्या उत्पादनात १३ टक्क्यांनी वाढ झाली आहे. एका अंदाजानुसार आजपर्यंत १६० कोटी कि.ग्रॅ. रसायनांचे उत्पादन व त्यांचा वापर झालेला आहे. त्यामुळे ओझोन कवचाला खूप मोठा धोका पोहोचला आहे. सन २०१३ पर्यंत जवळपास १० ते १५ टक्क्यापर्यंत ओझोनचा थर नष्ट होईल.

स्तरितावरणात होणाऱ्या ओझोनचा विनाशामुळे प्रत्यक्ष अप्रत्यक्षपणे घातक परिणाम होतील. तापमानात बदल होऊन अवर्षणाची समस्या भूतलावर उद्भवेल.

त्यामुळे दुष्काळ पडतील. या संरक्षक कवचामधील १ टक्का जरी ओझोन घटला तरी जंबूपार किरणोत्सर्ग हा २ टक्क्याने वाढतो. त्यामुळे अनेकविध दुष्परिणाम जाणवत आहेत. त्वचेचा कर्करोग हा विकार जंबूपार किरणोत्सर्गामुळेच मानवात उद्भवतो. अलिकडे अंटार्क्टिकाकडे ओझोनच्या थराला दोन मोठी भोके पडल्याचे शास्त्रज्ञांच्या लक्षात आले आहे. १९८५ साली अमेरिकेच्या निम्बस ७ या उपग्रहानं दक्षिण ध्रुवावर ओझोन स्तरास भोक पडल्याचं सिद्ध केलं. दरवर्षी सप्टेंबर व ऑक्टोबर या महिन्यात दक्षिण ध्रुवावर ओझोनचा थर येथे विरळ होतो. स्तरितावरणातील या ठिकाणी जवळपास ४० टक्के ओझोन कमी होतो. याबद्दल मतमतांतरे असली तरी डोनाल्ट हीथ या शास्त्रज्ञास उत्तर ध्रुवावरही असं भोक पडल्याचे आढळलं. हे ओझोनचे भोक नॉर्वेतल्या स्पिट्झबर्गवर आहे. त्याचा परिणाम ओझोनच्या आवरणात १० टक्के जरी ऱ्हास झाला तरी त्यामुळे त्वचेच्या कॅन्सरमध्ये २० ते ३० टक्के वाढ होते. याबरोबरच माणसामध्ये मोतीबिंदू आणि रोग प्रतिकार शक्ती नष्ट होणे यासारख्या समस्या उद्भवतात.

ओझोनच्या ऱ्हासाचे अप्रत्यक्ष दुष्परिणाम म्हणजे किरणोत्सर्गामुळे वनस्पतींची वाढ २० ते ५० टक्क्यांपर्यंत खुंटते. त्याचे कारण म्हणजे त्यांच्यातील हरितद्रव्यच नष्ट होते. तसेच गुणसूत्रे व जनुकांमध्ये अत्यंत घातक बदल घडून येतात. जंबूपार किरणाच्या वाढत्या उपसर्गामुळे मोठ्या माशांची पैदास होत नाही. त्यांचे उत्पादन घटते. भारतात मात्र मोठ्या शहरातील वातावरणात ओझोन प्रमाणाची पहाणी करण्याची कोणतीही यंत्रणा नाही. तरीही इथली परिस्थिती मात्र समाधानकारक नाही असं आपण म्हणू शकतो. स्वयंचलित वाहनांच्या धुरामुळे १६ लाख टन दूषित घटक हवेत सोडले जातात. हे प्रमाण वाढतच आहे. कारण दगडी कोळसा व खनिज तेल इंधन अनेकविध उद्योगांमध्ये वापरले जाते. या इंधनांमुळे नायट्रोजनचे, सल्फरचे ऑक्साईडस् व हायड्रोकार्बन्स मोठ्या प्रमाणात हवेत सोडले जातात व त्यामुळे ओझोनची निर्मिती देखील होते. दुसऱ्या बाजूला हेच घटक ओझोनच्या विनाशाला देखील कारणीभूत ठरतात. या दोन्ही गोष्टींचे परिणाम भूतलावर मानव तसेच इतर सजीव व वनस्पतींवर दिसतात. २१ व्या शतकात तर ओझोनचे प्रदूषण म्हणजे एक जागतिक समस्या ठरणार आहे. त्यामुळे जगातील सर्वच सरकारांनी या समस्येवर उपाय योजनेसाठी पुढे येण्याची गरज आहे. भूपृष्ठाजवळ प्रदूषणकारी ओझोनची निर्मिती थांबविणे गरजेचे आहे. त्याचप्रमाणे स्तरितावरणातील ओझोनचा ऱ्हास कसा थांबविता येईल यासाठी जागतिक पातळीवर प्रयत्न होणे गरजेचे आहे. अर्थात या समस्येची जाणीव, तिचे गांभीर्य जगाच्या लक्षात आले असून त्याबाबत जागतिक स्तरावर सामूहिक प्रयत्न केले जात आहेत.

ओझोनच्या विरळ होत चाललेल्या आवरणाचे संरक्षण करण्यासाठी सन १९८५ साली ऑस्ट्रेलिया देशातील व्हिएन्ना शहरात पहिली जागतिक परिषद घेण्यात आली. दक्षिण ध्रुवाकडे ओझोनच्या संरक्षक आवरणाला भोक पडल्याचे शास्त्रज्ञांनी शोधून काढले. अमेरिकेच्या क्षेत्रफळाएवढे भगदाड ओझोनच्या थराला पडल्याचे ब्रिटीश संशोधकाच्या गटाने नंतर जाहीर केले. परिस्थितीचे गांभीर्य लक्षात घेऊन १९८७ मध्ये मॉट्रीयल कराराचा मसुदा तयार करण्यात आला. या करारानुसार सन १९९८ पर्यंत ओझोनच्या आवरणाला घातक असलेल्या क्लोरोफ्ल्युरोकार्बन्स या रसायनाचा वापर ५० टक्के कमी करण्याचे ठरले परंतु भारतासह अनेक देशांनी या करारावर सह्या करण्याचे नाकारले. याचे कारण भारताकडून दरवर्षी ६ हजार टन अशी रसायने वातावरणात सोडली जातात. एकूण जगाच्या तुलनेत हे प्रमाण अत्यंत नगण्य आहे. म्हणजे १.५ दिवसाचे आहे. कारण आपल्या देशात क्लोरोफ्ल्युरो कार्बन्सचा डरडोई वापर०.०२ कि.ग्रॅ. एवढा आहे. तर या उलट जगातील विकसित राष्ट्रांमध्ये डरडोई वापराचे प्रमाण १ कि.ग्रॅ. एवढे आहे. तेव्हा ही समस्या प्रामुख्याने विकसित राष्ट्रांची आहे; कारण ९५ टक्के क्लोरोफ्ल्युरोकार्बन्स रसायने युरोपियन देश, अमेरिका, रशिया, व जपान ही राष्ट्रे वातावरणात सोडतात. या रसायनांची किंमत २० कोटी डॉलर्सपेक्षा अधिक आहे. ड्युपॉट ही बहुराष्ट्रीय कंपनी २५०,००० टन क्लोरोफ्ल्युरोकार्बन्सची निर्मिती करते. तर जगातील ह्या रसायनांचा सर्वात मोठा निर्यातदार इंग्लंड आहे. त्यानंतर अमेरिका, फ्रान्स व जपानचा नंबर आहे.

युरोपियन देशांनी या प्रश्नांचं गांभीर्य लक्षात घेऊन ८५ टक्के उत्पादन कमी करण्याचे ठरविले आहे. सन १९८९ मध्ये देखील ब्रिटीश सरकार व युनायटेड नेशन्स एन्व्हायरोंमेंटल प्रोग्रॅम (UNEP) तथा संयुक्त राष्ट्र संघाच्या पर्यावरण कार्यक्रम यांच्या संयुक्त विद्यमाने ३ दिवसांची ओझोन आवरण बचाव या विषयावरची आंतरराष्ट्रीय परिषद लंडन येथे आयोजित केली होती. या परिषदेत विकसित तथा प्रगत राष्ट्रांमुळे ओझोन आवरणाला कसा धोका पोहोचत आहे. याबद्दल सखोल चर्चा झाली आणि शेवटी ओझोनला अपायकारक घटक कमी करण्याबाबत एकमत झाले. ब्रिटनच्या तत्कालीन पंतप्रधान श्रीमती मागरिट थॅचर यांच्या मताला मॉट्रीयल करारानुसार ३७ देशांनी पाठिंबा दिला. दरवर्षी पाश्चात्त्य देशात ७ लक्ष ५० हजार टनाहून अधिक सी.एफ.सी. ११ व १२ या रसायनांचं उत्पादन होत असतं. रशियात हे उत्पादन ६० हजार टन आणि इतरत्र आणखी २ लक्ष टन आहे. म्हणजे दरवर्षी १० लक्ष टन सी.एफ.सी. तयार केलं जातं. ही रसायने सौंदर्य प्रसाधने, फ्रीज, प्लॅस्टिक, खेळणी,

संगणक उद्योगात सर्वत्र वापरली जातात. परंतु आता या रसायनांना पर्यायी रसायन शोधण्याचे प्रयत्न सुरू झाले आहेत. या सर्व प्रक्रियेत शेवटी ३१ देशांनी या करारावर सह्या केल्या. त्यानंतर मे १९८९ मध्ये पुन्हा हेलसिंकी आंतरराष्ट्रीय परिषद घेण्यात आली. या परिषदेत मॉट्रीयल करारात काही दुरुस्त्या करण्यात आल्या. जवळपास ८० देशांमध्ये ओझोनला धोकादायक असणाऱ्या रसायनांच्या वापरावर पूर्णत: बंदी घालण्याबाबत एकमत झाले. सन २००० पर्यंत कार्यवाही करण्याचे ठरले. युनायटेड नेशन्स एनव्हायरोमेंटल प्रोग्रॅमचे कार्यकारी संचालक डॉ. मुस्तफा तोलबा यांनी तर अशा जागतिक समस्यांसाठी आंतरराष्ट्रीय वातावरण निधि उभारण्याची कल्पना मांडली. विकसनशील राष्ट्रांनी देखील ही कल्पना उचलून धरली. जपान, अमेरिका व इंग्लंड यासारख्या विकसित राष्ट्रांनी मात्र हा प्रस्ताव फेटाळून लावला. परंतु या परिषदेची फलश्रुती म्हणजे ओझोन विनाशकारी क्लोरोफ्ल्युरोकार्बन्सचा वापर सन २००० पर्यंत पूर्णपणे थांबवण्याचे ठरले. पर्यावरण संरक्षणाच्या दृष्टीने हे फार महत्त्वाचे व पुढचे पाऊल ठरले.

जून १९८९ मध्ये जपानमधील मित्सुबिशी इलेक्ट्रॉनिक व ताइयोसॅन्रो (गॅस कंपनी) या दोन कंपन्यांनी संयुक्तपणे क्लोरोफ्ल्युरोकार्बन्स या रसायनांना पर्याय शोधून काढला. त्या उपकरणाचे नाव बर्फ काढणारे, सेमीकंडक्टर धुणारे उपकरण असून ते अत्यंत सूक्ष्म बर्फाचे कण आणि गोठलेल्या अल्कोहोलचे कण -५०° सें. तापमानातही वापरू शकते याचे कार्य काहीसे क्लोरोफ्ल्युरो कार्बन्सप्रमाणे आहे.

सारणी ३.८ ओझोनचे मानवावर होणारे परिणाम

ओझोनचे प्रमाण (पी.पी.एम.)	परिणाम
०.२	परिणाम दिसत नाहीत.
०.३	नाक व घशाचा दाह
१ ते ३	२ तासानंतर कमालीचा थकवा येतो.
९	श्वसनाचे गंभीर विकार.

ओझोनचे दुष्परिणाम

१) भूपृष्ठाजवळ वाढलेल्या ओझोनमुळे पिकांची हानी होते. अन्नधान्याचे

उत्पन्न घटते.

२) ओझोन पर्णछिद्रांमधून पानात शिरतो. त्यामुळे वनस्पतीची वाढ खुंटते, टोमॅटो, तंबाखू, वाटाणे, देवदार, इ. वनस्पतींचे उत्पादन घटते. अमेरिकेत फळे व भाज्यांचे उत्पादन ओझोन प्रदूषणामुळे खूपच घटले आहे. त्यामुळे कोट्यावधी डॉलर्सचे नुकसान दरवर्षी होते.

३) ओझोन बरोबरच सल्फरडाय ऑक्साइड व नायट्रोजनडाय ऑक्साइड या प्रदूषणकारी वायूंमुळे अनेक युरोपीय देशांमध्ये ५० टक्के उत्पादन घटले आहे.

४) ओझोनमुळे सुती कपडे, नायलॉन, पॉलीस्टर, व रंगांची हानी होते.

५) ओझोनमुळे रबर टणक बनते.

६) अधिक प्रमाणातील ओझोनमुळे मानवी शरीरावर दुष्परिणाम उद्भवतात.

७) भूतलावरील तापमान बदलते. पर्जन्यावर परिणाम होतो.

८) त्वचेच्या कर्करोगाचे प्रमाण वाढते.

९) ओझोनमुळे मोतीबिंदू होतो. तसेच रोग प्रतिकार शक्ती क्षीण होते. जलचर प्राणी व वनस्पती मरतात.

१०) वनस्पतीची वाढ खुंटते. हरित द्रव्य घटते. तसेच जनुकीय बदल (Mutations) घडून येतात.

हायड्रोजन सल्फाईड (H_2S)

हायड्रोजन सल्फाईड हा वायू अत्यंत दुर्गंधीयुक्त असून कुजणाऱ्या वनस्पती आणि प्राणीजन्य पदार्थांपासून त्याची निर्मिती होते. विशेषत: पाण्यामध्ये ही प्रक्रिया घडते. नैसर्गिकरित्या हा वायू हवेविना जैविक घटकांच्या कुजण्यामुळे जमिनीवर, दलदलीच्या प्रदेशात व सागरात तयार होतो, आणि वातावरणात मिसळतो. ज्वालामुखी व पाण्याच्या नैसर्गिक झऱ्यांमुळे देखील काही प्रमाणात हायड्रोजन सल्फाईड वायूची निर्मिती होते. कोळशाच्या खाणी, गंधकयुक्त पाण्याचे झरे तथा कुंड तसेच तुंबलेल्या गटारींमध्ये देखील हा वायू तयार होतो. या वायूची मोठ्या प्रमाणात निर्मिती प्रामुख्याने कागद निर्मिती कारखान्यांमुळे होत असते. कारण हायड्रोजन सल्फाईड प्रक्रियेचा वापर कागदाच्या लगद्याच्या निर्मितीसाठी केला जातो. पेट्रोल शुद्धीकरण कारखाने, कोक भट्ट्या, व्हिस्कोज रेयॉन प्रकल्प आणि काही रासायनिक प्रकल्पांमधून ह्या वायूची निर्मिती होत असते.

दरवर्षी महासागरांद्वारे जवळपास ३ कोटी टन व ६ ते ८ कोटी टन हायड्रोजन सल्फाईड जमिनीवर तयार होत असतो. कारखान्यांमधून दरवर्षी ह्या

वायूची ३० लाख टन निर्मिती होत असते. ज्या कारखान्यांमध्ये गंधकयुक्त इंधनाचा वापर मोठ्या प्रमाणात केला जातो. त्यांच्यामार्फत हा वायू वातावरणात सोडला जातो. गंधकाची विविध संयुगे हवा प्रदूषक म्हणून ओळखली जातात. कारण त्यांना भयानक उग्र वास असतो. त्यात मिथिल मरकॅप्टन (CH_3SH) डायमिथिल सल्फाइड (CH_3SCH_3) डायमिथिल डायसल्फाइड (CH_3SSCH_3) आणि तत्सम घटकांचा समावेश आहे. ही उग्र वासाची रसायने कागद गिरण्या, तेलशुद्धीकरण कारखाने आणि विविध रासायनिक पदार्थांची निर्मिती करणारे कारखाने यांच्यामार्फत तयार होतात.

हायड्रोजन सल्फाईडचे दुष्परिणाम

१) ह्या वायूला घाण वास येत असल्यामुळे हवा दुर्गंधीयुक्त तथा दूषित होते. या वासामुळे काही माणसांची भूकच नष्ट होते. ५ पी.पी.एम. मात्रेत हा परिणाम घडून येतो.

२) कमी प्रमाणात या वायुमुळे डोकेदुखी, मळमळ होते. काही वेळा माणूस कोसळतो आणि मृत्यू येतो.

३) ह्या वायूचे हवेत जर १५० पी. पी. एम. एवढे प्रमाण असेल तर डोळ्यांचे विकार, श्वसनसंस्थेच्या अंतस्त्वचेचा दाह सुरू होतो.

४) ह्या वायुच्या ५०० पी. पी. एम. मात्रेत १५ ते २० मिनिटे व्यक्तीचा संपर्क आला तर जुलाब होतात व न्युमोनिया होतो.

५) ह्या वायूचे वैशिष्ट्य म्हणजे तो फुफुसातील वायूकोशाच्या तरळ भिंतीमधून रक्तात चटकन शिरतो आणि श्वसनक्रिया बंद पडून माणसाला मृत्यू येतो.

हायड्रोजन फ्ल्युराईड (HF)

अल्प प्रमाणात मानवामध्ये फ्ल्युरोकार्बन्स हे दंतक्षय थांबविण्यास उपयुक्त ठरतात. परंतु या संयुगांचे अतिप्रमाण मात्र मानवाला विषारी ठरते. यामुळे फ्ल्युरासिस (Fluorosis) नावाचा विकार उद्भवतो. ही समस्या आपल्या देशात जशी आहे तशी फ्रान्स, इटली, जर्मनी, जपान, चीन व काही आफ्रिकन देशांमध्येही आहे.

फॉस्फेट खते निर्मिती करणारे कारखाने, ॲल्युमिनियमचे कारखाने, वीटभट्ट्या, भांडी व चिनीमातीच्या वस्तूंची निर्मिती करणारे उद्योग, फेरोएनॅमेल काम, फ्ल्युरिनयुक्त प्लॅस्टिक इ.च्या मुळे फ्ल्युराईडची निर्मिती होते. हा प्रदूषक घटक वायूरूपात व कणरूपात आढळतो. काही प्रमाणात हा वायू उघड्या लोखंडाच्या भट्ट्या, ओतकाम उद्योग, जस्ताचे खिळे तयार करणारे कारखाने इ. मधूनही वातावरणात शिरतो. कोळशाच्या ज्वलनामुळे ०.१ टक्क्यांपर्यंत हा वायू तयार

होतो. हवेत फ्ल्युरिनचे प्रमाण सरासरी ०.०५ मि.ग्रॅ. प्रति घनमीटर एवढे असते परंतु काही इटालियन कारखान्यांमधून १५ मि.ग्रॅ. प्रति घनमीटर एवढ्या प्रमाणात तो बाहेर पडतो. अशा परिसरात राहणारी व्यक्ती दर दिवस ०.३ मि.ग्रॅ. फ्ल्युराइड श्वसनावाटे आपल्या शरीरात घेत असते. हवेत हायड्रोजन फ्ल्युराईड हा वायू अत्यंत कमी प्रमाणात असतो. ०.००१ ते ०.१ पी. पी. एम. एवढे प्रमाणदेखील वनस्पतींना आणि प्राण्यांना बाधक असते. त्यामुळे सजीवांना इजा होते. सल्फरडाय ऑक्साइडसारखा हा वायू पर्णछिद्रांमधून पानांच्या उतीमध्ये शिरतो. त्यामुळे पाने जळून जातात. तसेच प्रकाशसंश्लेषण प्रक्रियेत अडथळे निर्माण होतो. फ्ल्युरिनमुळे दूषित झालेली वैरण गुरांनी खाल्ल्यास विषबाधा होते. तसेच गुरे व मानवाला फ्ल्युराईडची बाधा पिण्याच्या पाण्यातून होते. गुजरात, राजस्थान, पंजाब, हरियाना, उत्तरप्रदेश, आंध्रप्रदेश व तामीळनाडू या राज्यांमध्ये फ्ल्युराईडची समस्या आहे.

क्लोरीन व हायड्रोजन क्लोराईड

प्रदूषित वातावरणात क्लोरीन वायू (Cl_2) हायड्रोजन क्लोराईड व क्लोरीनयुक्त परक्लोरो इथिलिन या कार्बनी संयुगात व क्लोराईडस् हे अकार्बनी स्वरूपात आढळतात. ही काही संयुगे वायूरूपांत तर काही मात्र कणरूपात असतात.

क्लोरीन वायूच्या गळतीच्या घटना अधूनमधून आपण वाचत असतो. कुठे रस्त्यावर अपघातामुळे टँकरमधून गळती होते तर कुठे कारखान्यात अपघात होतो. त्यामुळे माणसं मृत्युमुखी पडल्याच्या दुर्घटना घडतात. हा वायू जेथे तयार केला जातो अथवा त्यापासून इतर रासायनिक पदार्थ तयार केले जातात. अशी ठिकाणे या वायूची उगमस्थाने असतात. क्लोरीनवायु पिण्याचे पणी शुद्ध करण्यासाठी सर्वत्र वापरला जातो. जलशुद्धीकरण प्रकल्पांमध्ये त्याचा मोठ्या प्रमाणात वापर केला जातो. तसेच त्याचा वापर जलतरण तलावातील पाणी शुद्ध करण्यासाठी केला जातो. वायूने भरलेल्या टाक्यांच्या झडपा निकामी होतात किंवा टाक्या अपघातामुळे फुटतात. तेव्हा या वायूची गळती होऊन भयंकर परिस्थिती उद्भवते. तसेच हायड्रोजन क्लोराईड हा वायुदेखील अनेक औद्योगिक रासायनिक प्रक्रियांसाठी वापरला जातो. परंतु तो फार अत्यल्प प्रमाणात वातावरणात दिसतो.

क्लोरीन व त्याची संयुगे श्वसनसंस्थेला अत्यंत दाहक व हानीकारक असतात. वेळीच उपाय झाले नाही तर मृत्यू अटळ असतो. तसेच हे वायू अत्यंत क्रियाशील आहेत त्यामुळे वनस्पतींना देखील मोठ्या प्रमाणात हानी पोहोचते.

हायड्रोकार्बन्स

हायड्रोकार्बन्स ही रासायनिक संयुगे असून त्यांचे प्रामुख्याने फक्त कार्बन आणि हायड्रोजन हे घटक असतात. वातावरणात अनेक प्रकारचे हायड्रोकार्बन्स हवेचे प्रदूषक म्हणून ओळखले जातात. त्यात प्रामुख्याने मिथेन वायू, बेंझिन, बेंझोपायरिन, प्रॉपेन, इथिलिन, इ. हायड्रोकार्बन्सचा समावेश होतो. काही हायड्रोकार्बन्स हे मुक्त शृंखलायुक्त असून ते सरळ अथवा शाखायुक्त असतात. कार्बनच्या अणूभोवती हायड्रोजनचे अणू बांधलेले असतात. हे हायड्रोकार्बन्स संपृक्त (Saturated) अथवा असंपृक्त (Unsaturated) असतात. मिथेन, प्रॉपेन ही संपृक्त हायड्रोकार्बन्स आहेत तर इथिलिन मात्र असंपृक्त हायड्रोकार्बन्स आहे.

मिथेन

प्रॉपेन

बेंझिन

इथिलिन

चक्रीय (cyclic) हायड्रोकार्बन्स मध्ये कार्बन अणूंच्या कंकणाकृती असतात. ही रसायने संपृक्त किंवा असंपृक्त असतात. असंपृक्त हायड्रोकार्बन्स मात्र बेंझिनपासून तयार करतात आणि अशा हायड्रोकार्बन्सना सुगंधी हायड्रोकार्बन्स म्हणतात. कारण त्यांना एक प्रकारचा सुवास येतो.

सामान्य तापमानाला तरल तथा हलके हायड्रोकार्बन्स हे वायूरूपात असतात. उदा. मिथेन हा वायू नैसर्गिकरित्या मिळतो आणि तो इंधनातील प्रमुख घटक असून त्याला नैसर्गिक वायू म्हणून ओळखले जाते. खरं तर हा वायू रंग, वासहीन आहे. गंधकाच्या संयुगामुळे या नैसर्गिक वायूला वास दिला जातो. म्हणून आपल्याला हा वायू जाणवतो. इथिलीन व प्रॉपेन हे देखील हायड्रोकार्बन्स आहेत.

जड हायड्रोकार्बन्स ही नैसर्गिकरित्या द्रवरूपात आढळतात. उदा. पेट्रोलियम, तेलशुद्धीकरण कारखान्यांमध्ये शुद्धीकरण प्रक्रियेद्वारे विविध द्रवरूप इंधने अलग

केली जातात. उदा. गॅसोलिन (ज्याला आपण पेट्रोल म्हणतो.) केरोसिन यातील काही हायड्रोकार्बन्स अत्यंत प्लवनशील म्हणजे उडून जाणारी असून ती हवेत चटकन् मिसळतात. डिझेल, पेट्रोल, रॉकेल, घासलेट हीदेखील प्लवनशील इंधने आहेत अत्यंत वजनदार तथा जड हायड्रोकार्बन्स ही सामान्य तापमानाला मात्र घनरूप स्थितीत आढळतात.

वायूरूप व प्लवनशील द्रवरूप हायड्रोकार्बन्समुळे हवा प्रदूषणाची समस्या उद्भवते. म्हणूनच त्यांना प्रदूषणकारी घटक म्हटले जाते. परंतु ज्या हायड्रोकार्बन्समध्ये १२ पेक्षा अधिक कार्बन अणू आहेत, अशी रसायने वातावरणात विपुल प्रमाणात आढळत नसल्यामुळे ती प्रदूषक म्हणून ओळखली जात नाहीत.

जैविक प्रक्रियांमुळे नैसर्गिकरित्या हायड्रोकार्बन्स तयार होतात. दरवर्षी जगभर १० कोटी टनांपर्यंत मिथेन वायूची निर्मिती होते. ही निर्मिती प्रामुख्याने कार्बनी पदार्थांच्या हवेविना होणाऱ्या कुजण्याच्या प्रक्रियेमुळे होत असते. काही वनस्पती प्लवनशील टर्पेंटाईन तेलासारखे टरपिन्स व आयसोप्रेन्स ही हायड्रोकार्बन्स तयार करतात. अत्यंत क्लिष्ट अशी ही चक्रीय हायड्रोकार्बन्स आहेत. ही रसायने सूक्ष्म द्रवकण तयार करून वातावरणात शिरतात, प्रकाशरासायनिक प्रक्रियेत भाग घेतात. ह्या घटकांमुळे ॲपेलेशियन पर्वतावर निळे धुके तयार झालेले आढळले. ग्रामीण भागातील हवेत १ ते १.५ पीपीएम एवढे प्रमाण मिथेनचे असून, ०.१ पीपीएम पेक्षाही कमी प्रमाण इतर हायड्रोकार्बन्सचे असते.

हायड्रोकार्बन्स ही प्रामुख्याने स्वयंचलित वाहनांच्या धुरातून बाहेर पडतात. वाहनांच्या कार्बोरेटर तसेच क्रँकेसमधील पेट्रोलचे बाष्पीभवन होऊन हे घटक हवेत शिरतात. भारतात तर दुचाकी व तीनचाकी वाहने ह्या पदार्थांचे प्रदूषण करतात. दिल्ली व बंगलोरमध्ये एकूण हायड्रोकार्बन्सच्या ६५ टक्के हायड्रोकार्बन्स हे वाहनांमुळे पर्यावरण सोडले जातात. हे पदार्थ म्हणजे घातक प्रदूषणकारी घटक असून अमेरिकेत तर दरवर्षी ३ कोटी टन हायड्रोकार्बन्स वातावरणात सोडले जातात. आणि जगात हे प्रमाण २ कोटी टन एवढे आहे. त्यात अधिक रेणूभार असलेले हायड्रोकार्बन्सचे प्रमाण त्यात जास्त आहे. आणि ते प्रकाशरासायनिक धुरके निर्मितीस हातभार लावणारे आहेत.

हायड्रोकार्बन्सचा नैसर्गिक स्रोत हा सर्वाधिक जैविक घटकांकडून आहे. जगात दरवर्षी १० कोटी टन मिथेन तयार होतो. कार्बनी पदार्थांच्या विघटनामुळे मिथेन आणि कार्बनडाय ऑक्साइड वायू तयार होतात. फरक मात्र एवढाच आहे की कार्बनडाय ऑक्साइडची उत्पत्ती ऑक्सिजनच्या उपस्थितीत तर मिथेनची

उत्पत्ती ऑक्सिजनच्या अनुपस्थितीत होते. वनस्पतींच्या कुजण्यामुळे त्याची निर्मिती होते. कुजण्यासाठी जीवाणू कार्य करतात. मिथेन हा ज्वलनशील वायू आहे. गोबर गॅस संयत्रात शेणापासून मिथेनची निर्मिती केली जाते व त्याचा इंधन म्हणून वापर करतात. अलीकडे सुलभ शौचालयातील मैल्यापासून हा वायू तयार करतात. व त्याचा उपयोग विद्युत निर्मितीसाठी देखील करतात. एका अनुमानानुसार नैसर्गिक उगमापासून दरवर्षी १६०० × १०^६ टन मिथेन वातावरणात मिसळतो. आणि त्याचे प्रमाण वातावरणात १.५ ते २ पी.पी.एम. एवढे आहे. हा वायू कचरा कुजण्यामुळे जसा तयार होतो तसा दलदलीसारख्या ठिकाणी तयार होतो.

हायड्रोकार्बन्सचे दुष्परिणाम :

१) शुद्ध स्वरूपातील हायड्रोकार्बन्स हे वनस्पतींना घातक असतात. उदा. इथिलीन ह्या हायड्रोकार्बनमुळे वनस्पतींची वाढ खुंटते. वनस्पतींमधील संप्रेरकांवर त्यांचा प्रतिकूल परिणाम होतो. ०.०१ पी. पी. एम. एवढी इथिलिनची मात्रा वनस्पतींना बाधक ठरते.

२) ५०० पी. पी. एम. पेक्षा कमी मात्रा असलेल्या हायड्रोकार्बन्सचा परिणाम मानवावर होत नाही. मिथेन स्वत: विषारी नाही. परंतु त्याचे प्रमाण ५० टक्के किंवा अधिक असेल तर मात्र घातक ठरतो. कारण त्यामुळे माणूस गुदमरतो. त्याचे प्रमाण अधिक असेल तर स्फोट होतो.

३) सुगंधी हायड्रोकार्बन्समुळे नाकातील अंत:त्वचेचा दाह होतो आणि त्या नाजूक त्वचेस इजा होते.

४) हायड्रोकार्बन्समुळे प्रकाश रासायनिक धुरके तयार होऊन काही उपद्रवी घटक तयार होतात. त्यामुळे डोळे चुरचुरतात.

५) बेंझोपायरिनमुळे कर्करोग उद्भवतो.

घरगुती कारणांमुळे होणारे वायू प्रदूषण

वायू प्रदूषण फक्त घराबाहेरच होते असे नाही तर उलट घरांमध्ये देखील प्रदूषण होत असते. त्याचे प्रमाण कधी कधी बाहेरपेक्षाही अधिक असते. परंतु या घरगुती वातावरणात होणाऱ्या प्रदूषणाकडे मात्र आपण दुर्लक्ष करतो. खरं तर दुर्लक्ष करून मुळीच चालणार नाही. कारण घरातदेखील अनेक माणसं असतात. त्यांचा जवळपास ८० ते ९० टक्के वेळ घरातच जातो. घरात विविध कारणांमुळे हवा प्रदूषित होत असते. उदा. स्वयंपाकासाठी खेड्यापाड्यात, ग्रामीण भागात पारंपरिक इंधन म्हणजे लाकूड, सरपण, गोवऱ्या इ. वापरले

जातात. काही माणसं धूम्रपान करतात. विडी, सिगारेट, चिलिम, इ. चा धूर घरात सोडला जातो. तंबाखूचा धूर, तापमान, आर्द्रता, सूक्ष्मजीव जंतू, बुरशी आणि ॲलर्जी कारक घटक देखील घरातील हवा दूषित करतात. बांधकाम साहित्यात फार्माल्डेहाईड या रसायनाचा वापर, घर कार्यालये यातील वायुविजनाच्या अपुऱ्या सुविधा यामुळे देखील प्रदूषणाची समस्या उद्भवते.

आपल्या देशात ग्रामीण भागात मोठ्या प्रमाणात पारंपरीक इंधन वापरले जाते. गुरांच्या शेणापासून गोवऱ्या करून इंधन म्हणून वापरल्या जातात. त्यांचा निखारा होण्यापूर्वी खूप धूर त्यांच्यातून निघतो. तसेच कृषी क्षेत्रातील टाकाऊ पदार्थ, सरपण, लाकडे, इ. स्वयंपाकासाठी वापरले जाते. तसेच दगडी कोळसा, केरोसिनचाही वापर होतो. बरेचदा पावसाळ्यात तर ओल्या लाकडांमुळे घरात खूप मोठ्या प्रमाणात धूर होतो. या धुराबरोबर सल्फर व नायट्रोजनचे ऑक्साइडस्, कार्बनमोनॉक्साइड, हायड्रोकार्बन्स, सेंद्रिय व दूषित दुर्गंधी निर्माण करणारे घटक हवेत सोडले जातात. बहुसंख्य घरांमध्ये निर्धुर चुलींऐवजी पारंपरीक चुली आहेत. त्या प्रदूषणाला हातभार लावतात. आपल्या देशात तर महिलांचा जवळपास ८० टक्के वेळ हा स्वयंपाक घरातच जातो. ४ ते ६ तास महिला स्वयंपाकाच्या कामात गुंतलेल्या असतात. या संदर्भात देशातील काही ग्रामीण भागात पहाणी करण्यात आली. लखनौ येथील औद्योगिक विषशास्त्र संशोधन केंद्रातर्फे (Industrial Toxicology Research Centre) लखनौच्या गरीब लोकांच्या घरांमध्ये पहाणी करण्यात आली. या घरांमध्ये कोळसा, सरपण, गोवऱ्या इ. इंधन स्वयंपाक करण्यासाठी वापरले जात होते. अशा घरांमध्ये कणरूप पदार्थ, सल्फरडाय ऑक्साईड वायूचे प्रमाण बाहेरच्या हवेपेक्षा अधिक प्रमाणात आढळले. अशा धुरामुळे, दूषित घटकांमुळे महिलांमध्ये श्वसनाचे विकार, डोळ्यांचे विकार, दृष्टीदोष, इ. समस्या आढळल्या. धुराच्या सततच्या सान्निध्यामुळे गृहिणींचे डोळे सुजतात. तसेच स्वयंपाकासाठी, तळण्यासाठी वापरण्यात येणारे खाद्यतेल उकळल्यामुळेही घरात धूर होतो. त्यामुळे नाकात, घशात, जळजळ होते. डोके दुखते, डोळे व फुफ्फुसाचे विकार उद्भवतात. चुलीजवळ राबणाऱ्या महिला ह्या विविध रोगांच्या सर्वाधिक शिकार होतात. ग्रामीण भागात काही समाजांमध्ये पुरुषांपेक्षा महिलांमध्येही धूम्रपान करण्याची सवय वाढत आहे. शास्त्रीयदृष्ट्या विचार केल्यास गर्भवती महिलांच्या गर्भावर धूम्रपानामुळे विपरीत परिणाम होतो. धूम्रपान करणारी घरातील व्यक्ती त्याच्याबरोबर इतरांचंही आयुष्य धोक्यात घालीत असते. कारण अशा व्यक्ती जो धूर घरात सोडतात त्यापासून इतरांनाही त्रास होतो. तो धूर हानीकारक असतो. धूम्रपान करणाऱ्या व्यक्तींमध्ये फुफ्फुसाचा कर्करोग जवळपास ८० टक्के होतो. तंबाखूच्या

धुरामुळे 'क' जीवनसत्वाची हानी होते. धुरातील निकोटीन हे सर्वांत घातक रसायन असते. त्याच्या प्रभावामुळे हृदयाचे ठोके वाढतात. उच्च रक्तदाबाची शक्यता निर्माण होते. निकोटीनमध्ये 'टार' नावाचा घातक घटक असतो. त्यामुळे कॅन्सर होतो. म्हणून घरात व सार्वजनिक ठिकाणी धूम्रपानास बंदी घालणे हितावह आहे.

घरात हवेमार्फत वनस्पतींचे परागकण, बुरशीचे सूक्ष्म बिजाणू, धुलीकण, इत्यादींमुळे ॲलर्जीचे विकार, दमा या व्याधी उद्भवतात. गाजरगवत, झाडे-झुडपे गवत, तण, इत्यादींचे परागकण हे ॲलर्जी विकारास आमंत्रण देणारे ठरतात.

बांधकामासाठी अलिकडे मानवनिर्मित साहित्याचा वापर मोठ्या प्रमाणात केला जातो. काही पदार्थ घातक बाष्प बाहेर टाकतात. उर्जाबचत साधनांमुळे वायुविजन कमी होते. अधिक प्रगत राष्ट्रांमध्ये ही समस्या उग्र बनत चालली आहे. घरे, कार्यालये, यामध्ये होणारे वायू प्रदूषण नियंत्रित करण्याची कोणतीही योजना अस्तित्वात नाही. तापमान वाढले म्हणजे फॉर्मल्डेहाईड या रसायनाच्या वाफा हवेत मिसळतात. त्या इतर दूषित घटकांमध्ये मिसळतात. त्यामुळे डोकेदुखी, श्वसनमार्गांचा दाह, डोळ्यांमधून पाणी येणे, मळमळ, हगवण किंवा अतिसार, त्वचेला खाज सुटणे आणि हृदयविकार इ. सारखे विकार उद्भवतात. कार्यलयांमध्ये काम करणाऱ्या कर्मचाऱ्यांना देखील या समस्या भेडसावतात. आपण बराच काळ घर, कार्यालय, कामाचे ठिकाण इ. ठिकाणी असतो. त्यामुळे अशा ठिकाणी वातावरण प्रदूषणविरहित ठेवणे गरजेचे असते.

नोकरी व्यवसायामुळे उद्भवणारे विकार

औद्योगिक क्षेत्रात काम करणाऱ्या कामगारांमध्ये प्रदूषणामुळे विविध प्रकारचे विकार उद्भवतात. विशेषतः कारखान्यांमध्ये काम करणाऱ्या व्यक्ती दूषित वातावरणामुळे अनेक रोगांची शिकार होतात. अशा रोगांना कामधंद्यांमुळे तथा नोकरीत कामामुळे उद्भवणारे (Occupational Health Hazards) विकार म्हणतात. रासायनिक कारखान्यांमधील हवा दूषित असते. या दूषित हवेचा परिणाम त्वचेवर होतो. धुलीकण, दूषित वायू हे श्वासावाटे फुप्फुसात जातात. उदा. जस्त, पारा, आर्सेनिक, कॅडमियम, इ. घटक शरीरात शिरतात. या धातूंचे कण ०.१ ते १५० मायक्रॉन आकाराचे असतात. ३ मायक्रॉन आकाराचे कण सरळ फुप्फुसात जातात. आणि 'न्युमोकोनिऑसिस' नावाचा फुप्फुसाचा विकार उद्भवतो. ह्या रोगामुळे माणूस रोगाची शिकार होतो. 'सिलिकॉसिस' हा विकार सिलीका तथा वाळूचे सूक्ष्मकण सिलीकॉन डायऑक्साइडचे कण, कोळसा, अभ्रक, सोने, चांदी, शिसे, जस्त, मँगनीज, व इतर धातूच्या खाणीत

काम करणाऱ्या कामगारांमध्ये बांधकाम, मातीकाम उद्योग, वाळू, काचकाम, इ. उद्योगात काम करणाऱ्या व्यक्तींमध्ये रोग उद्भवतो. अशा रुग्णांमध्ये खोकला, छातीत दुखणे, ही लक्षणे आढळतात.

'ॲसबेस्टॉसिस' हा विकार ॲसबेस्टॉस या खनिजाच्या सूक्ष्मकणांमुळे उद्भवतो. हे कण श्वासावाटे फुफ्फुसात जातात. त्यामुळे फुफ्फुसाचा कॅन्सर होतो. दमा, छाती दुखणे, खोकला हे आजारही उद्भवतात. ॲसबेस्टॉस या खनिजाचे सूक्ष्म धागे २० ते ५०० मॉयक्रॉन लांबीचे असून ०.५ ते ५० मायक्रॉन व्यासाचे असतात. ॲसबेस्टॉसपासून ॲसबेस्टॉस सिमेंट पत्रे, छप्पर, फरशा, कपडे, अग्नीरोधक कपडे, गास्केट, आवरण व ब्रेक्स इ. वस्तू तयार करतात. या कारखान्यात काम करणाऱ्या कामगारांच्या शरीरात हे सूक्ष्म तंतू श्वासावाटे जातात. टाईमबॉंब सारखे ते धोकादायक असतात. दीर्घकाळ ते शरीरात राहातात व असाध्य रोग निर्माण करतात. आपल्या देशात ॲसबेस्टॉससाठी प्रतिबंधक उपाययोजना नाही. कायदे नाहीत. अमेरिकेत शाळेच्या इमारतीसाठी वापरलेले अग्नीरोधक ॲसबेस्टॉसमुळे मुलांमध्ये अनेक विकार उद्भवतात. त्यामुळे ते काढून टाकण्याच्या मोहिमा राबविण्यात आल्या होत्या. यापासून बचावासाठी धूलीकण नियंत्रण, कामगारांसाठी संरक्षक साधने, वारंवार वैद्यकीय तपासणी आवश्यक असते.

कापड गिरण्यांमध्ये तर कामगारांना कापसाच्या सूक्ष्म तरंगणाऱ्या तंतूंमध्ये काम करावे लागते. ते तंतू फुफ्फुसात जातात. त्यामुळे बायसिनोसिस हा विकार उद्भवतो. फुफ्फुसे निकामी होतात. खोकला, श्वसनविकार उद्भवतो. आपल्या देशात अनेक कापडगिरण्या आहेत. ३५ टक्के कामगार तेथे काम करतात. परंतु त्यातील जवळपास २० टक्के कामगार हे बायसिनोसिस ह्या विकाराचे बळी ठरतात. कोळशाच्या धुळीकणांमुळे खाणीत काम करणाऱ्या कामगारांमध्ये 'ॲश्रकोसिस' विकार होतो. साखर कारखान्यांमध्ये भुशाच्या धुळीमुळे 'बगॅसिस', तंबाखू कारखान्यात तंबाखूच्या धुळीमुळे 'टोबॅकोसिस', लोखंडाच्या कारखान्यात 'सिडेरॉसिस' इ. विकार कामगारांमध्ये आढळतात. दुर्दैवाने कामगारांच्या सुरक्षिततेची, आरोग्याची काळजी पाहिजे तशी आपल्या देशात घेतली जात नाही. तसे कडक कायदेदेखील नाहीत. त्यामुळे व्याधीग्रस्त कामगाराकडून उत्तमरितीने कामही होत नाही.

नैसर्गिक जैविक प्रदूषके

ही प्रदूषके नैसर्गिकरित्याच वातावरणात शिरतात. कारण त्यात प्रामुख्याने जैविक घटकांचा समावेश असतो. परागकण, जीवाणू, विषाणू, बुरशी तथा

कवकचे बिजाणू इ. चा समावेश होतो. परागकणांमुळे काही लोकांना ॲलर्जीची समस्या उद्भवते. उदा. गाजर गवताचे परागकण अत्यंत सूक्ष्म असून ते हवेबरोबर वाहून नेले जातात. गवत, वृक्षवेली, फुलझाडे यांचे परागकण देखील वातावरणात शिरतात. कोट्यावधी सूक्ष्म परागकण हवेत तरंगत असतात. परागकण सर्वसाधारणपणे १० ते ५० मायक्रॉन आकाराचे असतात. बुरशीचे सूक्ष्म बिजाणूकण देखील हवा प्रदूषक असतात. ते त्वचेवर बसले अथवा नाकातोंडात, श्वासमार्गात गेले तर दाह सुरू होतो. अंगावर चट्टे येतात. खाज सुटते. अर्थात ही समस्या अत्यंत संवेदनशील व्यक्तीमध्ये उद्भवते. अशी माणसे दम्याच्या विकाराने त्रस्त होतात. खोकला, श्वासनलिकेचा दाह, त्वचाविकार त्यांच्यात उद्भवतो.

हवेत अनेक रोगांचे जिवाणू असतात. ते जखमेतून, नाकातोंडावाटे शरीरात शिरून रोगाला कारणीभूत ठरतात. बंगलोर शहरात परागकणांसंदर्भात पहाणी केली गेली. पाहाणीत या शहरात दम्याचे रूग्ण मोठ्या प्रमाणात आढळले. हे बगीच्यांचे सुंदर शहर व चांगल्या हवामानाचे शहर म्हणून सुपरिचित आहे. परंतु अनेक लोकांना येथे दम्याचा त्रास होतो. ज्यांना पूर्वी हा त्रास नव्हता पण बंगलोर शहरात ते राहण्यास आले अशांमध्ये हा विकार बळावला आणि ज्यांनी बंगलोर सोडले तर त्यांचा हा आजारही पळाला. यावरून हे प्रदूषण किती त्रासदायक आहे याची कल्पना येते.

♦

४. प्रदूषणकारी वाहने

यंत्रयुगाचा श्रीगणेशा झाला तो पहिल्या औद्योगिक क्रांतीमुळे! दळणवळणासाठी स्वयंचलित वाहने रस्त्यावर धावू लागली. सन १८८५ मध्ये कार्लबेंझने पहिली गियरची मोटार गाडी तयार केली. नंतर मात्र दुचाकी, तीनचाकी व चारचाकी वाहनांच्या दुनियेत महान क्रांती घडून आली आणि त्याबरोबरच वाहनांच्या धुराड्यातून बाहेर पडणाऱ्या धुरामुळे, विषारी, प्रदूषणकारी वायूंमुळे, कार्बनकणांमुळे वायू प्रदूषणालाही सुरुवात झाली. औद्योगिक क्षेत्रातील औष्णिक विद्युतऊर्जा केंद्रांनंतर वाहने हे सर्वांत मोठे प्रदूषणकारी घटक आहेत. विज्ञान-तंत्रज्ञानाच्या प्रगतीबरोबर नानाविध प्रकारची पेट्रोल, डिझेलवर धावणारी वाहने रस्त्यावर आली. जगातील अनेक मोठमोठ्या शहरांमध्ये माणसांच्या संख्येप्रमाणेच आता वाहनांची संख्याही प्रचंड वेगाने वाढत आहे. भौतिक सुखाची लालसा, आर्थिक सुबत्ता, चंगळवाद, धावपळीचे जीवन, उंचावलेला सामाजिक स्तर यामुळे वाहनांची गरज सर्वांनाच भासू लागली आहे. मुक्त अर्थव्यवस्थेमुळे स्वयंचलित वाहन निर्मिती क्षेत्रात अनेक राष्ट्रीय व बहुराष्ट्रीय कंपन्या उतरल्या आहेत. कंपन्यांमध्येही जीवघेणी स्पर्धा चालू आहे. भरमसाट संख्येने त्यांची निर्मिती केली जात आहे. विविध योजनांचा, बक्षिसांचा भूलभुलैय्या दाखवून ग्राहकांना या कंपन्या आकृष्ट करीत आहेत. शंभर टक्के कर्ज देऊन ग्राहकांना वाहने विकत आहेत. त्यामुळे आता सामान्य माणूस देखील सहजपणे वाहन खरेदी करू शकतो. पर्यायाने वाहनांना मागणी वाढते. आपल्यापेक्षा पाश्चात्य व प्रगत राष्ट्रात तर जवळजवळ प्रत्येक माणसाकडे वाहन असते. आता वाहनांच्या गर्दीत माणूस जणू हरवत चालला आहे. ही वाहने सतत धूर ओकत असल्यामुळे वातावरणाला धोका पोहोचला आहे. ती वाहने जीवघेणी ठरत आहेत. वाहनांमुळे होणारं प्रदूषण म्हणजे मानवी शरीरात हळूहळू पसरणारं विषच म्हटलं पाहिजे.

एकूण जगाचा विचार केला तर ५० कोटीपेक्षा अधिक कार, ट्रक्स, बसेस व दुचाकी वाहने रस्त्यांवर धावत आहेत. दरवर्षी प्रचंड भर त्यात पडत आहे.

आपल्या देशात सन १९९० पर्यंत ३० लाखापेक्षा अधिक वाहने रस्त्यावर धावत होती. त्यातील २० लाख वाहने पेट्रोलवर धावणारी आहेत. मोठमोठ्या शहरांमध्ये दर दिवशी ८०० ते १००० टन दूषित पदार्थ ते वातावरणात सोडतात. मुंबई, पुणे दिल्ली, कलकत्ता या सारख्या महानगरांमध्ये वाहनांमुळे ७०% कार्बनमोनाक्साईड, ५०% हायड्रोकार्बन्स ३० ते ४०% सल्फर, नायट्रोजनचे ऑक्साइडस व ३०% कणरूप घन पदार्थ इ. दूषित प्रदूषणकारी घटक हवेत सोडले जातात. एकट्या दिल्लीत सन १९८८ मध्ये १३ लाख वाहनांची नोंदणी केलेली होती. आता ती दुप्पटीने वाढली असणार. गर्दीच्या वेळी ही वाहने ७०० कि.ग्रॅ. कार्बनमोनाक्साइड, २५० कि. ग्रॅ. हायड्रोकार्बन्स व ६० कि. ग्रॅ. नायट्रोजनडाय ऑक्साइड हवेत सोडतात. एका अनुमानानुसार १००० लिटर इंधन जाळणारी कार ३५० कि. ग्रॅ. कार्बन मोनाक्साईड, ०.६ कि. ग्रॅ. सल्फरडाय ऑक्साईड, ०.१ कि. ग्रॅ. शिसे व १.५ कि. ग्रॅ. कणरूप घन पदार्थ हवेत सोडते. यावरून वाहनांमुळे होणाऱ्या प्रदूषणाची कल्पना सहज येते. तशात आपल्याकडील बहुतेक वाहने जुनी असून प्रदूषणकारी आहेत. दिल्ली, राजस्थान, उत्तरप्रदेश, हरियाना येथील बसेस तर घालून दिलेल्या मर्यादेपेक्षा कितीतरी पटीने अधिक प्रमाणात धूर सोडतात. मुंबईपेक्षाही दिल्लीत धावणारी वाहने अधिक आहेत. त्यामुळे प्रदूषणाबाबत दिल्ली राजधानीचे शहर असूनही आघाडीवर आहे. त्याचे कारण म्हणजे वाहनांची भरमसाठ संख्या.

वाहनांसाठी वापरल्या जाणाऱ्या पेट्रोल इंधनात टेट्राइथिल लेड हे शिशाचे संयुग वापरले जाते आणि हे शिसे धुरावाटे वातावरणात पसरते. आपल्या देशात अजूनही शिसे घातलेले पेट्रोल वापरले जाते. त्यामुळे अनेक मोठमोठ्या शहरांमधील हवेत शिश्याचे प्रमाण अधिक आहे. एका पहाणीत दिल्ली येथील आश्रम, मूलचंद, आणि आझादपूर परिसरात शिशाचे प्रमाण सर्वाधिक आढळते. हवेत तरंगणाऱ्या घनरूप पदार्थाचे प्रमाण हे २-३ पटाने अधिक होते. निवासी परिसरात शिशाची मर्यादाही १०० ते १५० पी.पी.एम. एवढी ठरवून दिलेली आहे. दिल्लीत दर दिवशी फार मोठ्या प्रमाणात शिसे

आकृती ४.१ : स्वयंचलित वाहने वायू प्रदूषण मोठ्या प्रमाणात घडवून आणतात.

वातावरणात शिरते. यावरून वायू प्रदूषणाची तीव्रता सहज लक्षात येते. परंतु आता काही मोटर वाहनांना मात्र शिसेविरहित पेट्रोल वापरले जाऊ लागले आहे.

शिशाचे सूक्ष्मकण श्वासावाटे फुप्फुसात शिरतात. हवेत शिशाचे प्रमाण शेकडा ०.००८ एवढे असले तरी त्याचा प्रभाव शरीरावर दिसतो. शिशाचा परिणाम मेंदू व मज्जासंस्थेवर होतो. तसेच हृदय, मूत्र पिंडावरही त्याचे दुष्परिणाम होतात. शिशामुळे डोकेदुखी, चिडचिड, अंधत्व, पक्षाघात यासारखे विकार उद्भवतात. शिशाचा परिणाम प्रौढ व्यक्तीपेक्षा लहान बालकांवर ५ पटीने अधिक होतो. शिशामुळे हिमोग्लोबीन या रक्तातील अत्यंत महत्त्वाच्या घटकाच्या निर्मितीमध्ये अडथळे निर्माण होतात. त्यामुळे पंडुरोग उद्भवतो. रूग्णाचा रंग फिकट दिसतो. तांबड्या पेशींची हानी होते. शिशांमुळे यकृत व मूत्रपिंड निकामी होतात.

वाहनांच्या धुराड्यातून बाहेर पडणाऱ्या एकूण शिशापैकी ४० टक्के शिसे हे जमिनीवर स्थिरावते व ६० टक्के हवेत शिरते. जागतिक आरोग्य संघटनेने (W.H.O.) हवेत प्रतिघनमीटर २ मायक्रोग्रॅम्स पेक्षा जास्त शिसे असू नये असे सुचविले आहे. परंतु ही मर्यादा जगातील अनेक देशांतील शहरांनी कधीच ओलांडली आहे. कानपूर, अहमदाबाद, दिल्ली येथे हे प्रमाण ८ ते ११ मायक्रोग्रॅम्स प्रतिघनमीटर एवढे आहे. लक्षावधी वाहनांमधून दरवर्षी ३५०० टनापेक्षा अधिक शिसे हवेत मिसळते. हे शिसे श्वासावाटे मानवी शरीरात शिरते. मानवी हाडांच्या शास्त्रीय परीक्षणावरून असे आढळून आले आहे की, पूर्वीपेक्षा आता मानवात ५०० पटीने शिसे अधिक प्रमाणात आढळते. त्याचे कारण म्हणजे माणसाला जरी दर दिवस २-२॥ कि. ग्रॅ. अन्नपाणी जगण्यासाठी आवश्यक असले तरी जिवंत राहाण्यासाठी २४ तासात त्याला २६ कि. ग्रॅ. हवा शरीरात श्वासोच्छ्वासासाठी घ्यावी लागते. विशेष म्हणजे तिच्यातील शिसे मात्र बाहेर पडत नाही आणि ते अनेक विकारांना निमंत्रण ठरते.

वाहतुकीचे थांबे अथवा सिग्नल्सजवळ उभी असलेली वाहने हवेत कार्बन कण, गंधक व नायट्रोजने ऑक्साईडस्, कार्बन मोनाक्साईड, शिसे, हायड्रोकार्बन्स इ. घटक हवेत मोठ्या प्रमाणात सोडतात, हे प्रदूषण अत्यंत त्रासदायक आहे. थांब्याजवळील मोटारींमधून बाहेर पडणाऱ्या धुरात कार्बनमोनाक्साईडचे प्रमाण १३ टक्के असते. वाहन वेगात असेल तर प्रमाण ५ टक्के असते व अधिक वेगात असेल तर १ टक्का प्रमाण असते. हवेत ०.१ टक्का जरी कार्बन मोनाक्साईड असेल तरी त्याचे दुष्परिणाम मानवावर होतात. ०.२ ते ०.३ टक्के प्रमाण असेल तर अर्धा तास श्वास घेणेही अवघड होते. १ टक्का प्रमाण

तर प्राणघातक ठरते. चक्कर येणे, अस्वस्थ वाटणे, संवेदना नष्ट होणे इ. लक्षणे रूग्णात दिसतात.

डिझेल इंधनावर चालणारी वाहनेही तितकीच प्रदूषणकारी असतात. वातावरणात धूर, कॉर्बन व सल्फरडायऑक्साईड वायू तसेच कर्करोगाला निमंत्रण देणाऱ्या बेंझोपायरिन सारखे घातक रासायनिक पदार्थ ही वाहने सोडतात. सल्फरडाय ऑक्साईडचे प्रमाण वातावरणात ५ पी. पी. एम. असले तरी त्याचे परिणाम दिसू लागतात. जर हे प्रमाण ५०० पी. पी. एम. वर गेले तर अर्ध्या तासातच गंभीर परिस्थिती उद्भवू शकते. २००० पी. पी. एम. मुळे तर काही मिनिटातच मृत्यू येतो.

वाहनांमधून बाहेर पडणारा घातक वायू म्हणजे नायट्रोजनडाय ऑक्साईड होय. ५० ते ९०० पी. पी. एम. एवढ्या प्रमाणात तो धुरातून हवेत सोडला जातो. तो फुप्फुसात गेला तर वाफेच्या संपर्कामुळे त्यापासून नायट्रिक आम्ल तयार होते. त्यामुळे फुप्फुसातील नाजूक व संवेदनशील पेशींचा विनाश होऊन श्वसनाचे अनेक विकार जडतात. वनस्पतींची पाने गळून पडतात. त्यांच्यावर डाग पडतात.

सध्या भारतात छोट्या कार व दुचाकी वाहनांची संख्या वाढते आहे. नजिकच्या भविष्यात पेट्रोल, डिझेलवर चालणाऱ्या स्वयंचलित वाहनांची संख्या बेसुमार वाढेल. त्यामुळे वायू प्रदूषणाचा प्रश्नदेखील अत्यंत गंभीर व जटिल बनेल. मानवी आरोग्य धोक्यात येईल. अलिकडे अनेक लोक मोठ्या शहरात प्रदूषणापासून संरक्षण म्हणून संरक्षक मुखवटा (मास्क) लावतात. वाहतूक पोलिसांना देखील असे मुखवटे लावण्यात येतात. अनेक वाहने निकामी, जुनाट झाली तरी ती रस्त्यावर धावतात. ५०-६० टक्के अशी वाहने प्रदूषणाला मोठा हातभार लावतात. महाराष्ट्रात जवळपास अशी १५ लाखापेक्षा अधिक वाहने आहेत. त्यातील ५ लाख वाहने एकट्या मुंबईत आहेत. खराब, जुन्या वाहनांचा शोध घेऊन अशा वाहनांवर भारतीय मानक संस्थेद्वारा वाहनांवर प्रदूषण नियंत्रण कायदा लागू करण्यात आला आहे. वाहनांची तपासणी करणे महत्त्वाचे असते. तरच या समस्येला आळा घालता येईल.

हवाई वाहतुकीसाठी जी विमाने वापरली जातात ती देखील काही प्रमाणात हवा प्रदूषित करतात. अनेक पाश्चात्त्य राष्ट्रांमध्ये मोठमोठ्या आंतरराष्ट्रीय विमानतळांवरून शेकडो विमाने उड्डाण करतात. लंडन येथील हिश्रो विमानतळावरून दर अर्ध्या मिनिटाला विमान हवेत झेपावते. झेपावणारे विमान आकाशात धुराचे लोट सोडते. विमानतळ परिसरात मात्र धूर दिसतो. विमानांमुळे होणारे वायू प्रदूषण हे मोटार वाहनांच्या तुलनेने कमी आहे. अमेरिकेत केलेल्या एका

आकृती ४.२ : मुंबईतील वायू प्रदूषणापासून बचावासाठी वाहतूक पोलिसांना ताकालीन केंद्रीय समाजकल्याण राज्यमंत्री मनेका गांधी यांनी मास्क तथा संरक्षक मुखवटे वाटले.

पाहणीत विमानेही २ टक्के हायड्रोकार्बन्स, १ टक्का कार्बन मोनाक्साईड, १ टक्का कणरूप पदार्थ व नायट्रोजनऑक्साईड दूषित प्रदूषक हवेत सोडतात. अर्थात हे पदार्थ शहरी परिसरात टाकले जात नसले तरी विमानतळाच्या परिसरात सोडले जातात. जेट विमानांमुळे धूर मोठ्या प्रमाणात हवेत सोडला जातो. त्यात अत्यंत सूक्ष्म असे कार्बनचे कण असतात. ते अर्धवट जळालेले असून त्यांचा व्यास सुमारे ०.५ मायक्रॉन असतो. या सूक्ष्मकणांमुळे प्रकाश पांगतो व वातावरणात धूसरता येते. अंतराळात अग्नीबाणांचे साहाय्याने अंतराळयान किंवा कृत्रिम उपग्रह सोडले जातात. अग्नीबाणांमधील इंजिन्स अत्यंत घातक दूषित पदार्थ वातावरणात सोडतात. एका पहाणीत चंद्रावर ज्या दोन अंतराळवीरांना नेणाऱ्या अपोलो यानाच्या इंजिनमुळे अनेक घटक अंतराळात व चंद्राच्या पृष्ठभागावर सोडले गेले. त्यात अमोनिया, कार्बन मोनाक्साईड, नायट्रस ऑक्साइड, नायट्रीक ऑक्साईड इ. चा समावेश होता.

विज्ञान तंत्रज्ञानाच्या बळावर मानवाने प्रगतीचा कळस गाठला. परंतु विज्ञानाचा वापर त्याने स्वार्थापोटी अनेक अनिष्ट व विध्वंसक गोष्टींसाठी देखील सुरू केला

आकृती ४.३ : हवाई युद्धामुळे होणारे प्रदूषण

आहे. त्याची प्रचिती दुसऱ्या महायुद्धात जपानमधील नागासाकी व हिरोशिमा या दोन शहरांवर टाकलेल्या अणुबॉंबमुळे जगाला आली. आपल्या बुद्धीच्या जोरावर विज्ञानाच्या साहाय्याने युद्धाची अनेक तंत्रेही मानवाने विकसित केली आहेत. रासायनिक युद्ध व जैविक युद्ध या नवीन युद्ध तंत्रांचा वापर आता जगभर केला जात आहे. त्यामुळे प्रचंड प्रमाणात वित्तहानीतर होतेच; पण मोठ्या प्रमाणात जीवितहानी देखील होते. क्लोरीन, अश्रूधूर, नर्व्ह गॅस यासारखे वायू युद्धात शत्रूचा पाडाव करण्यासाठी वापरले जातात. पहिल्या महायुद्धात प्रथम रसायने वापरण्यास सुरूवात झाली. अमेरिकेने व्हिएतनामचा पाडाव करण्यासाठी अनेक घातक रासायनिक द्रव्यांची फवारणी विमानांमधून केली. त्यामुळे पिके, वनस्पती जळून गेल्या. वृक्षांची पाने गळून गेली. जंगलात लपून बसलेल्या सैनिकांचा वेध घेण्यासाठी ही योजना होती. हे युद्ध १० वर्षे चाललं. एकूण १० वर्षात ७ कोटी टन विषारी रसायने व्हिएतनामवर अमेरिकेने फवारली. त्यामुळे मोठ्या प्रमाणात हवा दूषित झाली. अशी दूषित हवा शरीरात गेल्यामुळे विषारी द्रव्यांमुळे गर्भवती मातांनी विकृत बालकांना जन्म दिला.

सन १९९१ मध्ये इराक व अमेरिका व इतर राष्ट्रांच्या सहभागाने आखाती युद्धाचा भडका उठला. या युद्धात अत्याधुनिक क्षेपणास्त्रे, रासायनिक अस्त्रे, यांचा सर्रास वापर करण्यात आला. त्यामुळे हवा, जल व ध्वनीप्रदूषणाची गंभीर समस्या उद्भवली होती. तशात कळस म्हणजे तेल विहिरींना आगी लावण्यात आल्या. त्यामुळे वातावरणात काळ्याकुट्ट धुरांचे प्रचंड लोट सोडले जात होते. हा प्रकार अनेक दिवस चालला होता. वातावरणातील दूषित घटकांमुळे उद्भवलेले दुष्परिणाम युरोप व आशिया खंडांमध्ये अप्रत्यक्षपणे जाणवले. आखाती युद्धाने साऱ्या जगाची झोप उडविली होती. कारण क्षेपणास्त्रांचा मारा, वातावरणात

धुराचे साम्राज्य, सागरात सोडलेले तेल इ. मुळे होणारी वित्त व जीवित हानी यामुळे सारेच हवालदिल झाले होते. वातावरणात पसरलेल्या धुराचे काळेकुट्ट ढग पर्यावरणावर दुष्परिणाम करीत होते. कुवेतमधील जवळपास ७५० पेक्षाही अधिक तेल विहिरींना आगी लावण्यात आल्या होत्या. एका अंदाजानुसार दर दिवशी १९ कोटी गॅलन्स एवढे तेल जळून त्याचा धूर तयार होत होता. आसमंतात सर्वत्र धूरच धूर दिसत होता. या काळ्याकुट्ट ढगांमुळे सूर्याचं दर्शन जवळजवळ होतच नव्हतं. त्याचे परिणाम पर्यावरणावर, ऋतुमानावर झाले. शास्त्रज्ञांच्या मते अकाली हिवाळा सुरू झाला. या ढगांमुळे पृथ्वीचे तापमान कमी होईल अशी भिती वर्तविण्यात आली होती. धुराचे ढग हवेमुळे इराण, अफगाणिस्तान व भारतात वाहून आले होते. या धुरामुळे ग्रीस व तेलयुक्त पावसाची भीतीही वर्तविण्यात आली होती. धुरामुळे ५ टक्के सूर्यप्रकाश अडविला गेला. त्याचा परिणाम मान्सूनवर, हवामानावर काही प्रमाणात झाला.

आखाती युद्धामुळे कुवेतमधील लोकांना सूर्याचे दर्शन बरेच दिवस झाले

आकृती ४.४ : दंगलीत लागलेल्या आगीमुळे वायू प्रदूषण होते.

नव्हते. दुपारचे तापमानही ५° सें. ने कमी झाले होते. तेथील अग्नीशामक दल विहिरींना लागलेल्या आगी २-३ वर्षे विझवित होते. यावरून युद्धाचे पर्यावरणावर किती भयानक परिणाम होतात याची कल्पना येते.

आतातर रोगकारक जिवाणू, विषाणूंचा उपयोग देखील जैविक अस्त्रे म्हणून युद्धात शत्रू पक्षाला नमविण्यासाठी केला जातो. हे घटक शत्रूच्या प्रदेशात पसरविले जातात. वायू प्रदूषण होऊन रोगांचा प्रसार होतो. अलिकडेच दहशतवादी संघटना अँथ्रॅक्सच्या जिवाणूंचा वापर करून रोग पसरविण्याचा प्रयत्न करीत आहेत. या संदर्भात अमेरिकेत त्या जिवाणूंची पावडर पोस्टामार्फत पाठविल्याचे उघडकीस आले आहे.

दुसऱ्या महायुद्धाच्या वेळेस जपानी सैनिकांनी विशिष्ट कुप्यांमध्ये ठेवलेले कॉलऱ्याचे जंतू पाण्यात मिसळले होते असे सांगतात. त्यामुळे कॉलऱ्याची साथ पसरते. साथीचे रोग पसरले म्हणजे सैन्याचे मनोधैर्य व शक्ति कमी होते. आणि शत्रूचा पराभव करणेही सोपे होते.

जगात कुठेना कुठे दंगली होतात. जातीजातींमधील, धर्माधर्मात तेढ निर्माण होते. अशा वेळेस समूहाचे मानसशास्त्र फार विचित्र असते. बेभान झालेले लोक घरांना, इमारतींना तसेच दुकानांना आगी लावतात. त्यात अतोनात आर्थिक नुकसान तर होतेच; पण पर्यावरण प्रदूषणही मोठ्या प्रमाणात होते.

◆

५. कीटकनाशके आणि वायू प्रदूषण

जगाची लोकसंख्या झपाट्याने वाढत आहे. वाढत्या लोकसंख्येला मोठ्या प्रमाणात अन्नपुरवठा करावा लागतो. त्यासाठी अन्नधान्याचे उत्पादनही मोठ्या प्रमाणात करावे लागते. अनादिकाळापासून अन्नधान्य उत्पादनासाठी पिकांची, अन्नधान्याची नासाडी करणाऱ्या उपद्रवी कीटकांशी मानवाला मुकाबला करावा लागला आहे. आजही अन्नासाठी कीटक व मानव यांच्यात तीव्र स्पर्धा आहे. कीटकांचा बीमोड करण्यासाठी अत्यंत जहाल तथा विषारी जंतुनाशके, कीटकनाशके, बुरशीनाशके, तणनाशके, कृमीनाशके इ. रासायनिक पदार्थांचा, द्रव्यांचा वापर मोठ्या प्रमाणात केला जात आहे. वाढत्या लोकसंख्येबरोबरच जनतेचे आरोग्य चांगले ठेवण्यासाठी व रोग प्रसार करणाऱ्या उपद्रवी कीटकांच्या बंदोबस्तासाठी जगभर कीटकनाशकांचा वापर केला जात आहे. हिवताप तथा मलेरिया, प्लेग, हत्तीरोग, आफ्रिकन स्लिपिंग सिकनेस तथा झोपाळू रोग, कॉलरा, डेंग्यू ताप, इ. घातक रोगांचा प्रसार करणारे डास, माशा, पिसू, त्से त्से माशा (Tse tse fly) यांच्या बंदोबस्तासाठी विविध प्रकारच्या कीटकनाशकांचा वापर केला जातो.

कीटकनाशके ही अत्यंत विषारी असल्यामुळे त्यांचा पर्यावरणात शिरकाव झाला म्हणजे पर्यावरण दूषित होते. या रसायनांचा वापरही अमर्याद आहे. पाश्चात्त्य राष्ट्रांच्या तुलनेने आपल्या देशात जरी कीटकनाशके कमी वापरली जात असली तरी योग्य रीतीने वापरली जात नाही. म्हणून ही रसायने पर्यावरणात शिरतात व त्याचे संतुलन बिघडते. हवा दूषित होते. पाण्यात ती मिसळतात म्हणून जलप्रदूषण होते. हवा, पाणी, जमीन या माध्यमांमधून कीटकनाशके अन्नसाखळीद्वारा मानवाच्या शरीरात पोहोचतात आणि शेवटी मानवाला गंभीर समस्यांना तोंड द्यावे लागते.

आजमितीला जगात एक हजारापेक्षा अधिक कीटकनाशके, जंतुनाशके, बुरशीनाशके, कृमीनाशके, गोचीडनाशके, उपद्रवी मृदुकायप्राणी नाशके, मूषकनाशके वापरली जात आहेत. जगात दरवर्षी ५ लाख टनाहून अधिक कीटकनाशके

विकली जातात.

यातील काही कीटकनाशके पर्यावरणात दीर्घकाळ टिकून राहातात. दुसऱ्या महायुद्धाच्या वेळी डी. टी. टी. हे कीटकनाशक पॉल मूलर या रसायनशास्त्रज्ञाने शोधून काढले. हे रसायन विघटनशील नसल्यामुळे आणि त्याच्या वाजवीपेक्षा जास्त वापरामुळे त्याचे गंभीर परिणाम जग आजही भोगत आहे. त्यामुळे आता या रसायनावर अनेक राष्ट्रांनी बंदी घातली आहे. परंतु भारतासारख्या विकसनशील देशात मात्र त्याचा वापर आजही सर्रास चालू आहे. त्यामुळे हवा, जल व मृदाप्रदूषण इ. घडून येते.

कीटकनाशके ही विविध स्वरूपात असतात. काही द्रव, भुकटी बाष्पशील, उडनशील अशा प्रकारात असतात. काही फक्त कीटकांनाच मारतात. तर काही क्रमींना, काही फक्त बुरशीचा नाश करतात तर काही फक्त तणांचा विनाश करतात. ही रसायने खाद्याबरोबर पोटात जाऊन कीटकांना मारतात तर काही फक्त संपर्कानेही आपले काम करतात. काही बाष्प रूपाने कीटकांचा संहार करतात. काही कीटकनाशके वनस्पतींच्या पानातून, मुळामधून वनस्पतीच्या शरीरात शिरतात.

विकसित राष्ट्रांमध्ये उदा. अमेरिका, जपान, जर्मनी, रशियामध्ये दर हेक्टरी १० कि. ग्रॅ. पर्यंत कीटकनाशके वापरली जातात. तर हेच प्रमाण भारतात अर्धा कि. ग्रॅ. एवढे आहे. तरी देखील पर्यावरण प्रदूषणाच्या समस्या उद्भवतात. त्याचे कारण म्हणजे वापरणाऱ्या व्यक्तींना प्रशिक्षणाचा अभाव, अवेळी कीटकनाशकांचा वापर, अतिरिक्त तथा अमर्याद वापर यामुळे प्रदूषणाची समस्या

आकृती ५.१ : कीटकनाशकांची विमानाद्वारे केली जाणारी फवारणी

उद्भवते. कीटकनाशकांचा वापर केला नाही तर पिकांची व अन्नधान्याची ५० ते १०० टक्के नासाडी होऊ शकते. या नुकसानामुळे दरवर्षी भारतात ६ ते ७ हजार कोटी रुपयांचे धान्य नाश पावते. हजारो टन धान्य निरुपयोगी होते.

कीटकनाशकांचा वापर फवारणी, धुरळणी, जमिनीत टाकून केला जातो. परंतु फवारणी, धुरळणी केल्यानंतर १५ ते २० टक्के औषध लक्ष्यापर्यंत पोहोचते. बाकी ८०-८५ टक्के पर्यावरणात शिरून प्रदूषण घडवून आणते. भारतात दरवर्षी ९० ते १०० हजार टन कीटकनाशके वापरली जातात. एकूण १०० पेक्षा अधिक कीटकनाशके आपल्या देशात उपलब्ध असून ५५ वेगवेगळी रसायने मात्र परदेशातून आयात करावी लागतात. भारतात प्रामुख्याने तीन प्रकारची कीटकनाशके वापरली जातात. ती खालीलप्रमाणे आहेत.

१) सेंद्रिय फॉस्फरसयुक्त (Organophosphate) कीटकनाशके - ही कीटकनाशके अत्यंत विषारी असून त्यांचा विषारीपणा अल्पकाळ टिकतो. उदा. मॅलॉथिऑन, सुमिथिऑन, पॅराथिऑन, थायमेट.

२) सेंद्रिय क्लोरीनयुक्त (Organochlorine) कीटकनाशके - ही कीटकनाशके अत्यंत विषारी तर आहेतच परंतु वातावरणात दीर्घकाळ टिकून राहातात. अनेक वर्षे पर्यावरणात टिकून राहाण्याचे कारण म्हणजे त्यांचे विघटन होत नाही. विशेषतः डी.डी.टी. अन्न साखळीद्वारा मानवी शरीरात येते. मातेच्या दुधातही डी.डी.टी.ची मात्रा आढळते. दुभती जनावरे, त्यांच्या दुधात, रक्तामांसात, हाडात व चरबीत ही कीटकनाशके आढळतात. यात प्रामुख्याने डी. डी. टी., डी. डी. इ., बी. एच. सी., एंड्रीन, अल्ड्रीन, डायएल्ड्रीन, यांचा समावेश होतो.

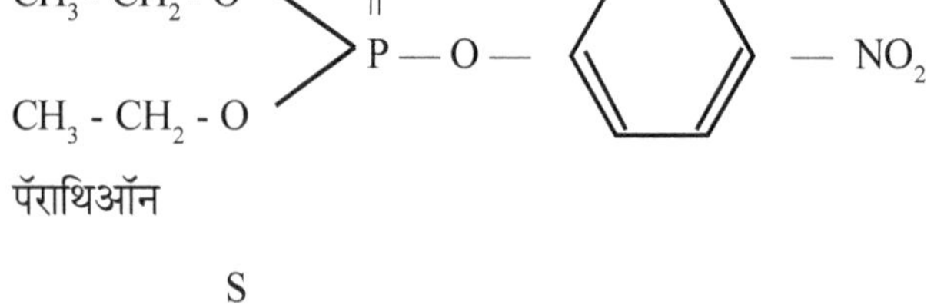

पॅराथिऑन

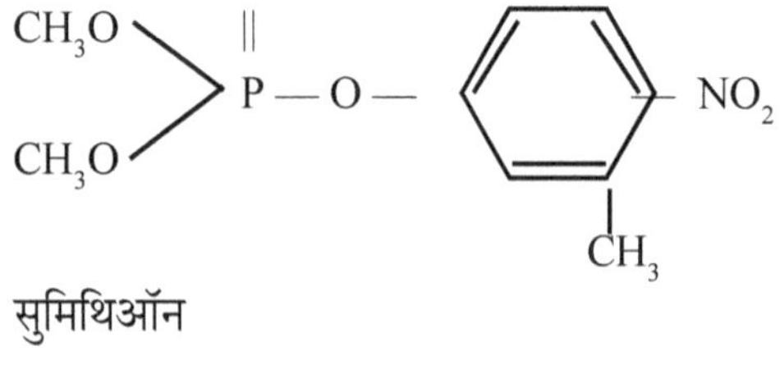

सुमिथिऑन

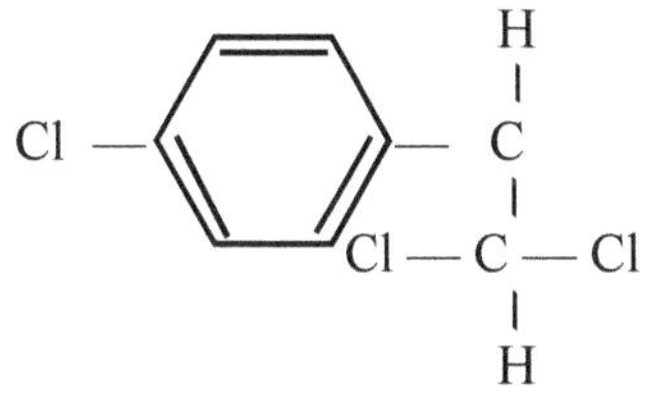

डी. डी. इ.

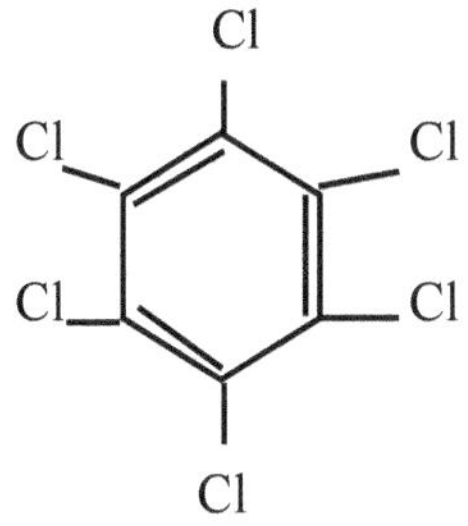

बी. एच. सी.

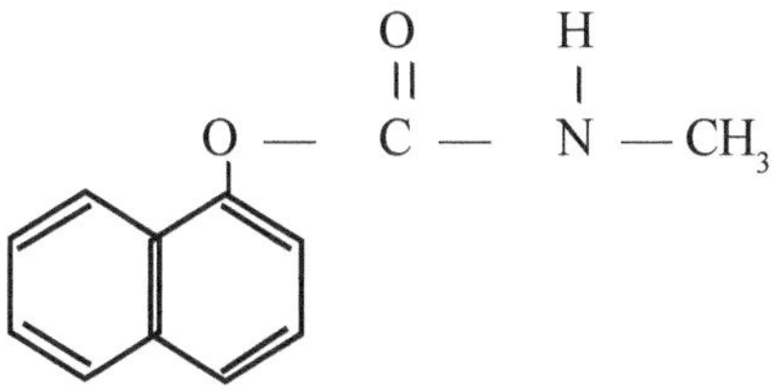

कार्बारिल

३) कार्बामेट (Carbamate) कीटकनाशके - ही कीटकनाशके भुकटी अथवा दाण्यांच्या स्वरूपात असून कार्बामिक आम्लापासून तयार करतात. ही देखील विषारी असून त्यांची विषारीपणा अल्पकाळ टिकतो. यात कार्बोफ्युरान, कार्बारिल, व अल्डीकार्ब इ. चा समावेश होतो.

या कीटकनाशकांबरोबरच तणाचा नाश करणारे 2-4-D हे तणनाशकही वापरले जाते.

द्रवरूप कीटकनाशके ही पाण्यात मिसळून त्यांची फवारणी पंपाच्या साहाय्याने करतात. पावडरयुक्त कीटकनाशकाची धुरळणी यंत्राद्वारे केली जाते. फवाऱ्यामुळे अत्यंत सूक्ष्म अशा जलकणात कीटकनाशकाचे रूपांतर होते. हे सूक्ष्म जलकण पिकांवर फवारले जातात. काही जमिनीवर पडतात. पण बहुसंख्य जलकण मात्र हवेत तरंगतात आणि हवा दूषित करतात. तोच प्रकार धुरळणीमुळे होतो. भुकटीचे असंख्य सूक्ष्म कण हवेत तरंगतात आणि हवा प्रदूषित करतात. मोठमोठ्या क्षेत्रात विमानाने पिकांवर फवारणी करतात. पाश्चात्त्य राष्ट्रांमध्ये याच

पद्धतीने कीटकनाशकांची फवारणी होते. भारतातही काही ठिकाणी हवाई फवारणी होते. त्यामुळे हवेत फार मोठ्या प्रमाणात ही विषारी रसायने शिरून हवा दूषित करतात. कीटकनाशकांची फवारणी करणारे कामगारदेखील विषबाधेची शिकार ठरतात. हवेत बराच काळ कणरूपात व सूक्ष्म जलकणात ही कीटकनाशके टिकून राहातात. अशी दूषित हवा श्वासोच्छ्वासावाटे शरीरात जाते. कीटकनाशके अन्नसाखळी द्वारा माणसाच्या शरीरात शिरतात. जमीन, वनस्पती यांच्यातील कीटकनाशके अन्नधान्य, पालेभाज्या फळभाज्या यामार्फत आपल्या शरीरात जातात. दूषित वनस्पती गाई, म्हशी, शेळ्या, मेंढ्या खातात. त्यातून कीटकनाशके त्यांच्या रक्तात जाऊन मग दुधावाटे, मांसातून मानवी शरीरात शिरतात. भारतीय मातांच्या दुधात विशेषत: शहरी मातांच्या दुधात डी. डी. टी., डी. डी. ई., बी. एच. सी. या कीटकनाशकांचे प्रमाण आढळून आले आहे. गुरांच्या, शेळ्यामेंढ्यांच्या मांसाच्या नमुन्यांमध्येही ही कीटकनाशके आढळली.

कीटकनाशकांमुळे मानवात अनेक विकार निर्माण होतात. उलट्या, मळमळ, जुलाब, झटके येणे, घाम येणे, लाळ गळणे, अंधुक दिसणे ही लक्षणे सेंद्रिय फॉस्फरसयुक्त कीटकनाशकांमुळे माणसात दिसतात.

मानवी शरीरात चरबीमध्ये साठून राहिलेल्या डी. डी. टी., बी. एच. सी. ह्या रसायनांमुळे कॅन्सर, अनुवंशिक विकृती उद्भवतात. गर्भवती माता विकृत बालकांना जन्म देतात. गर्भवती स्त्रियांचा गर्भपात होतो. त्वचेचा कॅन्सर होतो. कीटकनाशकांच्यामुळे रंगसूत्रे, जनुके यावर दुष्परिणाम होतात. त्यांच्यात बदल घडून येतात. अशा बदलांमुळे पुढील पिढीत विकृती निर्माण होतात. स्त्री पुरुषांमध्ये वंध्यत्व येते, श्वसनाचे विकार उद्भवतात. विकसनशील राष्ट्रांमध्ये १० हजारांपेक्षाही अधिक लोक दरवर्षी कीटकनाशकांच्या विषबाधेमुळे मृत्युमुखी पडतात. मानवी शरीरात अन्नातून येणाऱ्या कीटकनाशकांचा संचय होत जातो आणि त्यामुळे विषबाधा किंवा व्याधी उद्भवतात.

मानवाप्रमाणेच इतर पशुपक्ष्यांना देखील अन्नसाखळीद्वारे कीटकनाशके बाधक ठरतात. कीटकनाशकांमुळे उपद्रवी कीटक मरतात. हे मृत कीटक पक्षी खातात. छोट्या पक्ष्यांवर मोठे पक्षी आपली उपजीविका करतात. उदा. गरूड, ससाणा या सारख्या शिकारी पक्ष्यांच्या शरीरात कीटकनाशके प्रवेश करतात. त्यामुळे या कीटकनाशकांचे पक्ष्यांच्या जननक्षमतेवर दुष्परिणाम होतात; त्यांच्या अंड्यांचे कवच मऊ होते. अशी अंडी उबविण्यात अडथळे येतात आणि ती फुटतात. त्यामुळे त्या जातीच्या पक्ष्यांची संख्या रोडावते. काही वेळा त्यांचा निर्वंश होतो.

◆

६. धातू आणि वायू प्रदूषण

नानाविध प्रकारचे धातू नैसर्गिकरित्या भूगर्भात कच्च्या स्वरूपात सापडतात. अनादिकाळापासून मानव आपल्या फायद्यासाठी भूगर्भातील हे निसर्गदत्त धातू विविध प्रकारे मिळवित आहे. त्यातील अनेक धातू औद्योगिक क्षेत्रात फार मोठ्या प्रमाणात वापरले जातात. अनेक धातू, मानवी आरोग्यासाठी अल्पप्रमाणात उपयुक्त ठरतात. उदा. मँगनिज (Mn), लोह (Fe), कोबाल्ट (Co), बिसमथ (B), सेलेनियम (Se), मॉलिब्डेनम (Mo) इ. अनेक धातू व त्यांची संयुगे मात्र सजीवांच्या आरोग्यासाठी उपयुक्त तर नाहीतच पण ती अत्यंत घातक ठरतात. उदा. शिसे, पारा, जस्त, कॅडमियम यासारखे धातू औद्योगिक क्षेत्रात अत्यंत उपयुक्त असले तरी मानवी आरोग्यास हानीकारक ठरतात. पारा, शिसे यासारखे धातू मानवाला जसे निर्माण करता येत नाही. तसे ते नष्टही करता येत नाहीत. म्हणून ते पर्यावरणात अनंतकाळापर्यंत राहाणार आहेत. वाढत्या औद्योगिकरणामुळे आणि धातूंचा अमर्याद वापर म्हणून त्यांचा पर्यावरणातील शिरकाव देखील अटळ आहे. म्हणूनच आता अनेक धातूंचे सूक्ष्म कण वातावरणात शिरून ते प्रदूषणकारी ठरले आहेत. हवेचे प्रदूषण त्यांच्यामुळे होते म्हणून या प्रदूषणाला धातू प्रदूषण असेही म्हणतात. अनेक विषारी धातू उदा. शिसे, कॅडमियम, जस्त, पारा, तांबे यांना जडधातू (Heavy metals) म्हणून ओळखले जाते.

हे धातू संयुगांच्या रूपात हवा, पाणी व जमिनीत शिरून त्यांचे प्रदूषण घडवून आणतात. अर्थात उद्योगधंद्यात त्यांचा वापर विपुल प्रमाणात होत असल्यामुळे ते पर्यावरणात शिरतात. कच्च्या धातूंचे भक्ट्यांमध्ये शुद्धीकरण करतांना देखील धुरातून, वाफांमधून ते हवेत सोडले जातात. काही धातू उदा. शिसे तर पेट्रोल इंधनाच्या ज्वलनातून स्वयंचलित वाहनांद्वारे धुरावाटे हवेत सोडले जाते. पेट्रोलमध्ये वाहनासाठी टेट्राइथिल लेड नावाचे संयुग टाकले जाते. परंतु तेच सूक्ष्म कणांच्या रूपाने धुरातून बाहेर पडते. अनेक प्रदूषणकारी धातू मानवी आरोग्यास हानीकारक असल्यामुळे विविध प्रकारचे रोग उद्भवतात.

खालील काही महत्त्वाच्या प्रदूषक धातूंचा आढावा घेतल्यास या धोक्याची सहज कल्पना येईल.

१) शिसे (Lead) - शिसे हा जीवावरण, हवा व पाणी या पर्यावरणांचा एक नैसर्गिक घटक आहे. मानवी शरीरात हा धातू हवा, पाणी व अन्न याद्वारे काही प्रमाणात शिरतो. अगदी आदिमानवाच्या शरीरात ही अल्पप्रमाणात शिसे जात असे; पण आधुनिक मानवाच्या शरीरात मात्र कित्येक पटीने अधिक प्रमाणात शिसे जात असते. उदा. अन्नाद्वारे २० मायक्रोग्रॅम्स (μg) पाण्याद्वारे १ मायक्रोग्रॅम तर हवेद्वारा १० मायक्रोग्रॅम्स एवढे शिसे शरीरात जाते. शिशाचा उपयोग मानवी शरीरात चयापचय क्रियेसाठी मुळीच नाही. परंतु हा विषारी धातू असल्यामुळे मानवाला शेकडो वर्षांपासून ज्ञात आहे.

पर्यावरणात लेड सल्फाईड (Pbs) किंवा गॅलेना या स्वरूपात शिसे शिरकाव करते. जगात या धातूचे उत्पादन दरवर्षी ४० लाख टनांपर्यंत होते. कारण औद्योगिक क्षेत्रात ह्या धातूचे अनन्यसाधारण असे महत्त्व आहे. शिशाचा वापर विजेच्या (बॅटरी), केबल्स, रंगनिर्मिती, चिनीमातीच्या भांड्यांना झळाळी किंवा चकाकी येण्यासाठी, पी.व्ही. सी. प्लॅस्टिक निर्मितीसाठी लेड अर्सिनेट, टेट्राइथिल व टेट्रामेथिल लेड वापरले जाते. त्यामुळे औद्योगिक कारखान्यांमधून हवा, पाणी व जमीन तसेच वातावरणात मोठ्या प्रमाणात शिशाचा शिरकाव होतो. शिशाच्या भट्ट्यांमधून मोठ्या प्रमाणात शिसे वातावरणात मिसळते. स्वयंचलित वाहनांच्या धुरामधूनही विपुल प्रमाणात शिसे हवेत मिसळले जाते. कारण पेट्रोलियम या इंधनात टेट्राइथिल लेड प्रघातरोधी (Anti Knocking) पूरक घटक म्हणून जगभर वापरले जाते. जगभरातील वाहनांची संख्या लक्षात घेता हे प्रदूषण किती प्रचंड प्रमाणात होत असेल याची सहज कल्पना येते. वाहनांच्या धुरातून बाहेर पडणारे शिसे हे प्लवनशील (बाष्पशील) ब्रोमाइडस् व क्लोराइडस् या हलाइडसच्या स्वरूपात हवेत शिरते. धुरातील ४० टक्के शिसे हे जमिनीवर स्थिरावते आणि उरलेले ६० टक्के मात्र हवेत शिरते. जागतिक आरोग्यसंघटनेने घालून दिलेल्या हवा गुणवत्ता मार्गदर्शक तत्त्वानुसार शिशाचे हवेतील प्रमाण हे प्रतिघनमीटर हवेत २ मायक्रोग्रॅम एवढे आहे. परंतु ही पातळीतर अनेक देशांनी कधीच ओलांडली आहे. अहमदाबाद, कानपूर या शहरांमध्ये हे प्रमाण अनुक्रमे ०.६ ते ११.३८ मायक्रोग्रॅम प्रती घनमीटर व १ ते ८.३ मायक्रोग्रॅम प्रति घनमीटर आहे.

औष्णिक विद्युत केंद्रांमध्ये प्रचंड प्रमाणात दगडी कोळसा वापरला जातो. कोळशाच्या ज्वलनामुळे निर्माण होणाऱ्या धुरावाटे वातावरणात शिसे मिसळते. दगडी कोळशात सरासरी २५ पी. पी. एम. एवढे शिसे असते. तर खनिज तेलात ०.३ पी. पी. एम. असते. औष्णिक विद्युत केंद्रातील राखेत हे प्रमाण

अधिक असते. प्रत्येक ग्रॅम राखेत शिशाचे प्रमाण ११४० ते १८१० मायक्रोग्रॅम्स-पर्यंत असते. परंतु, एक ग्रॅम कोळशात मात्र हे प्रमाण १२० ते ४५० मायक्रोग्रॅम- पर्यंत असते. तर खनिज तेलात प्रति ग्रॅम मध्ये ७५ ते ११० मायक्रोग्रॅम शिसे असते. यावरून नैसर्गिकरित्या व मानवाच्या कृतीमुळे होणारे शिशाचे प्रदूषण याची कल्पना येते.

पेट्रोलमध्ये टेट्राइथिल लेड, अल्कील लेड हे प्रघातरोधी घटक म्हणून वापरले जाते. जगातील १० टक्के शिसे हे अल्कील लेड निर्मितीसाठी वापरले जाते. एक गॅलन पेट्रोलमध्ये २ ते ६ ग्रॅम एवढे शिसे आढळते. म्हणून पेट्रोलमध्ये शिशाचा वापर कमी केला तर आपोआपच शिशाचे प्रदूषण कमी होईल. शिशाचे धोके लक्षात घेता अनेक पाश्चात्त्य राष्ट्रांमध्ये, तसेच भारतात देखील शिसे विरहित पेट्रोलची विक्री केली जाते.

शिशाचे दुष्परिणाम

१) शिशामुळे शरीरातील अनेक किण्वांचे (Enzymes) कार्य निष्प्रभ केले जाते. कारण ते किण्वांशी सहजपणे जोडले जाते. विशेषत: सल्फहाईड्रील गट असलेल्या किण्वांमध्ये ही प्रक्रिया घडते.

२) शिशामुळे शरीरात हिमोग्लोबीन या रक्तातील महत्त्वाच्या प्रथिनाची निर्मिती मंदावते. हिमोग्लोबीन हे संप्रेरकांच्या कार्यामुळे तयार होते. त्याचे कार्य बिघडते. शिशामुळे हिम या घटकाची निर्मिती व शरीरातील लोह या घटकाचा वापर मंदावतो.

३) शिशामुळे मूत्रपिंडांना इजा होऊन त्यांचे कार्य बिघडते.

४) शिशाचा परिणाम प्रजनन क्षमतेवर होऊन स्त्रियांमध्ये मासिक पाळी अनियमित होते.

५) शिशामुळे मेंदूलाही गंभीर इजा होते. म्हणून रूग्णाच्या वर्तनात बदल घडून येतात. रूग्ण अस्थिर, चिडचिडा बनतो. त्याचे मन एकाग्र होत नाही. स्मरणशक्ती क्षीण होते. जडत्व येते आणि मानसिक संतुलन बदलते. माणूस ढिसाळ बनतो. नैराश्य येते.

६) काही शिशाच्या संयुगांमुळे गर्भामध्ये जन्मजात विकृती अथवा व्यंग निर्माण होते.

७) शिशामुळे तांबड्या रक्तपेशींचा नाश होऊन यकृत व मूत्रपिंडांना रोगसंसर्ग चटकन होतो. रक्तक्षय देखील होतो.

८) शिसे हाडांमधील कॅल्शियम नष्ट करते. त्यामुळे हाडे ठिसूळ होतात.

९) शिशामुळे माणसात नैराश्य येते. त्यामधील महत्त्वाकांक्षा नष्ट होते.

१०) शिशामुळे विषबाधाही होते.

२. पारा (Hg)

पारा हा द्रवरूप व बाष्पशील धातू असून खडक, माती यांमध्ये धातू व मर्क्युरी सल्फाइडच्या स्वरूपात आढळतो. आधुनिक समाजात या धातूचा अधिक वापर केला जात आहे. जगात दरवर्षी जवळ जवळ ९ हजार टन पाऱ्याची निर्मिती केली जाते आणि विशेष म्हणजे त्यातील निम्मा पारा पर्यावरणात मिसळतो. पाऱ्याचे प्रदूषण प्रामुख्याने मानवाच्या कृतीमुळे व बुरशीनाशके, रंग, सौंदर्य प्रसाधने, कागदाचा लगदा इ. गोष्टींच्या निर्मितीमध्ये पारा वापरल्यामुळे होते. क्लोरिन अल्कली प्रकल्पात दरवर्षी ४ ते ८ हजार कि. ग्रॅ. पारा निरूपयोगी द्रवात नष्ट होतो. विद्युत उद्योगात पाऱ्याच्या बॅटऱ्या, रस्त्यावरचे मर्क्युरी व्हेपर लॅम्प्स, प्रकाशमान ट्यूबलाईटस्, सर्किट ब्रेकर्स इ. साठी पारा वापरला जातो. औष्णिक विद्युत केंद्रांमध्ये दगडी कोळशाच्या ज्वलनामुळे, तसेच खनिज तेलाच्या ज्वलनामुळे पारा वातावरणात मिसळतो. व्हिनिल क्लोराइड निर्मितीसाठी पारा वापरतात. बियाण्यांना बुरशी लागू नये म्हणून बुरशीनाशकात पाऱ्याची संयुगे वापरतात.

दुष्परिणाम - अमेरिकेत प्रौढ पुरूषाच्या शरीरात सरासरी १३ मि. ग्रॅ. एवढा पारा आढळतो. तो हवा, पाणी व अन्नातून जातो. हा पारा चरबी, स्नायू, मेंदू, मूत्रपिंड, यकृत व फुफ्फुसात असतो. १०० मि. ग्रॅ. पेक्षा अधिक पारा मात्र शरीराला अपायकारक असतो.

१) पारा शरीरात साठून राहिला म्हणजे त्याचा परिणाम मेंदूवर होतो.

२) पाऱ्याचा शरीराला संपर्क झाला तरी तो त्वचेमार्फत रक्तात शोषून घेतला जातो.

३) दंतवैद्य किडलेल्या दाढेतील पोकळी भरण्यासाठी पारा व इतर धातूंचे मिश्रण वापरतात. पाऱ्याच्या बाष्पामुळे रूग्णात विषबाधा होते.

४) ज्या कारखान्यांमध्ये पारा वापरला जातो तेथील कामगारांनादेखील त्यामुळे विषबाधा होते.

५) कार्बनी पारा (Organic mercury) हा अत्यंत विषारी असून तो पर्यावरणाला घातक आहे. तो अन्नावाटे शरीरात गेल्यास माणसं शारीरिक व मानसिकदृष्ट्या विकलांग होतात. जपान येथील मिनामाटा खाडीतील पारा प्रदूषणामुळे ५० व्यक्ती मृत्युमुखी पडल्या होत्या. या रोगाला 'मिनामाटा विकार' म्हणतात.

६) सन १९६० मध्ये स्वीडन येथे पाऱ्याच्या विषबाधेमुळे अनेक पक्षी मृत्यूमुखी पडले. कारण तेथे शेतीत मिथिल मर्क्युरी हे बुरशीनाशक म्हणून वापरले होते.

७) बुरशीनाशक लावलेल्या गव्हापासून तयार केलेल्या ब्रेडमुळे १९७२ मध्ये इराकमध्ये ६५०० लोकांना विषबाधा झाली होती. आणि ४५० लोक मृत्युमुखी पडले होते.

८) पारामिश्रीत रसायनामुळे मेंदू, मज्जारज्जू यांना धोका पोहोचतो. हातापायाच्या बोटांची संवेदना जाते. विविध क्रियांचा समन्वय नष्ट होतो. बोबडी वळते. अंधुक दिसते. तसेच बहिरेपणा येतो.

९) पाऱ्यामुळे नवजात बालकांमध्ये व्यंग निर्माण होते.

१०) डोकेदुखी, थकवा, चिंता, काळजी, नैराश्य, भूक मंदावणे यासारखी लक्षणे पाऱ्याच्या विषबाधेमुळे रूग्णात दिसतात.

३) कॅडमियम (Cd)

औद्योगिक क्षेत्रातून तसेच मानवाच्या विविध कृतींमुळे हा धातू वातावरणात शिरतो. हा लवचिक, चांदीसारखा पांढरा जड धातू असून तो निकेल कॅडमियम रिचार्जेबल बॅटरीजमध्ये मोठ्या प्रमाणात वापरला जातो. तसेच मिश्रधातू (alloy) म्हणून मुलामा देण्यासाठी (Electroplating) व पॉली व्हिनिल प्लॅस्टिकच्या निर्मितीसाठी देखील या धातूचा वापर केला जातो. पर्यावरणात कॅडमियम अनेक मार्गांनी शिरतो. जस्त, शिसे, आणि तांबे यांच्या भट्ट्यांमधून कॅडमियम हवेत मिसळतो. तसेच प्लॅस्टिक, रंगद्रव्ये, निकेल कॅडमियम बॅटऱ्या, मोटारीचे तेल, वंगण, रबरी वस्तू, टायर्स व इतर कॅडमियम असलेल्या वस्तू जाळल्यामुळे देखील हा धातू हवेत शिरतो. इतकेच काय पण सिगारेटच्या धुरातून देखील तो हवेत शिरतो. २० सिगारेट ओढल्यानंतर २ ते ४ मायक्रोग्रॅम कॅडमियम फुफ्फुसात जातो. फॉस्फेट खते व काही कीटकनाशकांच्या निर्मितीमुळे देखील कॅडमियम हवेत मिसळतो. हा धातू बाष्प रूपाने वातावरणात शिरतो पण अभिक्रियेमुळे त्याचे रूपांतर ऑक्साइड, सल्फेट, किंवा क्लोराइड संयुगामध्ये होते.

दुष्परिणाम -

१) कॅडमियम शरीरात गेल्यावर मूत्रपिंडात व यकृतात साठून राहातो.

२) कॅडमियमच्या अत्यंत अल्प मात्रेमुळे देखील विषबाधा होते. त्यामुळे उच्च रक्तदाब, फुफ्फुसातील वायुकोष अधिक प्रमाणात फुगतो आणि मूत्रपिंडाला इजा पोहोचते.

३) सस्तन प्राण्यांमध्ये कॅडमियम कर्करोगाला कारणीभूत ठरतो.

४) यकृत पेशीचा विनाश, फुफ्फुसाचा कॅन्सर व श्वसनविकार उद्भवतात.

५) काही उद्योगांमध्ये कॅडमियम ऑक्साइडचा धूर किंवा वाफा बाहेर पडतात.

त्यामुळे कामगारांमध्ये श्वसनाचे गंभीर विकार उद्भवतात. प्रसंगी मृत्युही येतो. श्वासनलिकेच्या दाहामुळे मृत्यु येतो.

६) कॅडमियम विषबाधेमुळे प्राण्यांमध्ये वंध्यत्व येते. शुक्राणू नष्ट होतात. कॅडमियनमुळे हृदयविकार देखील होतो. परंतु सबळ पुरावे उपलब्ध नाहीत.

७) कॅडमियममुळे संप्रेरकांचे कार्य थांबते.

८) या धातूमुळे जपानमध्ये दुसऱ्या महायुद्धानंतर 'इटाई-इटाई' नावाचा भयंकर विकार उद्भवला होता. त्यात मूत्रपिंडाचा बिघाड व हाडांमध्ये अत्यंत वेदनादायी बदल घडून येतात. हाडे मऊ होऊन ती मोडतात. अगदी खोकला आला तरी शरीरातील हाडे मोडतात. सन १९६५ मध्ये १०० लोक या धातूच्या विषबाधेने मृत्युमुखी पडले.

४) जस्त (Zn)

जस्त हा धातू मानवासह अनेक सजीवांमध्ये अत्यावश्यक धातू आहे. कारण अनेक प्राण्यांच्या शरीराच्या विविध प्रक्रियांसाठी तो उपयुक्त ठरतो. अनेक किण्वांमध्ये तो महत्त्वाचा घटक आहे. आहारातील जस्ताच्या कमतरतेमुळे प्राण्यांची वाढ खुंटते. केस गळतात. त्वचेचे विकार उद्भवतात. प्रजनन अवयवांवर दुष्परिणाम होतात.

जस्त हा धातू मानवाकडून फार मोठ्या प्रमाणात वापरला जातो. जस्ताच्या भट्ट्यांमधून तो हवेत मिसळतो. तांबे, शिसे व लोखंड शुद्धीकरणाच्या कारखान्यांमधून जस्त हवेत पसरतो. जस्ताचा मुलामा दिलेल्या पत्र्यांपासून उघड्या भट्ट्यांमधून दर तासाला २५ ग्रॅम जस्त वाफेच्या रूपाने वातावरणात शिरते. जस्त हे हवेत पांढऱ्या जस्ताच्या भस्माच्या वाफांमार्फत जाते आणि ते मानवाला विषारी ठरते.

५) बेरिलियम (Be)

अद्याप बेरिलियम धातूच्या प्रदूषणाचा धोका मानवाला पोहोचलेला नसला तरी तो अत्यंत विषारी धातू आहे. तो वजनाने हलका असून तो मिश्रधातू मध्ये तांबे, ॲल्युमिनियम व इतर धातूंच्या समवेत आढळतो. अणुभट्ट्यांमध्ये तो वापरला जातो. फ्ल्युरोसंट दिव्यांमध्ये, निऑन साईन बोर्डसमध्ये तो पूर्वी वापरला जाई. अमेरिकेत ३० हजार कामगार विविध कारखान्यांमध्ये या धातूच्या सान्निध्यात वावरतात. सन १९३३ मध्ये जर्मनीत बेरिलियमच्या विषबाधेमुळे श्वसनाचे भयंकर विकार उद्भवल्याने त्याचे परिणाम प्रथम लक्षात आले. फ्ल्युरोसंट दिव्यांच्या कारखान्यांमध्ये काम करणाऱ्या कामगारांमध्ये भयंकर समस्या उद्भवल्या होत्या. कारण दिव्यात बेरिलियमची संयुगे वापरली जात होती. त्यानंतर मात्र ही रसायने वापरणे १९४९ मध्ये बंद करण्यात आले.

हवेत कमीत कमी दर घन मीटरमध्ये २५ मायक्रोग्रॅम बेरिलियम असला तरी तीव्र विषबाधा होऊन त्वचा व डोळ्याचा दाह सुरू होतो. फुफ्फुसे, नाक, घसा व त्यांच्यातील अंतर्त्वचा, श्वासनलिका इ. ची जळजळ सुरू होते. बेरिलियम-मुळे 'बेरिलियम विकार' उद्भवतो. दीर्घकाल बेरिलियमच्या परिणामांमुळे हा रोग होतो. या रोगात खोकला, छातीचे दुखणे, थकवा, थोड्याशा श्रमाने धाप लागणे, वजन घटणे, रक्तात ऑक्सिजनच्या कमतरतेमुळे त्वचा काळी पडणे, कमी रक्त दाब, मूतखडा, हृदय, यकृत व प्लीहा या अवयवांच्या आकारात वाढ, इ. लक्षणे दिसतात. ही लक्षणे कारखान्यातील कामगार, फॅक्टरीजवळ राहाणारे लोक, यांच्यात दिसतात. त्यामुळे हा धातू आता प्रदूषणकारक म्हणून ओळखला जातो.

बेरिलियम हा कर्करोगकारक असून उंदीर व सशांमध्ये फुफ्फुसाचा कॅन्सर यामुळे होतो. तसेच बेरिलियमच्या काम करणाऱ्या कामगारांमध्ये फुफ्फुस, यकृत, पित्तवाहक नलिका व पित्ताशयाचा कर्करोग अधिक प्रमाणात आढळतो.

६) झिरकोनियम (Z) हा धातू अलिकडे घामप्रतिबंधक म्हणून सुगंधी क्रीम्स व स्प्रेमध्ये वापरला जात होता. फवाऱ्यामुळे (स्प्रे) या धातूचे कण हवेत शिरतात आणि श्वासावाटे ते फुफ्फुसात जाऊन रोग उत्पन्न करतात कारण या धातूमुळे तेथे दाह निर्माण होतो. काही व्यक्तींमध्ये या धातूमुळे अंगावर पुळ्या येतात. या घातक व रोगकारक परिणामांमुळे झिरकोनियमचा वापर या पदार्थांमध्ये बंद करण्यात आला आहे.

७) निकेल (Ni) निकेल धातूची धूळ ही कर्करोगकारक आहे. निकेल आणि कार्बन मोनाक्साइड यांच्या संयोगाने निकेल कार्बोनिल (NiCO) हे संयुग तयार होते. हे संयुग, मानवात तसेच इतर प्राण्यांमध्ये कर्करोगकारक असून त्यामुळे जलद गतीने श्वसनसंस्थेला हानी पोहोचते. शहरांमधील दर घनमीटर हवेत ०.०३ ते ०.१२ मायक्रोग्रॅम निकेल आढळते.

८) अँटिमनी (Sb) हा धातू सौंदर्य प्रसाधनांमध्ये ६ हजार वर्षांपासून वापरला जातो. मानवात सरासरी ६ मि. ग्रॅ. स्नायूंमध्ये २ मि. ग्रॅ. हाडांमध्ये आढळतो. या धातूमुळे हृदयाच्या स्नायूंना धोका पोहोचतो. तसेच त्वचेचे विकारही उद्भवतात.

९) आर्सेनिक (As) सिगारेटमधील तंबाखूत देखील हा धातू असतो. त्यामुळे धुम्रपान करणाऱ्या व्यक्तीमध्ये या धातूमुळे कर्करोग होतो.

◆

७. किरणोत्सर्गी पदार्थांचे प्रदूषण

किरणोत्सर्गी पदार्थ म्हणजे, ज्या पदार्थापासून अल्फा, बिटा व गॅमा किरण प्रक्षेपित केले जातात आणि हे किरण मानवासह इतर सजीवांना अत्यंत घातक असतात. म्हणून अशा पदार्थांपासून होणारे प्रदूषण म्हणजे किरणोत्सर्गी अथवा किरणोत्सारी प्रदूषण होय. हे प्रदूषण म्हणजे भौतिक प्रकारचे प्रदूषण असून किरणोत्सर्गी पदार्थांच्या प्रचंड वापरामुळे ही एक समस्या बनली आहे. मानवाने औद्योगिकरणाच्या शेवटच्या टप्प्यात अचानक आपल्या आर्थिक समृद्धीसाठी मानवनिर्मित किरणोत्सर्गी पदार्थ निसर्गात आणले त्यामुळे इतर प्रकारच्या प्रदूषणापेक्षा हे प्रदूषण व त्याचे गंभीर परिणाम पूर्णत: भिन्न आहेत.

अर्थात अनादि काळापासून म्हणजे त्याच्या उत्क्रांतीपासून मानवावर सतत नैसर्गिक किरणोत्सर्गाचा मारा होत राहिला आहे. परंतु हा नैसर्गिक किरणोत्सर्ग मात्र कमी प्रमाणात आहे. विज्ञान तंत्रज्ञानाच्या प्रगतीबरोबर मानवाचे भयानक संहारक आणि प्रदूषणकारी अण्वस्त्रांचा वापर सुरू केल्यापासून किरणोत्सर्गाचे प्रमाण देखील खूप वाढले आहे. युद्धाची नवनवीन तंत्रे आली. त्यामुळे किरणोत्सर्गाचा धोका वाढत आहे. त्यामुळे हे प्रदूषण नैसर्गिक आणि मानवनिर्मित किरणोत्सर्गी पदार्थांमुळे होत आहे. किरणोत्सर्गाचे परिणाम हे फक्त त्या औद्योगिक क्षेत्रात काम करणाऱ्या कामगारांवरच होत नाही तर त्याचे गंभीर परिणाम सर्वसामान्य जनतेलाही भोगावे लागतात. आता जगभर किरणोत्सर्गी पदार्थांचा वापर अणुविद्युत ऊर्जा निर्मितीसाठी तसेच अणुबॉंबसारख्या संहारक अण्वस्त्राच्या निर्मितीसाठी केला जातो. अणुचाचण्या, अण्वस्त्रांच्या चाचण्या इ. मुळे मोठ्या प्रमाणात किरणोत्सर्गी पदार्थांची धूळ हवेत पसरते आणि प्रदूषणाची समस्या उद्भवते.

नैसर्गिक किरणोत्सर्ग

१) वैश्विक किरण (Cosmic rays) हे किरण म्हणजे ऊर्जायुक्त सूक्ष्मकण असून ते सूर्यापासून आणि बाह्य अंतराळातून भूतलावर भिन्न वेगाने येतात. ह्या किरणांचे वैशिष्ट्य म्हणजे हजारो फूट जाडीच्या खडकांमधून देखील ते आरपार

जाऊ शकतात. हे किरण सूर्यमंडळातील ग्रहांवर आदळतात. पृथ्वीच्या वर असलेल्या वातावरणातून भूतलावर येतांना हे किरण बऱ्याच प्रमाणात प्रभावहीन बनतात. कारण वातावरणातच त्यांना चाळणी लावली जाते. मानवाला व इतर सजीवांना घातक असणारे जंबूपार किरण ओझोन वायुच्या संरक्षण कवचामुळे अडवले जातात. काही किरण पृथ्वीच्या चुंबकीय क्षेत्रात बंदिस्त केले जातात. सूर्यापासून प्रकाश किरण, जंबूपार किरण, गॅमा किरण व इतर किरणोत्सर्ग अंतराळात प्रसारित होत असतो. काही किरण तर जीवावरणात शिरतात. वैश्विक किरण अत्यंत वेगाने भूतलावर आदळतात आणि ते भूपृष्ठावर खोलवर शिरतात. काही मीटर उंचीपर्यंत या किरणाचा परिणाम जाणवत नाही. परंतु भूतलापासून २० कि. मी. उंचीवर मात्र हे किरण घातक ठरतात. जेट विमानांच्या वैमानिकांना ह्या किरणांपासून दरवर्षी ३०० मिली रॅड एवढा उपसर्ग पोहोचतो. वैश्विक किरण हे उच्च ऊर्जाभारीत कण असतात.

२) पर्यावरणीय किरणोत्सर्ग - माणूस ज्या पर्यावरणात राहतो तेथे असलेल्या किरणोत्सर्गी पदार्थांमुळे किरणोत्सर्ग होतो. उदा. भूपृष्ठामध्ये खडकात व मातीत असलेल्या थोरियम, रेडियम, युरेनियम या सारख्या किरणोत्सर्गी मूलद्रव्याचे समस्थली (आयसोटोप्स) असतात. समस्थली म्हणजे एकाच मूलद्रव्याची वेगवेगळा अणुभार असलेली रूपे असतात. अणु हा मूलद्रव्याचा सर्वांत लहानातील लहान भाग असून त्यात मूलद्रव्याचे सर्व गुणधर्म असतात. प्रत्येक अणुत धनभार असलेले प्रोटान, न्यूट्रान व इलेक्ट्रॉनची संख्या ठराविक असते. अनेक मूलद्रव्यात काही नैसर्गिक कारणांनी न्यूट्रॉनची संख्या कमीजास्त असलेली आढळते. अशा अणुंना समस्थली तथा आयसोटोप म्हटले जाते. त्यांच्या रासायनिक गुणधर्मात फरक नसला तरी त्यांचा अणुभार मूलद्रव्याच्या प्रमाणित अणुपेक्षा वेगळा असतो. काही समस्थली हे सामान्य परिस्थितीत स्थिर असतात तर काही मात्र अस्थिर असून त्यांच्यामधून किरणोत्सर्ग होऊन त्याचे विघटन होते. या किरणोत्सर्गात ऊर्जा असल्यामुळे पदार्थाचे, सजीव घटकाचे सूक्ष्म आयनांमध्ये विभाजन होते. म्हणून अशा किरणोत्सर्गाला आयोनायझिंग किरणोत्सर्ग म्हणतात. जैविकदृष्ट्या अत्यंत महत्त्वाचा रेणू म्हणजे जनुक तथा डी. एन. ए. हे पेशीच्या केंद्रकात असतात. अनुवंशिकतेसाठी ते महत्त्वपूर्ण असतात. अशा रेणूंवर देखील किरणोत्सर्गाचा परिणाम होऊन त्याचे तुकडे तुकडे होतात.

भूगर्भातील किरणोत्सर्गी मूलद्रव्यामुळे मानवाला किरणोत्सर्ग पोहोचतो. अर्थात संपूर्ण शरीराला होणारा उपसर्ग हा विविध ठिकाणी विविध प्रमाणात असतो. मातीचा प्रकार, तिच्यात साठलेले व विशिष्ठ अंतरावरील साठे इ. वर देखील किरणोत्सर्ग अवलंबून असतो.

सारणी ७.१ नैसर्गिकिरित्या आढळणारे किरणोत्सर्गी समस्थली, त्यांची भूपृष्ठातील विपुलता, त्यांचे अर्धायुष्य व किरणोत्सर्गाचा प्रकार.

समस्थली (आयसोटोप)	विपुलता (वर्षे)	अर्धायुष्य	किरणोत्सर्ग (किरण)
२२६ रेडियम (^{226}R)	२ × १०$^{-१२}$ (मातीत)	१६२२	अल्फा, गॅमा
२३८ युरेनियम (^{238}U)	४ × १०$^{-६}$ (मातीत)	४.५×१०^९	अल्फा
२३२ थोरियम (^{232}Th)	१२ × १०$^{-६}$ (मातीत)	१.४×१०^{१०}	अल्फा
४० पोटॅशियम (^{40}K)	३ पी.पी.एम.	१.३×१०^९	अल्फा, गॅमा
५० व्हॅनेडियम (^{50}V)	०.२ पी.पी.एम.	३×१०^{१४}	बिटा, गॅमा
५७ रूबिडियम (^{57}Rb)	७५ पी.पी.एम.	४.७×१०^{१०}	गॅमा
११५ इंडियम (^{115}In)	०.१ पी.पी.एम.	६×१०^{१४}	बिटा
१३८ लँथॅनम (^{138}La)	०.०१ पी.पी.एम.	१.१×१०^{११}	बिटा, गॅमा
१४७ समारियम (^{147}Sm)	१ पी.पी.एम.	१.२×१०^{११}	अल्फा
१७६ ल्युटेटियम (^{176}Lu)	०.०१ पी.पी.एम.	२.१×१०^{१०}	बिटा, गॅमा

(संदर्भ - Environmental Pollution L. Hodges. second Edition)
अमेरिकेत जमिनीवर कमीत कमी वर्षाला १५ मिलीरॅड किरणोत्सर्ग होतो. तर ब्राझीलमध्ये युरेनियम व थोरियमच्या समृद्ध साठ्यांमुळे वर्षाला २ रॅडपर्यंत किरणोत्सर्ग पोहोचतो.

३) वातावरणीय किरणोत्सर्ग - वातावरणात रेडॉन व थोरॉन हे किरणोत्सर्गी वायू असून त्यापासून किरणोत्सर्ग होतो. अर्थात हा उपसर्ग फारच कमी म्हणजे दरवर्षी २ मिलीरॅड एवढा असतो.

४) अंतर्गत किरणोत्सर्ग - मानवाच्या शरीरात स्नायूंमध्ये साठवून राहिलेल्या किरणोत्सर्गी पदार्थांमुळेही किरणोत्सर्ग होतो. उदा. युरेनियम, थोरियम, पोटॅशियम, स्ट्रॉन्शियम आणि कार्बनचे समस्थली स्नायूंमध्ये, हाडांमध्ये असतात. त्यांचे प्रमाण भौगोलिक स्थल, पाणी पुरवठा व इतर घटकांवर अवलंबून असते.

कृत्रिम तथा मानवनिर्मित किरणोत्सर्ग

नैसर्गिक किरणोत्सर्गाबिरोबरच कृत्रिम तथा मानवनिर्मित किरणोत्सर्गाचा परिणाम मानवावर होत असतो. उदा. हाडांमध्ये विकार उद्भवला किंवा अपघातात

हाड मोडले तर डॉक्टर मंडळी क्ष - किरणांचा वापर करून फोटो घेतात किंवा क्ष-किरण मशीनच्या साहाय्याने तपासणी करतात. त्यामुळे रूग्णाच्या शरीरावर क्ष-किरणांचा मारा होत असतो. दंतवैद्यही दाताचा फोटो घेण्यासाठी क्ष-किरण फोटो काढतात. त्यामुळे सरासरी २०० ते ३०० मिलीरॅड किरणोत्सर्ग पोहचतो. कधीकधी पोट, आतडे यांचीही तपासणी क्ष-किरणांच्या साहाय्याने तपासणी केली जाते. त्यामुळे उपसर्ग पोहोचतो. तसेच घराघरात आता दूरदर्शन आहेत. दूरदर्शनमधील पिक्चर ट्यूबमुळे देखील काही प्रमाणात क्ष-किरणोत्सर्जन होते.

औद्योगिक क्रांतीनंतर किरणोत्सर्गी मूलद्रव्यांच्या शोधामुळे त्यांचा वापर मोठ्या प्रमाणात विविध ठिकाणी करण्यात येऊ लागला आणि त्यामुळे किरणोत्सर्गी पदार्थांच्या प्रदूषणाची समस्या सुरू झाली. किरणोत्सर्गी पदार्थांच्या प्रदूषणाची समस्या सुरू झाली. किरणोत्सारी पदार्थांचा वापर अणुइंधन म्हणून विद्युतनिर्मितीसाठी जगभर मोठ्या प्रमाणात केला जातो. अण्वस्त्रांच्या निर्मितीसाठी तर त्याचा उपयोग सर्वश्रुत आहे. वैद्यक, कृषी जीवशास्त्र, व औषधनिर्मिती यासारख्या क्षेत्रात त्याचा वापर रेडिओ ट्रेसर म्हणून संशोधन कार्यात ^{14}C व ^{125}I यांचा मोठ्या प्रमाणात वापर केला जातो. तसेच अण्वस्त्र तयार करतांना अणुचाचण्या देखील केल्या जातात. त्यामुळे वातावरणात धुळीच्या रूपाने हे किरणोत्सारी पदार्थ शिरतात आणि प्रदूषण घडवून आणतात. हे प्रदूषण होते म्हणजे नेमके काय होते? किरणोत्सर्ग कसा मोजतात? या प्रदूषणकारी घटकांचे आयुष्य किती असते? इ. गोष्टींची माहिती घेणे उपयुक्त ठरते.

किरणोत्सारी पदार्थांपासून अल्फा कण, बिटा व गॅमा कण वातावरणात सोडले जातात आणि ते अत्यंत घातक असतात. किरणोत्सारी पदार्थ श्वासावाटे अथवा जखमेतून शरीरात शिरला म्हणजे त्यातील अल्फा कण हानीकारक ठरतात. ते शरीरातील स्नायूंना भेदून जातात आणि त्यांची ऊर्जा ते शरीरात साठवून ठेवतात. किरणोत्सर्ग मोजण्यासाठी विविध एककांचा (Units) वापर केला जातो.

१) क्युरी (Curie) ज्या महान संशोधिकेने रेडियम या किरणोत्सर्गी पदार्थाचा शोध लावला त्या मादाम क्युरी यांचे नाव या एककास देण्यात आले. प्रत्येक किरणोत्सर्गी पदार्थामधून निश्चित व मोजता येईल असा किरणोत्सर्ग बाहेर पडत असतो. त्या बरोबरच त्या पदार्थाचा काही प्रमाणात ऱ्हास होत असतो. किरणोत्सर्गाची तीव्रता किंवा एखाद्या किरणोत्सर्गी पदार्थाच्या अणु विघटनाचा वेग क्यूरी या एककाने मोजतात. उदा. १ क्युरी म्हणजे दर सेकंदाला ३५० कोटी वेळा होणारे अणु विघटन. हे एकक किरणोत्सर्गी पदार्थ मोजण्याचे परिमाण म्हणूनही वापरले जाते. उदा. १ ग्रॅम रेडियमचा किरणोत्सर्ग

१ क्यूरी असतो.

२) रॅम - रॅम या एककामुळे किरणोत्सर्गामुळे होणाऱ्या जैविक हानीची कल्पना येते. एक्स रे किंवा गॅमा किरणांच्या माऱ्यामुळे माणसाच्या शरीराला जी इजा होते ती इजा किती किरणोत्सर्गामुळे झाली याची कल्पना रॅम या एककामुळे येते. परंतु आता किरणोत्सर्गाचे मोजमाप करण्याची एकके राँटजेन, रॅड व रेम ऐवजी कुलाँब Kg^{-1}, ग्रू (Gy) Kg^{-1} आणि ज्युल Kg^{-1} ही वापरली जातात.

३) रॅड - हे एकक किरणोत्सर्गाची मात्रा (Dose) मोजण्यासाठी वापरतात. किरणोत्सर्गाची किती मात्रा शरीरात गेली ते मोजता येते. एक ग्रॅम स्नायू तथा पदार्थाकडून शोषली गेलेली १०० अर्ग किरणोत्सर्गी ऊर्जा म्हणजे रॅड होय.

१ मिलीरॅड = ०.००१ रॅड

४) ग्रे (Gray) - १ ज्युल / कि. ग्रॅ. एवढी शोषलेली मात्रा म्हणजे १ ग्रे. १ ग्रे = १०० रॅडस्

अर्धायुष्य (Half-life)

पर्यावरणात किरणोत्सर्गी पदार्थ किती कालावधीपर्यंत किरणोत्सर्ग करीत राहातो त्या कालावधीस त्या पदार्थाचे अर्धायुष्य म्हणतात. कारण किरणोत्सर्गी पदार्थ अनंत काळ पर्यावरणात टिकून राहातात. उदा. C^{14} या किरणोत्सर्गी पदार्थाचे अर्धायुष्य हे ५५६८ वर्षे आहे. म्हणजे इतकी वर्षे हा पदार्थ बीटाकण वातावरणात सोडीत राहील आणि C^{14} पासून त्याचे रूपांतर N^{14} मध्ये होईल. याचा अर्थ असा की जर C^{14} चे १०० अणू घेतले तर त्यातील ५० अणूंना बीटाकण बाहेर सोडण्यासाठी ५५६८ वर्षे लागतील. उरलेल्या ५० अणूंपैकी २५ अणूंना बीटाकण वातावरणात सोडण्यास पुन्हा ५५६८ वर्षे लागतील. म्हणजे C^{14} चे अर्धायुष्य हे ५५६८ वर्षांचे आहे.

निसर्गात वैश्विक किरणांच्या वातावरणावर होणाऱ्या माऱ्यामुळे कमी काळ अर्धायुष्य असलेले काही किरणोत्सारी पदार्थ तयार होतात. त्यात प्रामुख्याने C^{14} व H^3 (हायड्रोजन - ३) तथा ट्रिटियम यांची निर्मिती होत असते. वातावरणातील नायट्रोजनवर वैश्विक किरणांच्या न्यूट्रॉन्सची प्रक्रिया होऊन C^{14} तयार होतो. तर ट्रिटियम (H^3) हा किरणोत्सारी पदार्थ अणूंचे विभाजन होऊन त्यांच्यावर शक्तीशाली वैश्विक किरणांच्या कणांचा भडिमार होऊन तयार होतो. परंतु हे दोन्हीही किरणोत्सारी पदार्थ मात्र भस्मीकरण होऊन पाणी व कार्बनडाय ऑक्साइडमध्ये रूपांतरीत होऊन जीवावरण व जलावरणात मिसळतात.

नैसर्गिक किरणोत्सर्गाचा प्राथमिक उगम हा युरेनियम व थोरियम यांच्या अशुद्ध स्वरूपात दगड, वाळू अथवा माती यातून होत असतो. या घटकांमध्ये

अनेक विविध प्रकारचे किरणोत्सारी पदार्थ असतात. त्या पदार्थांचे रासायनिक स्वरूप, अर्धायुष्य आणि त्यांच्यातून बाहेर पडणारी किरणोत्सर्गी ऊर्जा इ. गोष्टी भिन्न असतात.

किरणोत्सर्गी पदार्थांच्या विविध क्षेत्रात मानवाने केलेल्या वापरामुळे मानवनिर्मित किरणोत्सर्ग खालील गोष्टींमुळे होतो.

१) कच्च्या धातूवरील प्रक्रिया - अणु प्रक्रियांमध्ये वापरले जाणारे व नैसर्गिकरित्या मिळणारे प्रमुख मूलद्रव्य म्हणजे युरेनियम आणि थोरियम हे होत. युरेनियम २३८ (U^{238}) आणि थोरियम २३२ (T^{232}) हे किरणोत्सारी पदार्थ म्हणून मोठ्या प्रमाणात वापरले जातात. युरेनियम २३५ हे एकमेव निसर्गत: विघटन होणारे उत्कृष्ट खनिज आहे. अणु ऊर्जा निर्मितीसाठी या किरणोत्सारी मूलद्रव्याचा उपयोग करता येतो. ही खनिजे भूगर्भात अशुद्ध स्वरूपात असतात. खाणीतून कच्च्या स्वरूपात त्यांना काढून शुद्ध स्वरूपात मिळविण्यासाठी त्यांच्यावर विविध प्रक्रिया कराव्या लागतात. अणु तंत्रज्ञानातील ही पहिली पायरी आहे. या मूलद्रव्याच्या खाणीतील पाणी, तसेच त्यांना धुण्यासाठी वापरलेल्या पाण्यात कणरूपात व गाळाच्या रूपात हे किरणोत्सारी पदार्थ असतात. तसेच कच्च्या अशुद्ध खनिजापासून शुद्ध स्वरूपात पदार्थ मिळविणाऱ्या कारखान्यांमध्ये देखील या किरणोत्सारी पदार्थांचे अवशेष सापडतात. उघड्या खाणीतून तसेच भूमिगत खाणीतून किरणोत्सर्ग होत असतो. काही वेळा रेडॉन हा किरणोत्सर्गी वायू बाहेर वातावरणात सोडावा लागतो. अन्यथा खाणीत काम करणाऱ्या कामगारांच्या शरीरात श्वासावाटे हा घातक वायू जातो. त्यामुळे युरेनियमच्या खाणकामगारांमध्ये फुफ्फुसाचा कर्करोग होतो. खाणीतील अशुद्ध खनिजावर त्याला दळून प्रक्रिया करावी लागते. त्यात फार मोठ्या प्रमाणात निरूपयोगी पदार्थ तयार होतात. त्यांची विल्हेवाट उघड्या जमिनीवर लावली जाते. त्यासाठी खूप मोठे क्षेत्र लागते व अशा टाकाऊ पदार्थांमुळे होणारा किरणोत्सर्ग हजारो वर्षे टिकतो. युरेनियमच्या खाणीच्या परिसरात हा किरणोत्सर्ग नैसर्गिकरित्या होतो. अशा परिसरात राहाणाऱ्या व्यक्तीला सुमारे ४५० मिलीरॅम प्रति वर्ष किरणोत्सर्ग फुफ्फुसांना होतो आणि १३ मिलीरॅम प्रतिवर्ष एवढा उपसर्ग पिण्याच्या पाण्यामुळे हाडांना होतो. किरणोत्सारी पदार्थांचे रूपांतर करतांना देखील किरणोत्सर्ग पोहोचतो. समृद्ध युरेनियम व थोरियमचे समस्थली मिळविण्यासाठी वायू अभिसरण पद्धतीचा (Gaseous Diffusion) वापर केला जातो. अनावश्यक किरणोत्सर्गी पदार्थ देखील विविध रासायनिक पदार्थांच्या स्वरूपात अलग केले जातात. हे घटक पाण्यात शिरले म्हणजे पाण्याचे प्रदूषण होते. रेडियम २२६ हा पदार्थ अत्यंत प्रदूषणकारी आहे. खाणकाम, धातूची

धुलाई, शुद्धीकरण आणि अलग करण्याच्या विविध प्रक्रियांमुळे वातावरणाचे प्रदूषण होते. रेडॉन, थोरॉन यासारखे किरणोत्सर्गी वायू हवेत मिसळतात. तसेच अनेक सूक्ष्म कणांच्या स्वरूपात युरेनियम, थोरियम हे हवेत तरंगतात आणि वातावरणाचे प्रदूषण घडवून आणतात.

२) **अणुभट्ट्या** - अणुभट्ट्यांमुळे देखील किरणोत्सर्गी पदार्थांचे प्रदूषण होते. विघटन प्रक्रियेमुळे झेनॉन आणि क्रिप्टॉन हे किरणोत्सर्गी वायू वातावरणात शिरतात आणि प्रदूषण घडवून आणतात. काही बाष्पशील पदार्थ उदा. निष्क्रीय वायू, हॅलोजेन्स, इ. वाफेच्या रूपाने वातावरणात जातात. ते जेव्हा वातावरणात पसरतात तेव्हा ते अत्यंत घातक प्रदूषक म्हणून कार्यरत होतात. ते जमिनीवर पडले म्हणजे जमिनीचे प्रदूषण होते किंवा पाण्यात पडते म्हणजे जलप्रदूषण घडून येते.

३) **अणुचाचण्या** (Nuclear Explosion) - जगात अण्वस्त्रांची (Nuclear weapons) निर्मिती आणि वापर मोठ्या प्रमाणात केला जात आहे. ऑटमबॉंब, हायड्रोजन बॉंब, न्यूट्रॉन बॉंब यासारखी भयानक अस्त्रे युद्धात वापरली जातात. ह्या अण्वस्त्रांचा वापर मानव जातीचा विनाश करील की काय? अशी भीती शास्त्रज्ञांना, राजकारण्यांना नेहमीच वाटते. दुसऱ्या महायुद्धात तर अमेरिकेने जपानच्या नागासाकी व हिरोशिमा या शहरांवर बॉंब टाकला. त्यामुळे लाखो लोक किरणोत्सर्गामुळे मृत्युमुखी पडले. लाखो लोक जखमी झाले. ही शहरं उद्ध्वस्त झाली. अणुबॉंबच्या अंगी किती संहारक शक्ती आहे याची प्रचिती प्रथम मानवाला आली. या संहारक अस्त्रांचा वापर केला नाही तर? मानवजातीचे कल्याण होईल. परंतु सत्ता, राजकारण, सार्वभौमत्व सिद्ध करण्यासाठी अनेक प्रगत राष्ट्रे अण्वस्त्रांची निर्मिती करीत आहेत. अण्वस्त्रनिर्मितीसाठी अगोदर हे अस्त्र किती शक्तीशाली आहे यासाठी चाचण्या घेतल्या जातात. जगात अमेरिका, फ्रान्स, रशिया, पाकिस्तान, चीन, भारत इ. राष्ट्रे अधूनमधून अणुचाचण्या घेतात. १९७४ मध्ये व अलिकडे १९८८ मध्ये पोखरण येथे अणुचाचणी घेऊन या क्षेत्रात आम्हीही पुढे आहोत हे भारताने दाखवून दिले. सन १९६३ मध्ये मात्र रशिया व अमेरिकेने वातावरणात अणुचाचण्या न करण्याचा करार केला. त्यावर फ्रान्स व चीनने सह्या केल्या नाहीत. जेव्हा वातावरणात अशा चाचण्या घेतल्या जातात तेव्हा किरणोत्सर्गी पदार्थांची धूळ एका दिवसात अवतीभवती पसरते. एका महिन्यात क्षोभावरणात ती धूळ पसरते. त्यानंतर अनेक वर्षे ही धूळ स्तरितावरणात पसरते. वैज्ञानिक प्रयोगशाळांमध्ये ह्या धुळीचा चटकन् शोध घेता येतो. अणुचाचण्यांमुळे वातावरणातील धूळ नंतर जमिनीवर पडते.

सारणी ७.२ वैश्विक किरणांमुळे तयार होणारे घातक किरणोत्सर्गी पदार्थ

मूलद्रव्य	समस्थला	(आयसोटोप)अर्धायुष्य
कार्बन	C^{14}	५७६० वर्षे
स्ट्रॉंशियम	Sr^{89}	५१ दिवस
स्ट्रॉंशियम	Sr^{90}	२८.९ वर्षे
आयोडिन	I^{131}	८.१ दिवस
सिझियम	Cs^{137}	३०.२ वर्षे

त्याला अवपात म्हणतात. ही धूळ मातीत मिसळते. पाण्यात मिसळते. पावसाच्या पाण्यातील किरणोत्सर्गी धुलीकण हे जमिनीत पाण्याबरोबर मुरतात. त्यांचा किरणोत्सर्ग हा मातीला होऊन मातीचे कणही किरणोत्सर्गी होतात. अशा जमिनीत वाढणाऱ्या वनस्पतींमध्ये देखील हा किरणोत्सर्ग पोहोचतो. अशा वनस्पती गुरांनी खाल्ल्या म्हणजे त्यांच्या शरीरात मांसात, दुधात हे किरणोत्सर्गी पदार्थ जातात. असे पदार्थ आपण आहारातून घेतले म्हणजे त्यांचा शिरकाव आपल्या शरीरात होतो. जलचर वनस्पती, प्राणी यांच्याद्वारे देखील अन्न साखळीद्वारे हा उपसर्ग मानवाला पोहोचतो. मानवाच्या शरीरातच अशा प्रकारे घातक प्रमाणात हे किरणोत्सर्गी पदार्थ संचयित होतात. माणूस हा अन्नसाखळीतील सर्वात शेवटचा घटक आहे. अणुस्फोटामुळे स्ट्रॉंशियम - ९० अन्नसाखळीतून मानवी शरीरात कसा येतो हे पुढील तक्त्यावरून लक्षात येईल.

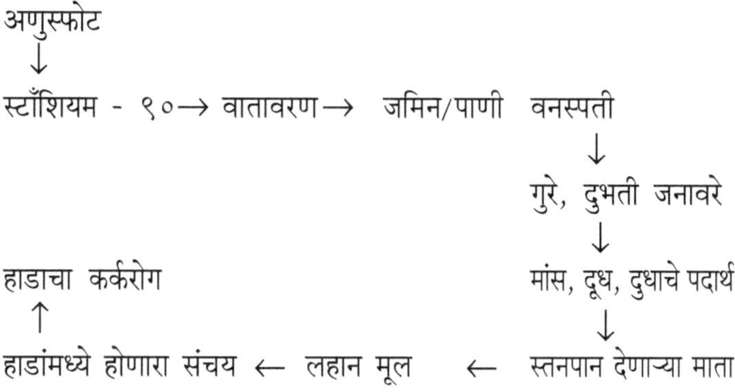

अणुचाचण्या किंवा अणुस्फोट हे उंच वातावरणात, भूपृष्ठावर, पाण्यात घडवून आणतात. सन १९६२ नंतर अशा चाचण्यांना बंदी घालण्यात आली आहे.

४) अणुऊर्जा प्रकल्पातील टाकाऊ पदार्थ -

आज जगभर अणु ऊर्जेपासून विद्युतऊर्जा मिळविली जाते. जगभर अनेक मोठे प्रकल्प आहेत. कारण इतर प्रकारांपेक्षा अणुऊर्जा स्वस्त असते. असे असले तरी अशा प्रकल्पांमधून फार मोठ्या प्रमाणात घातक टाकाऊ पदार्थ पर्यावरणात शिरतात. त्यात प्रामुख्याने हे पदार्थ द्रवरूप, वायुरूप व घनरूपात असतात. अणुऊर्जा प्रकल्प यातून किरणोत्सर्गी पदार्थांची गळती होऊ नये अशा प्रकारे बांधलेले असतात. तरीदेखील सर्व दक्षता घेऊनही ही गळती होतेच आणि पर्यावरणात हे पदार्थ शिरतात. अमेरिकेतील श्री माईल आयलँड अणुऊर्जा प्रकल्पात १९७९ मध्ये गळती झाली. अलिकडील भयानक दुर्घटना म्हणजे रशियातील 'चर्नोबील' ही अणुभट्टी तर सन १९८६ मध्ये चक्क जळून खाक झाली आणि त्याचे दुष्परिणाम शेकडो कामगारांना भोगावे लागले. या दोन अपघातांमुळे जगातील इतिहासात या घटनांची सदैव नोंद राहील, कारण या दुर्घटनांमुळे पर्यावरणात फार मोठ्या प्रमाणात किरणोत्सर्गी पदार्थांची धूळ पसरली व प्रदूषणसमस्या उद्भवली. द्रवरूप टाकाऊ पदार्थांमध्येही किरणोत्सर्गी पदार्थ मोठ्या प्रमाणात असतात. काही विरघळतात तर काही मात्र विरघळत नाहीत. ते नदी, झरे, तळी यामध्ये शिरतात व त्यांना प्रदूषित करतात. तेथील जलचरांच्या शरीरात ते अन्नसाखळीद्वारे शिरतात. तसेच असे दूषित पाणी शेतीसाठी वापरले म्हणजे भाजीपाला, अन्नधान्यात हे घटक शिरतात. शेवटी ते अन्नसाखळीद्वारे मानवी शरीरात येतात.

अणुऊर्जा प्रकल्पांच्या धुराड्यातून वायुरूपात तसेच कणरूपात किरणोत्सारी पदार्थ पर्यावरणात सोडले जातात. त्यात स्ट्राँशियम ९० ह्या किरणोत्सर्गी पदार्थाचे प्रमाण टाकाऊ घटकात सर्वाधिक असते. अणुऊर्जा प्रकल्पांमधील टाकाऊ पदार्थांची विल्हेवाट लावण्यासाठी सोपी, सुयोग्य व स्वस्त पद्धती आजही उपलब्ध नाही. दरवर्षी शेकडो टन टाकाऊ पदार्थ तयार होतात. ते साठवून ठेवण्याची खात्रीशीर पद्धतदेखील अस्तित्वात नाही. कारण या टाकाऊ पदार्थांमधील किरणोत्सर्ग केव्हा पर्यावरणात जाईल याचा नेम नसतो. काँक्रीट कुप्या, लोखंडी कुप्या यामध्ये हे टाकाऊ पदार्थ समुद्रतळाशी साठविणे अवघड असते. त्यापासून क्षारनिर्मिती मोठ्या प्रमाणात होते.

५) रेडिओ ट्रेसर (अणुशोधक) -

किरणोत्सारी पदार्थांचा वापर रेडिओ ट्रेसर तथा अणुशोधक म्हणून औषध उद्योगात, कृषीक्षेत्रात आणि जीवशास्त्रात

मोठ्या प्रमाणात वापर केला जातो. या विविध क्षेत्रात रासायनिक व जैव रासायनिक प्रक्रियांचा मार्ग ठरविण्यासाठी या शोधकांचा वापर केला जातो. त्यात प्रामुख्याने C^{14} आणि I^{125} हे अत्यंत महत्त्वाचे ट्रेसर आहेत. प्रयोगशाळांमधील निरूपयोगी सांडपाण्यात किरणोत्सर्गी टाकाऊ पदार्थ असतात. ते नदी पात्रातील गाळात मिसळतात. सूक्ष्म जीवांच्या शरीरात ते जातात आणि हे जीव माशांचे नैसर्गिक भक्ष्य असते. त्यामुळे हे मासे मानवाच्या आहारात आल्यावर किरणोत्सारी पदार्थ मानवाच्या शरीरात शिरतात. त्यामुळे असे जलाशय, नदी यातील पाणी पिण्यासाठी अयोग्य असते.

किरणोत्सर्गाचे दुष्परिणाम

किरणोत्सर्गी पदार्थांचे दुष्परिणाम प्रामुख्याने सजीवांवर होतात. त्यांच्या शारीरिक पेशी, अवयव, तसेच अनुवंशिक घटकांवरही होतात. हे पदार्थ अत्यंत विषारी असतात. 'आर्सेनिक' या जहाल विषापेक्षाही रेडियम हा किरणोत्सारी पदार्थ २५ हजार पटीने घातक तथा मारक आहे. रेडियमच्या किरणोत्सर्गामुळे महान संशोधिका मादाम मेरी क्युरी ज्यांनी या किरणोत्सर्गी पदार्थांचा शोध लावला; त्या आपले पती पेरी क्युरी बरोबर काम करीत असतांना ल्युकेमिया तथा रक्ताचा कर्करोग या भयानक व्याधीने मृत्युमुखी पडल्या.

सारणी ७.३ संपूर्ण मानवी शरीरावर एकाच मात्रेत केलेल्या किरणोत्सर्गाचे अल्पकालीन दुष्परिणाम.

किरणोत्सर्गाची मात्रा	दुष्परिणाम
१) २५ रॅडसपेक्षा कमी	दृश्य परिणाम नसतात
२) २५ रॅडस्	दृश्य परिणाम
३) ५० रॅडस्	रक्तातील तात्पुरते बदल
४) १०० रॅडस्	मळमळ, थकवा, वांत्या होतात.
५) २०० ते २५० रॅडस्	मृत्यूची शक्यता पण रूग्ण जगू शकतो
६) ५०० रॅडस्	अर्धे रूग्ण मृत्युमुखी पडतात.
७) १००० रॅडस्	सर्व रूग्ण मृत्युमुखी पडतात.

कायिक दुष्परिणाम

१) काही शतक रॅडस् किरणोत्सर्गामुळे मळमळ, थकवा व वांत्या इ. लक्षणे काही तासात दिसतात.

२) काही आठवड्यात तांबड्या व श्वेत रक्तपेशी व बिंबिकापेशी घटतात. नंतर पंडुरोग होतो. अशा व्यक्ती जीवाणू संसर्गाला संवेदनशील होतात. रक्तवाहिन्या फुटतात व रक्तस्रावानंतर मृत्यु येतो.

३) काही रूग्णांमध्ये रक्ताचा कॅन्सर तथा ल्युकेमिया हा विकार होतो. तसेच हृदयविकार, मोतीबिंदू व दुसऱ्या अवयवांचा कॅन्सर होतो.

४) नागासाकी व हिरोशिमा येथे किरणोत्सर्गामुळे लाखो लोक मृत्युमुखी पडले.

५) विविध अवयवांची संवेदना किरणोत्सर्गास भिन्न भिन्न असते. परंतु आतडी, प्लिहा, अस्थिमज्जा हे अवयव अत्यंत संवेदनशील असतात.

६) गर्भवती मातेवर क्ष-किरणांचा सतत मारा झाला तर गर्भाला कॅन्सर होतो.

अनुवंशिक दुष्परिणाम

१) किरणोत्सर्गाचा परिणाम लैंगिक पेशीतील शुक्राणू व अंडबीज यातील गुणसूत्रे व जीन तथा डी. एन. ए या अनुवंशिक घटकांवर होतो. त्यांच्यात बदल घडून येतात आणि हे बदल पुढील पिढीत वाहून नेले जातात. गुणसूत्र व जीन किंवा जनुकांमध्ये घडून येणाऱ्या बदलांना उत्क्रमण किंवा म्युटेशन्स (Mutations) असे म्हणतात. अर्थात हे सर्व कायिक बदल मानवनिर्मित किरणोत्सर्गामुळे उद्भवतात.

२) अशा किरणोत्सर्गामुळे जन्मजात विकृत बालके जन्माला येतात.

३) स्त्री पुरुषांमध्ये वंध्यत्वदेखील येते.

८. औष्णिक विद्युत केंद्रांमुळे होणारे प्रदूषण

वाढती लोकसंख्या, शहरीकरण व औद्योगिकरण यामुळे मानवाची ऊर्जेची गरज वाढतच आहे. ऊर्जेच्या उत्पादनापेक्षा, मागणीच अधिक आहे. त्यामुळे ऊर्जेची समस्या साऱ्या जगालाच भेडसावीत आहे. आज सर्वांत स्वस्त ऊर्जा म्हणजे विद्युत ऊर्जा आहे. त्यामुळे आपल्या देशातच नव्हे तर अनेक पाश्चात्त्य राष्ट्रांमध्येही औष्णिक विद्युतकेंद्राद्वारे वीजनिर्मिती मोठ्या प्रमाणात केली जाते. औष्णिक विद्युत् केंद्रांमध्ये इंधन म्हणून दगडी कोळसा वापरला जातो आणि जगभर विद्युत ऊर्जा मिळविली जाते. ही ऊर्जा दैनंदिन गरजांसाठी, कारखान्यांसाठी वापरली जाते. जरी अशा केंद्रांमधून विद्युत ऊर्जा मोठ्या प्रमाणात मिळविली

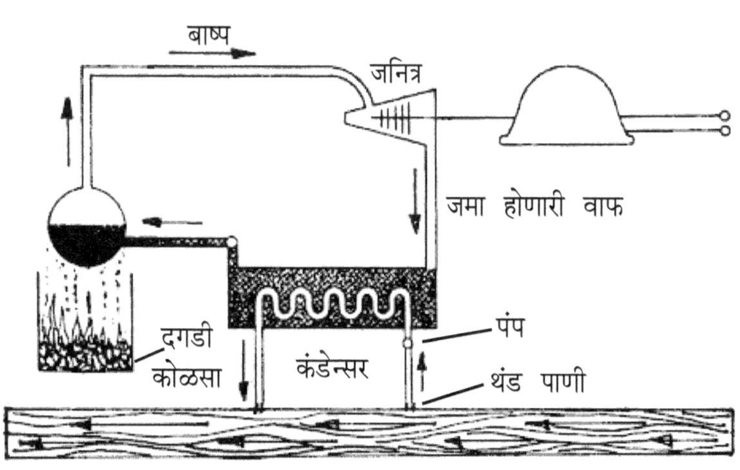

आकृती ८.१ : औष्णिक विद्युतकेंद्रात विज निर्मितीसाठी फार मोठ्या प्रमाणात दगडी कोळसा जाळला जातो व वायू प्रदूषण होते.

जाते तरी त्याबरोबरच एक जटिल समस्या उद्भवते. ती म्हणजे या केंद्रांमधून फार प्रचंड प्रमाणात उडू राख व विषारी वायू बाहेर पडतात. त्यांमुळे फार मोठ्या प्रमाणात हवेचे प्रदूषण होते. हे राखेचे सूक्ष्मकण वातावरणात पसरतात व पर्यावरण दूषित करतात. आपल्या देशातदेखील या प्रदूषणामुळे गंभीर समस्या निर्माण झाल्या आहेत. भारतात ६४ औष्णिक विद्युत केंद्रे कार्यरत असून दरवर्षी त्यांच्या द्वारे ३ कोटी टन राख वातावरणात सोडली जाते. सन १९९० पर्यंत त्या केंद्रांनी ४ कोटी टनापर्यंत राख वातावरणात सोडली. सन २००० पर्यंत १० कोटी टनापर्यंत राख निर्माण होईल असे अनुमान होते. एवढ्या प्रचंड प्रमाणात तयार होणारी उडू राख (Fly ash) पर्यावरणासाठी भयानक समस्या बनली आहे. कारण या राखेत अनेक विषारी घटक असून सल्फरडाय ऑक्साइड, नायट्रोजनडाय ऑक्साईड कार्बन मोनॉक्साईड यासारखे विषारी वायू तयार होतात. तसेच कणरूपात राख व धूर मोठ्या प्रमाणात ज्वलनामुळे तयार होतात. औष्णिक केंद्राच्या परिसरात हे विषारी वायू, राखेचे व कोळशाचे सूक्ष्म कण विपुल प्रमाणात असतात. हवेबरोबर ते इतरत्रही वाहून नेले जातात.

औष्णिक विद्युत केंद्राचा परिसर म्हणजे धुळीचे साम्राज्य असते. प्रकल्पाच्या

आकृती ८.२ : औष्णिक विद्युत केंद्रामुळे अनेक विषारी जड धातू पर्यावरणात शिरतात.

उंच धुराड्यांमधून दूषित वायूंचे ढग वातावरणात शिरतात. राखेचे, धुराचे लोट हवेत सोडले जातात. हे चित्र प्रत्यक्ष पाहिल्यानंतरच परिस्थितीचे गांभीर्य लक्षात येते. मध्यप्रदेशातील कोरबा येथील औष्णिक विद्युत केंद्रासंदर्भात केलेल्या पहाणी व अभ्यासावरून काही महत्त्वपूर्ण निष्कर्ष काढण्यात आले आहेत. या प्रकल्पातून ५४० मेगावॉट विद्युतशक्ती निर्माण केली जाते. दर दिवशी १५०० ते १७०० टन दगडी कोळसा इंधन म्हणून जाळला जातो. या केंद्रातून बाहेर पडणारी राख दर महिन्याला एका चौरस कि. मी. क्षेत्रात जवळ जवळ २९१ ते ८४८ टनाएवढी असते. कारखान्यापासून २.५ कि. मी. दूरवर हे प्रमाण मात्र दर महिन्याला दर चौ. कि. मी. क्षेत्रात १३४ ते ५४८ टनापर्यंत असते. आणि ४ कि. मी. दूरच्या क्षेत्रावर ६४ ते ४७८ टनापर्यंत राख पडते. उन्हाळ्यात किंवा कोरड्या हवामान काळात राख पडण्याचे प्रमाण या परिसरात वाढते.

नाशिकजवळच्या एकलहरा औष्णिक विद्युत केंद्रामुळे देखील या परिसरात राख व वायू प्रदूषणाची समस्या कठीण बनली आहे. हा प्रकल्पदेखील मोठा असून राखेची विल्हेवाट लावण्याची समस्यापण जटिल बनली आहे. आजूबाजूच्या परिसरात विपुल प्रमाणात ही राख पसरलेली आहे. त्यामुळे परिसरातील बागायती शेतीचे मोठ्या प्रमाणात प्रदूषणामुळे नुकसान झाले आहे. जमिनी नापिक होत आहेत. त्याचप्रमाणे द्राक्ष बागादेखील अनुत्पादक बनल्या आहेत.

औष्णिक विद्युत केंद्रामधील दूषित वायूंमुळे आम्ल प्रदूषणाची समस्या निर्माण होते. वाऱ्यामुळे हे दूषित व घातक वायू एका देशातून दुसऱ्या देशात वाहून नेले जातात. आणि आम्ल पर्जन्यामुळे पिकांची, मालमत्तेची व नद्यानाले, तळी, जलाशय यांची नासाडी होते. मानवात श्वसनाचे व त्वचेचे विकार उद्भवतात.

औष्णिक केंद्रातील राखेची विल्हेवाट कशी लावावी ही एक अत्यंत क्लिष्ट समस्या आहे. तरी पण जगभर या राखेची विल्हेवाट प्रामुख्याने दोन प्रकारे लावली जाते. एक म्हणजे राख पाण्यात मिसळून असे पाणी तळ्यामध्ये साठविले जाते आणि दुसऱ्या पद्धतीत कोरडी राख जमिनीवर पसरवितात. या दोन्ही पद्धतीमुळे पाण्याचे तसेच जमिनीचे प्रदूषण घडून येते. कारण या राखेमध्ये अनेक जड धातू असतात. काही धातूंचे प्रमाण अधिक असते तर काही धातूंचे प्रमाण अल्पप्रमाणात असते. राखेच्या कणांमध्ये लोह, ॲल्युमिनियम, सिलिकॉन, मॅंगेनिज व बोरॉन हे धातू अधिक प्रमाणात असतात. तर सोडियम, फॉस्फरस, सल्फर व पोटॅशियम कमी प्रमाणात असतात.

राखेच्या विल्हेवाटीमुळे हवेच्या प्रदूषणाबरोबरच पाण्याचे व जमिनीचे प्रदूषण होते. तलावातील पाण्यात राख मिसळल्यामुळे राखेतील विषारी जडधातू, क्षार

पाण्यात विरघळतात. जमिनीत मुरणाऱ्या पाण्यातून ते भूजलात मिसळून भूजल दूषित करतात. तसेच हे साठवलेले पाणी पिण्यासाठी व जलचर प्राण्यांसाठी घातक असते. असे पाणी शेतीसाठी देखील अयोग्य असते. कारण हे पाणी शेतीस वापरले तर जमिनीचे प्रदूषण होऊन ती क्षारयुक्त तर होतेच पण तिची उपजक्षमता नष्ट होते.

जमिनीवर पडणाऱ्या राखेमुळे ती जमिनीत मिसळून जमिनीचे प्रदूषण होते. राखेतील विविध विषारी घटकांमुळे मातीचे गुणधर्म बदलतात आणि त्याचा परिणाम पिकांच्या उत्पादनावर होतो. राखमिश्रित जमिनीत पाणी अधिक काळ टिकून राहाते. राखेच्या अंगी सिमेंटचा गुणधर्म असल्यामुळे मुळांना पाणी घेता येत नाही. मातीची आम्लता कमी होऊन तिचे रूपांतर खार जमिनीत होते. आर्सेनिक, कॅडमियम, कोबाल्ट, क्रोमियम, पारा, लोह, निकेल, तांबे, जस्त, शिसे इ. जड धातूंचे प्रमाण वाढते. मॉल्युब्डेनम या धातूचे प्रमाण वैरणाच्या वनस्पतीत वाढल्यामुळे ते जनावरांना घातक तर ठरतेच, पण अनेक विकार, विकृतीही त्यांच्यात निर्माण होतात. अनेक जडधातू प्राण्यांना विषारी ठरतात. म्हणून जमिनीत राख मिसळणे अनेक समस्यांना आमंत्रण देणेच ठरते. राखेच्या साठवणीसाठी जमिनीचे खूप मोठे क्षेत्र लागते. साधारणपणे एक मेगावॅट विद्युतनिर्मितीसाठी वापरल्या जाणाऱ्या कोळशापासून मिळणाऱ्या राखेसाठी एक एकर जमीन लागते असे दिसून आले आहे. आता तर विद्युतनिर्मितीसाठी कोळशाचा वापर वाढत आहे. भारतात सन १९९५ पर्यंत जवळ जवळ ५५ हजार एकर जमीन राखेच्या साठवणीसाठी लागली तर २१ व्या शतकाच्या सुरूवातीपर्यंत ७० हजार एकर जमीन लागेल. यावरून किती मोठ्या प्रमाणात जमिनीचे प्रदूषण होईल याची कल्पना करता येते.

राख उपयुक्त ठरेल का?

राखेचे प्रदूषण रोखण्यासाठी अनेक वर्षांच्या संशोधनानंतर व राखेच्या रासायनिक पृथक्करणावरून ही राख विविध प्रकारे उपयुक्त ठरू शकेल असे सिद्ध झाले. अनेक पाश्चात्त्य राष्ट्रांमध्ये ही राख बांधकाम क्षेत्रात वापरली जाते. परंतु भारतात मात्र अशा प्रकारचा वापर ३ ते ५ टक्के इतका कमी आहे. सेंट्रल रोड रिसर्च इन्स्टिट्यूट, दिल्ली; सेंट्रल बिल्डिंग रिसर्च इन्स्टिट्यूट, रूरकी व नॅशनल थर्मल पॉवर कार्पोरेशन इ. संस्थांमध्ये राखेच्या उपयोगाबाबत संशोधन चालू आहे. या संशोधनाच्या निष्कर्षावरून असे आढळून आले आहे की, ही राख सिमेंटसारखी बांधकामात वापरता येते. सिमेंटमध्ये १५ ते ४० टक्के राखेचे प्रमाण वापरल्यास ते सिमेंट अधिक गुणवत्तेचे ठरते. अशा सिमेंटमध्ये

अधिक मजबुती, बळकटी असून बांधकामासाठी वापरलेल्या लोखंडाची झीज होत नाही. ते गंजत नाही. त्याचप्रमाणे रस्त्याच्या बांधकामासाठी ही राख उपयुक्त ठरेल असा संशोधकांचा दावा आहे. ही राख एक तर मातीत मिसळून वापरता येईल किंवा फक्त राखेचाही वापर करता येईल. प्रयोगशाळेतील हे निष्कर्ष फारच आशादायक आहेत.

दुसऱ्या एका संशोधनावरून या राखेच्या मर्यादित वापरामुळे जमिनीची आम्लता कमी करता येते. त्यामुळे जमिनीची पाणी टिकवून ठेवण्याची क्षमता वाढते. तसेच खतांमध्ये ही राख मिसळून ती खते वापरल्यास जमिनीचा कस व उपज- क्षमता वाढते असा निष्कर्ष काढला आहे. राखेमुळे आम्लयुक्त जमिनीची आम्लता कमी होते व ती तिची उपजशक्ती वाढते असा महत्त्वपूर्ण निष्कर्ष भारतीय कृषी संशोधन संस्था, दिल्ली येथील कृषीशास्त्रज्ञांनी काढला आहे. अर्थात हा वापर मर्यादित प्रमाणात केला तर फायदेशीर ठरतो. अन्यथा राखेचा अमर्याद वापर मात्र घातक ठरतो. तसेच उत्पादनावरही त्याचे विपरीत परिणाम होतात. असा धोक्याचा इशाराही शास्त्रज्ञांनी दिला आहे.

मी आणि के. टी. एच्. एम् महाविद्यालय, नाशिकमधील पर्यावरण शास्त्राच्या माझ्या विद्यार्थ्यांनी एकलहरा येथील औष्णिक विद्युत केंद्रातील राखेवर प्रयोग केले. कमी प्रमाणात राख घातलेल्या मातीत वनस्पतींची वाढ नुसत्या मातीत वाढणाऱ्या वनस्पतीपेक्षा अधिक चांगली आढळून आली. मातीत जर अधिक राख घातली तर वनस्पतींची वाढ खुंटल्याचे आढळून आले. नुसत्या राखेवर तर वाढ होत नाही. यावरून काही प्रमाणात राखेच्या वापराचे फायदे नक्कीच आहेत. परंतु अतिरिक्त प्रमाणामुळे जमीन दूषित होऊन वनस्पतींची वाढ खुंटते असा निष्कर्ष आम्ही काढला.

या राखेत ३ ते ५ टक्के एवढ्या प्रमाणात व वेगळा करता येईल असे मॅग्नेटाईट असते. तज्ज्ञांच्यामते दरवर्षी १० लाख टन मॅग्नेटाईट या राखेतून वाया जाते. तसेच राखेतून मिळणारे मॅग्नेटाईट हे बाजारातील उपलब्ध मॅग्नेटाईटपेक्षा सरस असते.

बंगलोर येथील सेंट्रल पॉवर रिसर्च इन्स्टिट्यूटमध्ये हा घटक अलग करण्यासंदर्भात सखोल संशोधन केले जात आहे. तसेच अॅल्युमिना हा घटक वेगळा करण्याचे तंत्रही विकसित केले आहे. सध्या उपलब्ध असलेल्या तंत्रज्ञानाच्या आधारे देशात पडून असलेल्या लाखो टन राखेचा उपयोग केला जाईल असा विश्वास, सेंट्रल इलेक्ट्रीसिटी ऑथॉरिटीला वाटतो.

औष्णिक विद्युत् केंद्रांमुळे विद्युत ऊर्जा मिळते परंतु पर्यावरण प्रदूषणाची समस्या तितकीच जटिल होत जाते. दुर्दैवाने आपल्याकडे प्रभावीपणे प्रदूषण

प्रतिबंधक योजना मात्र राबविल्या जात नाहीत. त्यामुळे पर्यावरणाचा फार मोठ्या प्रमाणात ऱ्हास होतो. म्हणून औष्णिक केंद्राबाबत प्रदूषण समस्येचा विचार गांभीर्याने करणे गरजेचे आहे.

◆

९. आम्ल पर्जन्य आणि प्रदूषण

भूतलावर सजीवांसाठी गोडे पाणी मिळते ते पावसामुळे ! अनंतकाळापासून निसर्गातील जलचक्राचे काम सातत्याने चालू आहे. परंतु गेल्या काही दशकांपासून पावसाचे पाणी देखील आम्लयुक्त होत आहे. त्याही पलिकडे कधी कधी तर आम्लाचाच पाऊस पडतो. आम्ल पर्जन्य ही आता जागतिक समस्या बनली आहे. आपल्या देशात मुंबईच्या चेंबूरच्या औद्योगिक परिसरात आम्ल वर्षा ही गंभीर समस्या बनली आहे. खरं तर नैसर्गिकरित्या पाऊस हा आम्लयुक्त नसतो. परंतु प्रचंड वेगाने जगभर वाढणाऱ्या औद्योगिकरणामुळे हवेच्या प्रदूषणाचे प्रमाण झपाट्याने वाढले असून त्यामुळेच आम्लवर्षा होत असते. औद्योगिकरणाची ही एक भयानक देणगीच म्हटली पाहिजे. या आम्लयुक्त पावसामुळे फार प्रचंड प्रमाणात पाण्याचे व जमिनीचे प्रदूषण होते. आम्ल पर्जन्यामुळे वित्तहानी आणि प्राणहानी देखील मोठ्या प्रमाणात होत आहे. ही समस्या आता दिवसेंदिवस उग्र बनत चालली आहे.

आम्ल पर्जन्यामुळे अमेरिकेतील एकट्या न्यूयॉर्क राज्यातील २०० हून अधिक तळी, सरोवरे मृत झाली आहेत. म्हणजे या आम्लयुक्त जलाशयात सजीवांचे अस्तित्वच नष्ट झाले आहे. स्वीडनच्या ५०० सरोवरांमध्ये मासे नावाला देखील सापडत नाहीत. कॅनडातील ४०० जलाशयांमध्ये ट्राऊट जातीचे मासे जगू शकत नाहीत. त्याचे कारण म्हणजे जलाशयात असलेले आम्लयुक्त पाणी ! पर्यावरणाचे असेच प्रदूषण वाढत राहिले तर कॅनडातील ४८ हजार सरोवरे देखील नष्ट होतील. एका अहवालानुसार पश्चिम जर्मनीतील ३० टक्के जंगले आम्लवृष्टीमुळे हळूहळू नष्ट होत आहेत. आपल्या देशात मुंबई, पुणे, कोलकोता, येथे आम्ल पर्जन्याची समस्या आहे. ताजमहाल या अप्रतिम जगप्रसिद्ध सौंदर्य शिल्पाला धोका पोहोचला आहे तो आम्ल पर्जन्यामुळेच! ब्राझिल देशातील वनांचा ऱ्हास आणि जलाशयातील माशांचा विनाश देखील या समस्येमुळेच होत आहे. नऊ युरोपियन देशातील ६५ लाख हेक्टर जमिनीवरील जंगलांचं

भवितव्यही आता आम्लयुक्त पावसामुळे धोक्यात आलं आहे. त्यामुळे आम्लपर्जन्य ही एक जागतिक समस्या बनली आहे.

आम्ल पर्जन्य म्हणजे नेमकं काय? हा पाऊस का व कसा पडतो? याचं कुतूहल सर्वांनाच आहे. ज्या पावसाच्या पाण्यात विविध आम्लांचे प्रमाण वाढून पावसाचे पाणी आम्ल बनते अशी वृष्टी, हा जल वर्षाव असो, हिमवर्षाव असो अथवा दव असो. हे सर्वच प्रकार आम्लवृष्टीत समाविष्ट होतात. आम्लपर्जन्यामुळे तळी, सरोवरे व जंगले यांचीच नुसती हानी होत नाही तर इमारती, ऐतिहासिक स्मारके, पुतळे व धातूच्या वस्तूंची झीज होते. त्यांना ओंगळ रूप येते. त्याचप्रमाणे मानवी आरोग्यावरही त्याचे गंभीर परिणाम होतात. कारण आम्ल पर्जन्यामुळे पिण्याचे पाणीदेखील दूषित होते. आम्लामुळे पाण्याला एक प्रकारची आंबट चव येते. आम्लता ही पीएच स्केलवर (pH) मोजता येते. त्यालाच हायड्रोजन आयन्सचे तीव्रता मूल्य म्हणतात. पाण्यातील आम्लता मोजण्यासाठी किंवा निश्चित करण्यासाठी हायड्रोजन आयन्सचे केंद्रीकरण या श्रेणीचा उपयोग केला जातो. या श्रेणीत ० ते १४ पायऱ्या आहेत सर्वसाधारणपणे जो द्रव उदासिन (Neutral) असतो त्याचा pH ७ असतो. उदा. अत्यंत शुद्ध स्वरूपातील पाण्याचा पीएच हा ७ असतो. या निर्धारांकापेक्षा कमी pH मूल्य हे आम्लधर्मी व ७ pH पेक्षा जास्त निर्धारांक असलेला द्रव पदार्थ हा अल्कधर्मी समजण्यात येतो. जेवढा pH अधिक तेवढा द्रव पदार्थ हा अल्कधर्मी असतो. ७ पेक्षा जेवढा pH कमी तेवढा तो द्रव पदार्थ अधिक आम्लधर्मी असतो. लिंबाचा रस व व्हिनेगार यांचा pH हा ३ असतो. pH श्रेणीमध्ये प्रत्येक पायरी आधीच्या पायरीपेक्षा १० पटीने मोठी असते. उदा. pH ३ हा अंक pH ४ पेक्षा १० पटीने प्रभावी आहे व pH ५ पेक्षा १०० पटीने प्रभावी आहे. अशा पद्धतीने pH चे मूल्यांकन असते.

पावसाचे स्वच्छ पाणी हे क्वचित आम्लयुक्त असते. त्याचे कारण म्हणजे वातावरणातील कार्बनडाय ऑक्साईड त्या पाण्यात मिसळल्यामुळे ते आम्लयुक्त होते. स्वच्छ पावसाच्या पाण्याचे pH मूल्य हे सामान्यपणे ५.६ आहे. त्यापेक्षा कमी pH असलेला पाऊस हा आम्लयुक्त पाऊस ठरतो.

पश्चिम युरोप, स्कॅडिनेव्हीयाच्या अनेक भागात, कॅनडा आणि अमेरिका इ. देशांमध्ये पडणारा पाऊस हा दिवसेंदिवस आम्लयुक्त होत आहे. अगदी अलिकडील एका अहवालानुसार दक्षिण गोलार्धातील ऑस्ट्रेलिया, थायलंड, ब्राझिल इ. देशांनाही आता आम्ल पर्जन्याचा धोका पोहोचला आहे. सन १९४० पूर्वी केलेल्या पाहणीत या प्रकारची समस्या नव्हती. परंतु आता मात्र पावसाच्या पाण्याचे pH मूल्य हे सर्वसामान्यपणे ४.७ आढळते. पूर्वोत्तर अमेरिकेत हा प्रकार आढळतो. स्वच्छ पावसाच्या पाण्यापेक्षा या पावसाच्या पाण्याची आम्लता

१० पटीने अधिक आहे. काही ठिकाणी तर pH मूल्य हे ३.७ पेक्षाही कमी आढळले आहे.

आम्लपर्जन्याची कारणे

आपल्या पर्यावरणाचे आम्लीकरण होण्यास अनेक कारणे आहेत. त्यातील प्रमुख कारण म्हणजे वातावरणात फार मोठ्या प्रमाणात सल्फरडाय ऑक्साइड व नायट्रोजनडाय ऑक्साइड या सारखे दूषित व विषारी वायू सोडले जातात. औद्योगिक वसाहतींमधील कारखान्याच्या धुराड्यांमधून हे वायु सातत्याने वातावरणात सोडले जातात. वातावरणातील बाष्पाशी या वायूंचा संयोग होऊन रासायनिक अभिक्रियांमुळे त्यांच्यापासून सल्फ्युरिक आम्ल (H_2SO_4) व नायट्रिक आम्ल (HNO_3) तयार होते आणि ते पावसाच्या रूपाने दूरवर पडते. बऱ्याचदा आम्लयुक्त पाऊस हा या दोन आम्लांचे मिश्रण असते. सध्या आम्ल पर्जन्यात ६० ते ७० टक्के आम्लता सल्फ्युरिक आम्लामुळे असून ३० ते ४० टक्के आम्लता ही नायट्रिक आम्लामुळे आहे.

सल्फरडाय ऑक्साइडचा (SO_2) ऑक्सिजनशी संयोग होऊन सल्फर ट्राय ऑक्साईड (SO_3) हे रसायन वातावरणात तयार होते. सल्फर ट्राय ऑक्साईड व वातावरणातील बाष्पाचा संयोग होऊन सौम्य सल्फ्युरिक आम्ल तयार होते. नायट्रोजन ऑक्साइड (NO) व नायट्रोजन डाय ऑक्साइड (NO_2) यांच्याही अशा प्रक्रिया वातावरणात घडतात व नायट्रिक आम्ले तयार होतात. त्याचप्रमाणे कार्बन, कार्बनमोनाक्साइड व कार्बनडाय ऑक्साईडचा पावसाच्या पाण्याशी संयोग होऊन सौम्य कार्बनिक आम्ल तयार होते. खालीलप्रमाणे रासायनिक अभिक्रिया वातावरणात घडून येतात.

१) सल्फरडाय ऑक्साईड वायू (SO_2) + ऑक्सिजन (O_2)

= सल्फर ट्राय ऑक्साईड (SO_3)

SO_3 + H_2O (बाष्प) = H_2SO_4 (सल्फ्युरिक आम्ल)

२) नायट्रोजन डाय ऑक्साईड (NO_2) + O_2

= नायट्रोजनट्राय ऑक्साईड (NO_3)

$2NO_3$ + H_2O = $2HNO_3$ (नायट्रिक आम्ल)

३) कार्बनडायऑक्साईड (CO_2) + H_2O = H_2CO_3 (कार्बनिक आम्ल)

वरीलपैकी कोणतेही आम्ल पावसाच्या पाण्यात निर्माण झाल्यास त्याला आम्ल पाऊस म्हणतात. सर्वप्रथम सन १८७२ मध्ये रॉबर्ट ऐंगस स्मिथ या ब्रिटीश रसायनतज्ज्ञाने पावसातील आम्ल व सल्फरडाय ऑक्साईड यांच्यातील संबंध शोधून काढला. मँचेस्टर येथे झालेला आम्लयुक्त पाऊस दगडी कोळसा

जाळल्यामुळे निर्माण झालेल्या धुरातील सल्फरडाय ऑक्साईडमुळेच पडला होता हे प्रथम या शास्त्रज्ञाने जगाला दाखवून दिले.

मानवाच्या विविध कृतींमुळेच प्रतिवर्षी १० कोटी टन सल्फरडाय ऑक्साईड वायू वातावरणात सोडला जातो. रशिया, अमेरिका प्रत्येकी २५० लक्ष टन वायू हवेत सोडतात. तर चीन १२ कोटी टन वायू हवेत सोडतो. हा वायू कोळसा अथवा खनिज तेले औष्णिक विद्युत केंद्रांमध्ये वापरल्यामुळे बाहेर पडतो. ह्या वायू बरोबर नायट्रोजनडाय ऑक्साइड, कार्बनडाय ऑक्साइड, हे वायू देखील वातावरणात सोडले जातात. जस्त, शिसे, तांबे यांचे द्रावक (Smelting) प्रकल्पांमुळेही सल्फरडाय ऑक्साईड वातावरणात सोडला जातो. औष्णिक विद्युत प्रकल्प, स्वयंचलित वाहनांच्या धुराड्यातून नायट्रोजन ऑक्साईड व नायट्रोजन डाय ऑक्साईड हे वायू वातावरणात शिरतात.

आम्ल प्रदूषणाच्या समस्येमुळे देशादेशातील पारंपरिक चांगले संबंध बिघडू लागले आहेत. उदा. अमेरिकेत तयार होणारा सल्फरडाय ऑक्साईड वायू वाऱ्यांमुळे कॅनडात वाहून नेला जातो व तेथे आम्ल पर्जन्याची समस्या उद्भवते. कॅनडा सरकारने त्याबद्दल अमेरिकेला जबाबदार धरले आहे. त्याबद्दल नुकसान भरपाईची मागणी केली आहे. कारण त्यामुळे कॅनडातील नद्या, सरोवरे, आम्लयुक्त होत असून जंगलांचा विनाशही मोठ्या प्रमाणात होत आहे. म्हणून या प्रदूषण समस्येमुळे या उभयदेशांमध्ये संघर्ष निर्माण झाला आहे.

आम्लपर्जन्य हा बऱ्याचदा प्रदूषण निर्माण करणाऱ्या क्षेत्रापासून लांबवरच्या क्षेत्रात पडू शकतो. त्याचे कारण म्हणजे हवेतील दूषित द्रव्ये वातावरणातल्या बाष्पाशी संयोग झाल्यानंतर ढगांसह दूरवर पसरू शकतात. त्यामुळे आम्ल पर्जन्याचे मूळ नक्की कोठे आहे हे शोधण्याठी त्या प्रदेशातील भौगौलिक परिस्थिती माहीत असणे गरजेचे आहे.

आम्लपर्जन्याचे वनस्पती, प्राणी व वास्तुशिल्पांवर परिणाम होतात. हे परिणाम अत्यंत गंभीर असतात. झरे, तलाव, सरोवरे इ. मध्ये आम्लाचे प्रमाण वाढले म्हणजे त्यातील जलचर प्राणी व वनस्पती नष्ट होतात. मासे मरतात. त्यांची वाढ खुंटते. त्यांची प्रजननक्षमता नष्ट होते. माशांची अंडी आम्लयुक्त पाण्यात उबविली जात नाहीत. त्यांच्यातून पिले बाहेर पडत नाहीत. सुप्रसिद्ध सालमन व ट्राऊट जातीचे मासे आम्लयुक्त पाण्यामुळे फार मोठ्या प्रमाणात नष्ट झाले आहेत.

आम्लतेमुळे हिरवी शैवाले व पाण्यातील उपयुक्त जीवाणू नष्ट होतात. पाण्यात सेंद्रिय पदार्थ कुजण्याची प्रक्रिया मंदावते. त्यामुळे अशा पदार्थांचा संचय पाण्यात वाढतो. आणि जलप्रदूषणाची समस्या वाढते. आम्लयुक्त पाणी जर दीर्घकाळ साठून राहिले तर त्यातील जलचर जीवांचे अस्तित्वच संपुष्टात

येते आणि ते पाणी सजीवांसाठी निरूपयोगी ठरते. अशा पाण्यात जर शिसे, कॅडमियम, तांबे, जस्त इ. जड धातूंचे प्रमाण जास्त असेल तर पाण्याची आम्लता अधिक वाढते व समस्या गंभीर बनते. १९८२ मध्ये स्वीडन या देशात आम्ल पर्जन्याचे कारण रूहड या औद्योगिक क्षेत्रातल्या अपद्रव्यांचे, वायूंचे हवेतील उत्सर्जन हे होते. स्वीडनमधील २० हजार जलाशय आम्लवृष्टीमुळे सध्या दूषित बनली आहेत. त्यातील ९ हजार जलाशयांचे तर गंभीर नुकसान झाले आहे. ४ हजार जलाशयांमध्ये सजीवांची उत्पत्तीच होऊ शकत नाही. स्वीडनच्या पश्चिम किनाऱ्यावर पडणाऱ्या आम्लयुक्त पावसामुळे भूजलदेखील दूषित झाले आहे. हीच परिस्थिती नॉर्वे देशाची आहे. तेथील २०० तळी, सरोवरे ही आम्लयुक्त बनली आहेत. जर्मनी नेदरलँड, बेल्जियम येथील विविध औद्योगिक उत्सर्जनामध्ये सल्फर व नायट्रोजनडाय ऑक्साईड वायूचे प्रमाण हवेमुळे, वाऱ्यामुळे इतरत्र पसरल्यामुळे हा परिणाम उद्भवला आहे.

अमेरिकेतील न्यू इंग्लंड, मॅसॅच्युसेटस, न्यूयॉर्क, मिनेसोटा, फ्लोरिडा, विस्कोन्सिन व कॅलिफोर्निया या राज्यांमध्ये आम्ल पर्जन्याचा प्रभाव वाढत असून फार मोठ्या प्रमाणात नैसर्गिक साधनसंपत्ती व पिकांची हानी होत आहे. मध्य युरोपमध्ये १५ लक्ष एकर जमीन आम्ल पर्जन्यामुळे प्रदूषित झाल्याचे स्पष्ट झाले आहे.

आम्ल प्रदूषण समस्येमुळे युरोप व उत्तर अमेरिकेत अन्नधान्याचे उत्पादन घटत असल्याचे लक्षात आले आहे. हे नुकसान प्रतिवर्षी ५ कोटी डॉलर्सचे आहे. आम्ल पर्जन्याचे गंभीर परिणाम होतात ते दगडी इमारतींवर ! त्यांची झीज होऊन त्यांना ओगळ स्वरूप येते. त्यांचे आयुर्मानही कमी होते. आम्ल प्रक्रियेमुळे लोखंड व धातूच्या वस्तूही झिजतात. याचे बोलके, पण गंभीर उदाहरण म्हणजे पोलंडमधील रेल्वेची बिघडलेली स्थिती! आम्लामुळे तेथील लोहमार्ग झिजले असून त्यामुळे तेथील रेल्वे ताशी ४० कि. मी. पेक्षा अधिक वेगाने धावू शकत नाही. आम्ल प्रदूषणामुळे लक्षावधी काचेची तावदाने, खिडक्या झिजून निकामी होत आहेत. घरातील फर्निचर, पेंटिंग्ज, कापड, चामडी वस्तू, पुस्तके इ. वस्तूंचे नुकसान होते. आम्ल प्रदूषणामुळे कार्बनस्टील, गॅल्व्हनाईज्ड स्टील, शिसे, तांबे, निकेल, जस्त, ओतीव लोखंड आणि ॲल्युमिनियम सारख्या धातूंवर परिणाम होऊन त्यांचे रासायनिक क्षरण होते. आम्ल प्रदूषण घडवून आणणारे वायू कित्येकदा एका देशातून दुसऱ्या देशात वाऱ्यामुळे वाहून नेले जातात व तेथे त्याचे गंभीर परिणाम उद्भवतात. अमेरिकेकडून हे दूषित वायू कॅनडाकडे जातात. मेक्सिको देशही त्यातून सुटला नाही आणि चीनमुळे जपानला आम्ल प्रदूषण याचा त्रास भोगावा लागत आहे.

आम्ल प्रदूषणामुळे वनस्पतींची वाढ खुंटते. जंगलांचा विनाश होतो. पाने झडून जातात. वनाच्छादन नष्ट होते. जमिनीतील पोटॅशियम, कॅल्शियम, लोह, इ. आम्लामुळे खालच्या थरात वाहून जातात. जमिनीतील उपयुक्त जीवाणू नष्ट होतात. शेतकऱ्यांचे मित्र गांडूळदेखील अशा आम्लयुक्त जमिनीत जगू शकत नाही. ही समस्या जर अशीच चालू राहिली तर जर्मनीतील ३० टक्के जंगले आम्ल पर्जन्यामुळे नष्ट होत आहेत. त्यामुळे लाकूड व शेतीचे नुकसान होत आहे.

भारतात या संदर्भात मात्र सखोल अभ्यास केलेला नाही. परंतु ट्रॉंबे व चेंबूर परिसरात ही समस्या आहे. ताजमहालच्या परिसरात मथुरा तेल शुद्धीकरण कारखान्यामुळे ताजमहाल या सौंदर्य शिल्पाला धोका पोहोचला आहे.

उपाययोजना

आम्ल प्रदूषणाची समस्या कमी करण्यासाठी शास्त्रज्ञांनी तंत्रज्ञान विकसित केले असून त्यासाठी कमी गंधक (सल्फर) असलेला कोळसा, खनिज तेल अथवा नैसर्गिक वायू यांचा इंधन म्हणून वापर करणे उपयुक्त ठरते. त्यातून निर्माण होणाऱ्या घटकांना चाळणी लावून त्यावर प्रक्रिया करूनच वातावरणात सोडणे हितावह असते. जगात सर्वत्र वापरात येणारी पद्धत म्हणजे 'फ्ल्यू गॅस डी-सल्फरायझेशन' या पद्धतीत गंधकाचे प्रमाण कमी केले जाते. त्यामुळे पर्यायाने सल्फरडाय ऑक्साइड वायू कमी प्रमाणात निर्माण होतो व आम्ल प्रदूषणास काही प्रमाणात आळा बसतो. स्वयंचलित वाहने देखील आम्ल प्रदूषणास मोठ्या प्रमाणात हातभार लावतात. म्हणून या वाहनांच्या धुराड्यावर कॅटलिटिक कन्व्हर्टर्स' बसवून नायट्रोजन डाय ऑक्साईड, कार्बन मोनाक्साइड व हायड्रोकार्बन्स हे दूषित घटक विलग करता येतात.

दुसरा एक सोपा उपाय म्हणजे चुन्याच्या साहाय्याने या आम्लाचे उदासिनीकरण (Neutralisation) करणे हा आहे. अर्थात हा झटपट व कमी कालावधीत वापरता येणारा मार्ग आहे; आणि त्याचा वापर वारंवार करावा लागतो. पण हा उपाय तसा महागडा आहे. त्यासाठी पाण्याचे मोठे जलाशय हे चुन्याच्या पाण्याचे साठे म्हणून ठेवावे लागतील. परंतु अशा मोठ्या चुनायुक्त पाण्यामुळे कदाचित पर्यावरणावरही परिणाम होण्याची शक्यता नाकारता येत नाही. तसेच परिसंस्थेवर विपरीत परिणाम होऊ शकतील.

सर्वात उत्तम उपाय म्हणजे आम्लनिर्मिती करणाऱ्या वायूंचे प्रमाण कमी करणे. त्यासाठी प्रभावी हवा प्रदूषण नियंत्रण करणारी यंत्रणाच वापरणे हितावह ठरेल. आणि पर्यावरणाचं, पाण्याचं आणि जमिनीचं प्रदूषणही टाळता येईल.

◆

१०. प्रकाश रासायनिक धुरके

प्रकाश रासायनिक धुरके (Photo chemical smog) हा एक अत्यंत घातक असा हवेचा प्रदूषक आहे. या प्रदूषकाला दुय्यम प्रदूषक म्हणतात. कारण या घटकाचा उगम कारखान्यातून सरळ न होता काही प्रदूषक घटकांचे सूर्यप्रकाशात वातावरणात संयोग किंवा मिश्रण होऊन दुसराच घातक प्रदूषणकारी घटक तयार होतो. या प्रकारात सूर्यप्रकाशाचा महत्त्वाचा वाटा असून वातावरणात विविध रासायनिक पदार्थांमध्ये रासायनिक अभिक्रिया होऊन हे प्रदूषक घटक तयार होतात. अनेक कारखान्यांमधून धूर बाहेर टाकला जातो. धुरामध्ये अर्धवट जळालेले कार्बनचे कण, धूलीकण असतात. धुराचे कण हे द्रवरूपात अथवा घनरूपात असतात. पदार्थ जळाल्यानंतर उदा. लाकूड, दगडी कोळसा यातून धूर बाहेर पडतो. धुराचा संयोग वातावरणात असलेल्या धुक्याशी होतो. पावसाळ्यात सकाळी धुके पडते. धुके म्हणजे सूक्ष्म असे हवेत तरंगणारे जलकण ! दाट धुक्यामुळे जवळचेदेखील दिसत नाही. त्यामुळे रस्त्यावर अपघात होतात. विमानांची उड्डाणेदेखील रद्द करावी लागतात. जेव्हा धूर आणि धुके यांचा संयोग होतो तेव्हा धुरके तयार होते. धुरके हे दोन प्रकारचे असते.

१) प्रकाश रासायनिक धुरके आणि

२) दगडी कोळशाच्या ज्वलनामुळे तयार झालेले धुरके.

प्रकाश रासायनिक धुरके हे दुय्यम प्रदूषक असून दोन किंवा अधिक प्राथमिक प्रदूषकांच्या संयोगाने किंवा रासायनिक अभिक्रियेमुळे त्याची हवेत निर्मिती होते किंवा वातावरणातील काही घटकांशी त्यांची रासायनिक प्रक्रिया होते. बऱ्याचदा ह्या प्रक्रिया प्रकाशात किंवा प्रकाशरहित वातावरणात होतात.

प्रकाश रासायनिक धुरके प्रामुख्याने ज्या शहरात मोठ्या प्रमाणात स्वयंचलित वाहने असतात तेथे आढळते. उदा. लॉसएंजेलिस या अमेरिकेतील शहरावर या धुरक्याचे ढग आढळतात. जेथे वातावरणीय विपरीतता असते तेथे अशा प्रकारचे प्रदूषण आढळते. ह्या धुरक्याची निर्मिती होते ती हायड्रोकार्बन्स व

नायट्रोजन ऑक्साईडस् या दोन प्रदूषकांवर सूर्यप्रकाशाची प्रक्रिया झाल्यामुळे. हे दोनही प्रदूषणकारी घटक फार मोठ्या प्रमाणात स्वयंचलित वाहनांच्या धुरामुळे वातावरणात मिसळतात. प्रकाश रासायनिक धुरक्यांमुळे हवेचे प्रदूषण तर होतेच, परंतु डोळे चुरचुरणे, एक प्रकारचा विशिष्ट वास येणे, वातावरण धूसर होणे इ. परिणाम होतात. वनस्पतींनादेखील या धुरक्यामुळे हानी पोहोचते. रबरी वस्तूंना तडे जाऊन निकामी होतात. तसेच इमारतींचे, वस्त्राचे रंग फिकट होतात.

प्रकाश रासायनिक धुरक्याचे प्रमुख घटक म्हणजे पेरॉक्सी ॲसिटिल नायट्रेट (Peroxy acetyl nitrate - PAN) नायट्रोजन ऑक्साइडस्, हायड्रोकार्बन्स, कार्बन मोनाक्साईड, आणि ओझोन हे असतात. ते मानव व इतर सजीव प्राणी व वनस्पतींना घातक असतात.

औष्णिक विद्युत केंद्रांमध्ये फार प्रचंड प्रमाणात जीवाश्म इंधन म्हणजे दगडी कोळसा वापरला जातो. हा कोळसा बाष्प निर्मितीसाठी वापरला जातो. या वाफेच्या शक्तीवर घूर्णी जनित्रे (जनरेटिंग टर्बाईन्स) फिरविली जातात व त्यापासून विद्युत निर्मिती केली जाते. परंतु कोळसा जाळल्यानंतर अनेक प्रकारचे हवा दूषित करणारे प्रदूषक घटक वातावरणात सोडले जातात. त्यात प्रामुख्याने ८० टक्के राख असून धूर, कार्बन, कार्बन मोनाक्साईड, सल्फरडाय ऑक्साईड व नायट्रोजन डाय ऑक्साईड हे वायू वातावरणात सोडले जातात. हे राखेचे कण अत्यंत सूक्ष्म असतात. तसेच कोणत्या प्रकारचा कोळसा वापरला आहे त्यावरदेखील राखेचे गुणधर्म अवलंबून असतात. या राखेचे कण प्रामुख्याने तीन प्रकारचे असतात.

१) गडद रंगाचे पण अनियमित आकाराचे कण
२) टोकदार पण पारदर्शक व अपारदर्शक कण
३) काचेसारखे गोलाकार कण.

या राखेच्या कणांचा व्यास ३ ते ८० मायक्रॉन्स पर्यंत असतो. बऱ्याचदा कोळशाच्या गुणवत्तेवर राखेचे प्रमाण व दूषित वायूंचे प्रमाण अवलंबून असते.

जेव्हा वाफ तयार करण्यासाठी कोळसा जाळला जातो तेव्हा त्यामधील सल्फर तथा गंधकाचे रूपांतर गंधकाच्या भस्मांमध्ये केले जाते. सल्फर डाय ऑक्साईड व सल्फर ट्रायऑक्साईड हे वायू व नायट्रोजनचे ऑक्साईडस् हे वायू तयार होतात.

दगडी कोळशाच्या ज्वलनामुळे तयार होणारे धुरके देखील तितकेच प्रदूषणकारी असते. रात्रीच्या वेळी आणि थंडीच्या दिवसात जेव्हा तापमान १४° से. पेक्षा कमी असते तेव्हा या धुक्यामुळे शहरी भागावर आच्छादन पसरते. हवामानात

आकृती १०.१ : लॉस एंजेलिस शहरातील सिव्हीक सेंटरची ही
तीन दृश्ये असून पहिले दृश्य स्वच्छ वातावरणातील आहे.
दुसऱ्या दृश्यात धुरक्क्यामुळे इमारती धूसर दिसतात.
तर तिसऱ्या दृश्यात धुरके फक्त ९० मीटर उंचीपर्यंत दिसते.

खूपसे बदल नसतात तेव्हा अशी स्थिती उत्पन्न होते. याबाबत सुप्रसिद्ध उदाहरण म्हणजे १९५२ साली लंडन शहरामध्ये या धुरक्यामुळे भयानक परिस्थिती उद्भवली होती. जवळपास ४ हजार माणसे मृत्युमुखी पडली होती. या धुक्याचे प्रमुख घटक धूर, सल्फरडाय ऑक्साईड आणि उडूराख (Fly ash) हे असतात. अशा धुराच्या संपर्कात माणसं सतत, दीर्घकाळ आली म्हणजे मृत्यू अटळ असतो. विशेषत: वयस्कर व्यक्तींवर, जे जुनाट श्वसन विकार, अस्थमा, न्युमोनिया, फुफ्फुस व हृदय विकाराने त्रस्त आहेत. अशा रूग्णांवर चटकन परिणाम होऊन मृत्यू ओढवतो.

सन १९४३ मध्ये लॉस एंजेलिस येथे तयार झालेल्या प्रकाश रासायनिक धुरक्याने सर्व प्रथम जनतेचे लक्ष वेधून घेतले. त्यानंतरही काही वर्षे ही समस्या पुन्हा पुन्हा येत राहिली आणि त्यामुळे लॉस एंजेलिसच्या खोऱ्यात वनस्पती, भाजीपाला व पिकांचे मोठ्या प्रमाणात नुकसान झाल्याचे आढळून आले. त्यानंतर पुढे प्रत्येक वर्षी होणारे नुकसान वाढत असल्याचे लक्षात आले. सल्फरडाय ऑक्साईड वायूमुळे वनस्पतींना होणाऱ्या इजेपेक्षा या धुरक्यामुळे होणारी इजा भिन्न स्वरूपाची होती. सर्वसामान्यपणे पाने ही चंदेरी रंगाची होत. पानांची खालची बाजू चमकदार व तेलकट दिसत असे. त्यामुळे पानांना एक प्रकारची झळाळी येत असे. या प्रकाशरासायनिक धुरक्यामुळे १९४० पासून लॉस एंजेलिसच्या परिसरात वातावरण धूसर होते. त्यामुळे दूरवरचे स्पष्ट दिसत नसे. असं असलं तरी वातावरणात खूप बदल जाणवत नव्हते. या संदर्भात केलेल्या संशोधनात असे आढळून आले की अत्यंत सूक्ष्म अशा द्रवरूप आम्लयुक्त कणांमुळे ही स्थिती उद्भवली होती. त्यात कार्बन, डांबर, क्षार, परागकण आणि इतर पदार्थही असल्याचे आढळून आले. या धुरक्याचा सखोल अभ्यास केला गेला तेव्हा असे लक्षात आले की, प्रदूषणकारी घटकांवर सूर्यप्रकाशाची रासायनिक प्रक्रिया होऊन त्यापासून या धुरक्याची निर्मिती होते. हायड्रोकार्बन्स व नायट्रोजनचे ऑक्साईडस यांचे प्रकाश रासायनिक भस्मीकरण होते. लॉस एंजेलिस येथील प्रकाश रासायनिक धुरक्यासंदर्भात अनेक संशोधकांनी सिद्धांत मांडले. परंतु प्रो. अे. जे. हॅगेन-स्मिथ यांनी मांडलेल्या सिद्धांताला सर्वत्र मान्यता मिळाली आहे. हे धुरके तयार होतांना वातावरणात ओझोन वायूचे प्रमाण वाढते. सर्वसामान्यपणे हा वायू हवेत ०.०१ ते ०.०३ पी. पी. एम. एवढा असतो. पण लॉस एंजेलिस येथे मात्र १ पी. पी. एम. एवढे जास्त प्रमाण होते. या वायूचे प्रमाण हवेत जर ०.१५ पी. पी. एम. एवढे वाढले तरी डोळे चुरचुरायला लागतात आणि ०.२५ पी. पी. एम. हे प्रमाण मात्र घातक ठरते.

रात्रीच्या वेळेस मात्र ओझोन वायूचे प्रमाण खूप वाढत नाही. ते दिवसा मात्र

खूप वाढते. पहाटेनंतर ओझोनचे प्रमाण संपूर्ण लॉस एंजेलिस खोऱ्यामध्ये वाढू लागते. यावरून स्पष्ट होते की प्रकाश रासायनिक प्रक्रियेमुळेच ओझोन किंवा ऑक्साईडस् हे विविध अशुद्ध घटकांपासून सूर्यप्रकाशामुळे तयार होतात. वनस्पतींच्या विनाशाला प्रामुख्याने ओझोनलाच जबाबदार धरले जाते. हरितगृहांमधील वनस्पतींना मात्र धुरक्यामुळे धोका पोहोचत नाही. कारण आत जाणारी हवा ही गाळून सोडली जाते. या धुरक्यामुळे डोळे चुरचुरतात तसेच वनस्पतींचा विनाश होतो तो नेमका कोणत्या घटकामुळे होतो? याबाबतही अनेक प्रयोग केले गेले. जेव्हा विविध प्रदूषक वायूंचे मिश्रण केले तेव्हाच वनस्पतींवर परिणाम होतो. त्यात प्रामुख्याने वाहनांच्या धुरामधील वायूंचा समावेश असतो. मानवावर होणारे परिणाम देखील कृत्रिमरित्या तयार केलेल्या धुरक्याद्वारे अभ्यासण्यात आले. नैसर्गिक धुरक्यामधील विविध वायूंचे व प्रदूषक घटकांचे प्रमाण घेऊन कृत्रिम धुरके तयार केले. एका धुरक्यात आल्डेहाईडचे ज्ञात प्रमाण ठेवले. दुसऱ्या धुरक्यात ओझोनची प्रक्रिया गॅसोलिनच्या वाफेसह अल्डेहाईडवर होऊ दिली. तयार झालेल्या धुरक्यात नायट्रीक आम्ल, सल्फर डाय ऑक्साईड व ट्राय ऑक्साईड, मीठ, ओझोन, तेल व घनकण इ. घटक आढळले. या धुरक्याचा परिणाम तपासण्यासाठी एक समिती केली आणि समितीने चाचणीनंतर अनुमाने काढली. ती पुढीलप्रमाणे होती.

१) लॉस एंजेलिस धुरक्याप्रमाणेच या कृत्रिम धुरक्यामुळे डोळ्यांची चुरचुर व दाह होतो.

२) कृत्रिम धुरक्यातील वायुरूप घटक काढून टाकले तर डोळ्यांची चुरचुर कमी होते.

३) कृत्रिम धुरक्याचा वास हा नैसर्गिक धुरक्याच्या वासासारखाच आढळला.

या संशोधनावरून एक गोष्ट स्पष्ट झाली की, पेट्रोलजन्य इंधनाच्या ज्वलनामुळे तयार झालेल्या दूषित घटकांच्या मिश्रणावर सूर्यप्रकाशाची प्रक्रिया झाली. तरच त्या धुरक्याचा परिणाम होतो. त्याचे कारण म्हणजे ओझोन आणि इतर त्रासदायक घटकांची निर्मिती सूर्यप्रकाशामुळे प्रकाश रासायनिक अभिक्रियेद्वारे होत असते.

नायट्रोजनचे ऑक्साइडस् या रासायनिक क्रियांमध्ये महत्त्वपूर्ण भूमिका पार पाडतात. नायट्रोजनडाय ऑक्साईड (NO_2) हा वायू सूर्यप्रकाशातील जंबूपार किरण तथा अतिनील किरण अत्यंत प्रभावीपणे शोषून घेतो. त्यामुळे NO_2 रेणूचे नायट्रीक ऑक्साईड (NO) व ऑक्सिजन (O) अणुत विघटन होते. अणु स्वरूपातील ऑक्सिजनची प्रक्रिया ऑक्सिजन रेणूवर (O_2) अत्यंत जलद गतीने होते आणि त्यापासून ओझोन (O_3) वायूची निर्मिती होते. अर्थात ही प्रक्रिया अत्यंत अस्थिर असते. त्यात जर ऊर्जा घेणारा किंवा शोषण

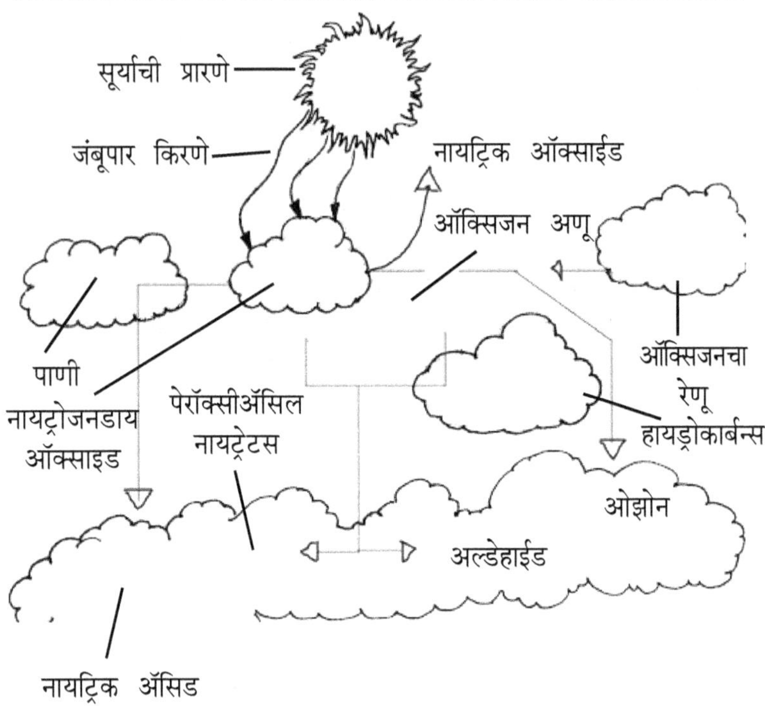

आकृती १०.२ : प्रकाश रासायनिक धुरके तयार होण्याची क्रिया

करणारा रेणू नसेल तर पुन्हा ओझोनचे वेगाने विघटन होते व उलट प्रक्रिया सुरू होते. म्हणून ओझोन स्थिर राहाण्यासाठी तिसरा ऊर्जा संचय करणारा घटक उपयुक्त ठरतो. नायट्रीक ऑक्साईडशी ओझोन प्रक्रिया होऊन त्यापासून नायट्रोजन डाय ऑक्साईड व ऑक्सिजन रेणू तयार होतात. या प्रक्रिया खालीलप्रमाणे असतात.

१) NO_2 + जंबूपार किरण → NO + O
(नायट्रोजन डाय ऑक्साईड) (नायट्रीक ऑक्साइड) + ऑक्सिजन अणु

२) O + O_2 + M (तिसरा घटक) → O_3 + M
(ऑक्सिजन अणु) (ऑक्सीजन रेणू) ओझोन

३) O_3 + NO → NO_2 + O_2
(ओझोन) (नायट्रीक ऑक्साईड) (नायट्रोजन ऑक्साइड) ऑक्सिजन

या प्रक्रियांमध्ये नायट्रोजनडाय ऑक्साइड हा उत्प्रेरक (Catalyst) म्हणून कार्य करतो. म्हणजे तो या प्रक्रियांचा वेग वाढवितो आणि तो स्वत: मात्र न बदलता तसाच राहातो. रात्रीच्या वेळेस नायट्रीक ऑक्साईड व ओझोन यांची पातळी नायट्रोजन डाय ऑक्साईड पेक्षा कमी असते. दिवसा मात्र नायट्रोजनचे ऑक्साईडस हे स्वयंचलित वाहनांमुळे अधिक प्रमाणात तयार होतात. त्यामुळे नायट्रीक ऑक्साईड व नायट्रोजन डाय ऑक्साईडचे प्रमाण खूपच वाढते. नायट्रोजन डाय ऑक्साईडचे विघटन सूर्यप्रकाशात मोठ्या प्रमाणात होते. त्यामुळे ओझोनचे प्रमाण खूप वाढते. स्वयंचलित वाहनांमधून हायड्रोकार्बन्स हे दूषित घटक वातावरणात सोडले जातात. त्यांच्याशीदेखील वातावरणात अनेक रासायनिक अभिक्रिया होतात. ऑक्सिजनचे अणु हायड्रोकार्बन्सशी संयोग पावून त्यापासून विविध प्रकारचे रासायनिक प्रदूषक घटक तयार होतात. ओझोन, नायट्रीक ऑक्साईड यांची रासायनिक क्रिया घडून येते आणि अनेक पदार्थ तयार होतात. त्यात जे काही पदार्थ तयार होतात त्यांना 'अल्डेहाईडस्' म्हणतात. फार्मल्डेहाईड, अॅक्रोलिन, पेरॉक्साईडस, आणि पेरॉक्सी अॅसिटिल नायट्रेट (PAN) यासारखी रसायने प्रकाश रासायनिक प्रक्रियेमुळे तयार होतात.

$$\text{O} \quad + \quad \text{HC} \quad \rightarrow \quad \text{HCO*}$$

(ऑक्सिजन अणु) (हायड्रोकार्बन्स)   *फ्री रॅडीकल

$$\text{HCO*} + \text{O}_2 \rightarrow \text{HCO}_3\text{*}$$

$$\text{HCO}_3\text{*} + \text{HC} \rightarrow \quad \text{Aldehyde (R CHO)}$$
$$\text{Ketones (R}_1 \text{ R}_2 \text{ CO)}$$

$$\text{HCO}_3\text{*} + \text{NO} \rightarrow \quad \text{HCO}_2\text{*} + \text{NO}_2$$

$$\text{HCO}_3\text{*} + \text{O}_2 \rightarrow \quad \text{HCO}_2\text{*} + \text{O}_3$$

$$\text{HCO}_x\text{*} + \text{NO}_2 \rightarrow \quad \text{Peroxy acetyl nitrate (PAN)}$$
$$\text{(R COOO NO}_2\text{)}$$

हायड्रोकार्बन्सचे अर्धवट झालेले भस्मीकरण व फ्री रॅडिकल्स यांची प्रक्रिया नायट्रिक ऑक्साईडशी होऊन अधिकाधिक नायट्रोजन डाय ऑक्साइड वायू तयार होतो. या प्रकारात नायट्रिक ऑक्साईडच्या अधिक वापरामुळे ओझोनचे संतुलन बिघडते. याचा परिणाम म्हणून नायट्रिक ऑक्साईडची पातळी कमी होऊन नायट्रोजन डाय ऑक्साइड आणि ओझोन वायूंची पातळी वाढते. दुपारी मात्र ओझोनची पातळी अधिक असते.

अशा प्रकारे रासायनिक प्रक्रियांचे चक्र चालू राहते आणि अनेक घातक रसायनांची निर्मिती होते. त्यात प्रामुख्याने मोठा वाटा असतो तो ओझोन व नायट्रोजन डाय ऑक्साईड वायुचा दिवसा या वायूंच्या प्रमाणातील बदल

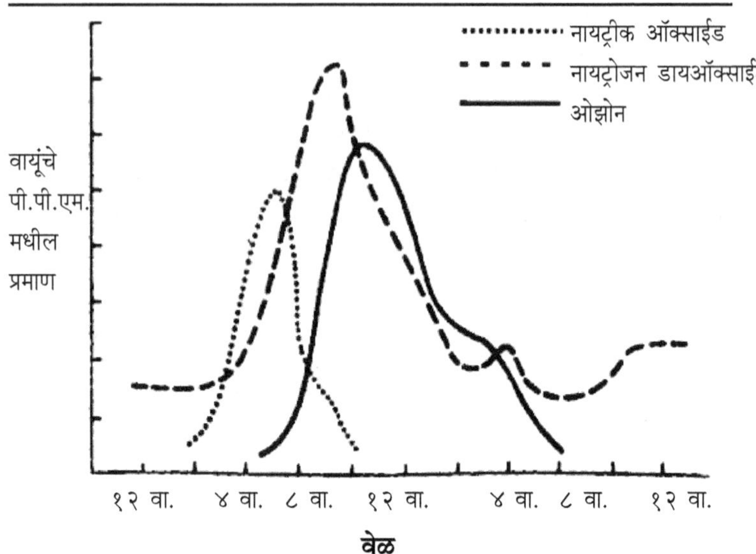

आकृती १०.३ : लॉस एंजेलिस शहरात १९ जुलै १९६५ मध्ये नोंद केलेल्या विविध विषारी वायूंचे प्रमाण.

आलेखावरून स्पष्ट होतो.

जर हवेत नायट्रिक ऑक्साईड जास्त असेल तर त्याचा ओझोनशी संयोग होऊन नायट्रोजन डाय ऑक्साईड व ऑक्सिजन तयार होतो.

$$NO + O_2 \rightarrow NO_2 + O_2$$

जर ओझोनचे प्रमाण अधिक असेल तर पुन्हा त्याचा संयोग NO_2 शी होऊन नायट्रोजन पेंटाक्साईड (N_2O_5) तयार होतो.

$$2NO_2 + O_3 \rightarrow N_2O_5 + O_2$$

जर हवेत बाष्प असेल तर नायट्रीक आम्लाची निर्मिती होते.

$$N_2O_5 + H_2O \rightarrow 2HNO_3 \text{ (नायट्रीक आम्ल)}$$

सल्फरडाय ऑक्साईड प्रकाश रासायनिक क्रिया - सल्फरडाय ऑक्साईड वायूचे सल्फ्युरिक आम्लात भस्मीकरण होतांना रासायनिक अभिक्रियेमुळे ओझोन वायू तयार होतो. ती अभिक्रिया पुढीलप्रमाणे होते.

$$SO_2 + \text{जंबूपार किरण} \longrightarrow SO_2^*$$
$$SO_2^* + O_2 \longrightarrow SO_4$$

$$SO_2{}^* + O_2 \longrightarrow SO_3 + O_3$$
(सल्फर + (ओझोन)
ट्रायऑक्साईड)

$$SO_3 + H_2O \longrightarrow H_2SO_4 \text{ (सल्फ्युरिक अम्ल)}$$

प्रकाशरासायनिक धुरक्याचे दुष्परिणाम - धुरके या घातक प्रदूषकाचे मानव, वनस्पती, प्राणी व इमारतींवर दुष्परिणाम होतात. ते पुढीलप्रमाणे आहेत.

१) मानवावरील परिणाम

डोळे चुरचुरणे - धुरक्यामध्ये प्रामुख्याने पेरॉक्सीऑसिटिल नायट्रेट, फार्मालडेहाईड, ॲक्रोलीन सारखे प्रदूषक पदार्थ नाकातोंडात व डोळ्यात शिरतात. त्यामुळे डोळे चुरचुरतात. नाकातोंडातील त्वचेचा दाह होतो.

श्वसनविकार - श्वसनामुळे हे पदार्थ फुफ्फुसात जातात. सन १९७० साली टोकिओ, न्यूयॉर्क, सिडनी, रोम येथे या रासायनिक धुरक्याचा प्रादूर्भाव झाला होता. दमा व खोकल्याचा विकार सर्वत्र पसरला होता. जपानमधील याकोहामा- मध्ये धुरकट वातावरणात राहाणाऱ्या अमेरिकन सैनिकांना व कुटुंबातील लोकांमध्ये टोकिओ-याकोहामा नावाचा दमा रोग उद्भवला होता. दुसरा गंभीर विकार म्हणजे 'एंफिसिमा' नावाचा गंभीर रोग उद्भवला होता. या रोगात रूग्णाला श्वास घेणे दुरापास्त होते. फार्माल्डेहाईड, ओलेफिन, ॲक्रोलिन इ. मुळे त्वचेचा दाह होतो. तसेच डोळ्यांचा, नाक, घसा व श्वासनलिकेचा दाह होतो.

२) वनस्पतींवरील परिणाम

२) वनस्पतींवरील परिणाम - प्रकाश रासायनिक धुरक्यामुळे वनस्पतींची पाने खालच्या बाजूने पांढरी किंवा काळपट पडतात. नंतर स्नायूंना इजा पोहोचल्यामुळे पाने जळून कोरडी पडतात. वनस्पतींची वाढ खुंटते. ओलेफिन रसायनामुळे पाकळ्या व पाने गळून पडतात. कळ्या उमलत नाहीत. टोमॅटोची वाढ होत नाही. वनस्पतींमध्ये चालणाऱ्या जैव-रासायनिक प्रक्रियांमध्ये बिघाड होतो. अनेक फळभाज्या, पालेभाज्यांचा विनाश होतो. ओझोनमुळे पानांची टोके निकामी होतात.

३) धूसरता वाढ

३) धूसरता वाढ - वातावरणात धूर, धुके अथवा धुरके असल्यामुळे दूरवरचे दिसेनासे होते. म्हणजेच धूसरता वाढते आणि दूरवरचे अंधुक दिसते. अनेक सूक्ष्म कण, कार्बन, सल्फर, हलाईडस्, हायड्रोजन, नायट्रोजन इ. मुळे प्रकाश अडविला जातो. घनकण, द्रवरूपकण देखील धूसरता वाढवितात. त्यामुळे रस्त्यांवर अपघात होण्याचे प्रमाण वाढते.

४) रबराला तडे जातात - धुरक्यातील ओझोनवायूमुळे रबरावर विपरीत परिणाम होऊन रबर कडक बनते व ते तडकते. स्वयंचलित वाहनांच्या टायर्सचे यामुळे फार प्रचंड प्रमाणात नुकसान होते. असे टायर फुटतात व अपघात घडतात. इंजिनमधील गास्केट, होजपाईप, वायर्सवरील रबरी आवरण देखील निकामी होते. या सर्व गोष्टींमुळे आर्थिक नुकसान होते.

५) रंग विटतात - प्रकाश रासायनिक धुरक्यांमुळे इमारतीच्या बाहेरील व आतील रंगांवर परिणाम होऊन ते विटतात. फर्निचर, कपडे, गालिचे इ. चा रंग विटतो. ते फिकट होतात.

उपाययोजना

प्रकाश रासायनिक धुरके एक भयानक वायू प्रदूषक असून त्याची निर्मिती थांबवायची असेल तर स्वयंचलित वाहनांमधून बाहेर पडणाऱ्या हायड्रोकार्बन्स व नायट्रोजन ऑक्साईडस् यांना आळा घालणे गरजेचे आहे. कारण प्रत्येक चारचाकी स्वयंचलित वाहन दरवर्षी सरासरी ७७० कि. ग्रॅ. कार्बन मोनाक्साईड, २४० कि. ग्रॅ. हायड्रोकार्बन्स, ४० कि. ग्रॅ. नायट्रोजन ऑक्साइडस् वातावरणात सोडते. अशी लाखो वाहने रस्त्यांवरून धावतात तेव्हा त्यांच्यापासून किती प्रचंड प्रमाणात हे घटक वातावरणात शिरत असतील याची कल्पना येते. म्हणून खालील उपाययोजना करणे फायदेशीर ठरेल.

१) वाहनातील पेट्रोल अंतर्गत ज्वलन इंजिन्सवर नियंत्रण करावे.

२) नवीन व स्वच्छ इंधन अशा इंजिन्समध्ये वापरावे. प्रॉपेन, नैसर्गिक वायू, अल्कोहोल इ. इंधन वापरल्यास ते फायदेशीर ठरतील.

३) नवीन प्रकारची मोटर इंजिन्स विकसित करावीत आणि त्यासाठी गॅसोलिन व अन्य इंधन वापरावे.

४) वाहनांचा वापर कमी करावा. शासनाचे त्यावर नियंत्रण असावे. त्या संदर्भात शैक्षणिक कार्यक्रम राबवावेत. इंधनाचे रेशनिंगवर वाटप करावे.

५) जुनाट वाहनांवर बंदी घालावी.

६) कायदे कडक करावेत.

७) नायट्रोजन ऑक्साईडस नियंत्रण करण्यासाठी कॅटॅलेटिक कन्व्हर्टर, कॅटॅलेटिक रिअॅक्टर्सचा वापर करणे सोयीस्कर ठरते.

८) पर्यायी इंजिन्स व ऊर्जा स्रोतांचा वापर करावा.

◆

११. प्रदूषण आणि हरितगृह परिणाम

मानव या भूतलावरील सर्वश्रेष्ठ प्राणी आहे हे त्याने आपल्या कृतीने दाखवून दिले आहे. कारण गेल्या पाच हजार वर्षांचा इतिहास पाहिला तर मानवाने निसर्गावर मात करण्याचे प्रयत्न सदैव केले आहेत. स्वार्थासाठी, कल्याणासाठी निसर्गात नेहमीच ढवळाढवळ केली आहे. विज्ञान तंत्रज्ञानाच्या बळावर त्याने निसर्गावर स्वामित्व मिळविण्याचे प्रयत्न सुरू ठेवले आहेत. औद्योगिकरणाचा वेगही प्रचंड प्रमाणात ठेवला आहे. आणि त्यामुळेच अलिकडील काळात मानवाने हरितगृह परिणामाची एक समस्या ओढवून घेतली आहे. औद्योगिकरणामुळे झपाट्याने वायू प्रदूषणाची समस्या आणि त्या प्रदूषणामुळेच आता वातावरणात कमालीचे बदल घडून येत आहेत. आपल्या वसुंधरेचे तापमान वाढत आहे ते वातावरणातील हवामानातील बदलामुळे ! कुठे भयंकर चक्रीवादळे घोंघावतात. महापूर थैमान घालतात. प्रचंड प्रमाणात जीवित आणि वित्तहानी होते. तर कोठे अवर्षणामुळे भयंकर दुष्काळ पडतात. लोक अन्नासाठी भटकतात. हे असं का घडतं? तर त्याचं मूळ आहे प्रदूषणाच्या समस्येत !

वातावरणातील बदल हे मानव निर्मित आहेत. त्यामुळे पृथ्वीचं तापमान वाढत आहे. या प्रकाराला हरितगृह परिणाम (Green House Effect) असेही म्हणतात. हरितगृहे म्हणजे अतिशीत प्रदेशात वनस्पतींच्या वाढीसाठी तयार केलेली काचगृहे होत! कारण अत्यंत कडाक्याच्या थंडीत काही वनस्पतींची वाढ होत नाही म्हणून शीत प्रदेशात त्याकरिता काचेची बंदिस्त घरे बांधतात. सूर्यप्रकाश व उष्णता काचेतून या काचगृहात वाढणाऱ्या वनस्पतींना मिळतात. सूर्याच्या प्रकाशात इन्फ्रारेड तथा अतिलाल किरणं असून त्यांची तरंग लांबी (Wave length) आखूड असते. ते काचेतून आत सहज जाऊ शकतात. त्यामुळे त्यांच्या उष्णतेने काचगृह आतून उबदार होते. पण त्याच बरोबर काचगृहात लांब तरंग लहरी असलेली उष्णता उत्सर्जित होते. परंतु ही उष्णता मात्र काचेतून बाहेर पडत नाही. आत कोंडलेल्या उष्णतेमुळे बाहेरच्या तापमानापेक्षा

काचगृहाचं तापमान अधिक असते. वनस्पतींच्या वाढीसाठी हे तापमान उपयुक्त ठरते. सौरचूल किंवा सोलर कुकरमध्ये ह्याच तत्त्वाचा वापर केलेला आहे. आतील उष्णतेमुळे कुकरमधील अन्न शिजते. अशा प्रकारची नैसर्गिक प्रक्रिया पर्यावरणातील वायू मंडळामुळे भूतलावर घडते. आपल्या पृथ्वीभोवती असलेल्या वातावरणात विविध वायू व पाण्याची वाफ असते. हे वायूंचे आवरण पृथ्वीभोवती हरितगृहाच्या काचेसारखे कार्य करते. म्हणूनच भूतलावर सजीवांना आरोग्यकारक तापमान राहते. हे विशाल काचगृह नसतं तर भूतलावर सजीवांना गोठवून टाकणारं –१९° सें. एवढे तापमान राहिले असते. म्हणजे निसर्गाने भूतलावरदेखील विशाल असे हरितगृह तयार केलेले असून त्यामुळे पृथ्वीवर सजीवांचं अस्तित्व टिकू शकले आहे. सजीवांच्या अस्तित्वासाठी अशी योजनाच अत्यावश्यक आहे. त्यात एक प्रकारचे संतुलन आहे.

परंतु मानवाने निसर्गावर सातत्याने आक्रमण केले आहे. आपल्या हितासाठी त्याने निसर्गाला वेठीस धरले आहे. निसर्गातील ढवळाढवळीचा अतिरेक केला आहे. नैसर्गिक संपदेची मानवाने अमर्याद लूट केली आहे. जंगलांची बेछूट कत्तल होत आहे. दगडी कोळसा, पेट्रोलियम यासारख्या इंधनांचा वापरही अमर्याद होत आहे. त्यामुळे प्रदूषणाची समस्या वाढत आहे. वाढत्या औद्योगिकरणामुळे पर्यावरणाचा समतोल ढासळतो आहे. विशेषत: जीवाश्म इंधनांच्या प्रचंड वापरामुळे गेल्या शतकापासून वातावरणात विविध वायूंचे व प्रामुख्याने कार्बनडाय ऑक्साईड वायूचे प्रमाण सातत्याने वाढत आहे. हे वायू हरितगृह परिणाम दर्शवितात म्हणून त्यांना हरितगृह वायू देखील म्हटले जाते. त्यात प्रामुख्याने कार्बनडाय ऑक्साइड वायू, मिथेन, नायट्रस ऑक्साईड, क्लोरोफ्ल्युरोकार्बन्स इ.चा समावेश होतो. वातावरणातील या वायूंच्या वाढत्या प्रमाणामुळे एकूणच जगाच्या हवामानात कमालीचे बदल घडून येत आहेत. भविष्यातील काही दशकांपर्यंत ह्या समस्येला मानवाला तोंड द्यावे लागेल. जागतिक हवामानात पर्जन्यवृष्टी, वादळे, वाऱ्यांची दिशा, सागरातील प्रवाह, सागराची पातळी,इ. गोष्टींचा समावेश होतो आणि त्यांचा सरळ संबंध हा पृथ्वीचे तापमान व उष्णता याच्याशी आहे. येत्या ५० वर्षांत पृथ्वीवरील हवामानात कमालीचे बदल घडून येतील असे तज्ज्ञांचे अनुमान आहे. अर्थात त्यामुळे एकूणच विपरीत परिणाम होतील. क्लोरोफ्ल्युरोकार्बन्स हे वायू देखील स्तरीतावरणातील संरक्षक ओझोन वायूचा ऱ्हास घडवून आणतात. त्यामुळे देखील भूतलावरचे तापमान वाढते.

औद्योगिक क्रांतीमुळे उद्योगधंद्यांची भरभराट झाली. त्याचे चित्र आपण पाहतो आहोत. परंतु औद्योगिकीकरणामुळे मात्र वातावरणात उष्णता फार मोठ्या

प्रमाणात टिकून राहिली. दर चौ. मीटर पृथ्वीच्या पृष्ठभागावर २.३० वॅटस् एवढी उष्णता आहे. हरितगृह परिणामास जबाबदार असणाऱ्या प्रमुख वायूंचे प्रमाणदेखील सन १७६५ पासून लक्षणीयरित्या वाढले आहे. जगभर दगडी कोळसा या इंधनाचा वापर सातत्याने वाढत आहे. त्यामुळे हवेत कार्बनडाय ऑक्साइडचे प्रमाणही सातत्याने वाढत आहे. जगभरातील औद्योगिकरणाच्या गेल्या १०० वर्षांतील आढावा घेतल्यास जिवाश्म इंधनाच्या ज्वलनांमुळे वातावरणातील सुमारे २४००० कोटी टन ऑक्सिजन संपला असून त्या बदल्यात ३६००० कोटी टनापेक्षा अधिक कार्बनडाय ऑक्साइड वायू हवेत मिसळला गेला आहे. दरवर्षी वातावरणात दगडी कोळसा व खनिज तेले यांच्या ज्वलनामुळे जवळपास ९ × १०⁹ टन कार्बनडाय ऑक्साइड वायू सोडला जातो. आणि कार्बनडाय ऑक्साइड हा वायूच मोठ्या प्रमाणात वातावरणात उष्णता रोखून धरतो.

पृथ्वीवरचे तापमान हे बरेचसे वातावरणातील वायूंच्या प्रमाणावर अवलंबून असते. सूर्यापासून भूतलावर जी उष्णता मिळते ती लघुतरंग लांबीची असते. पृथ्वीभोवती कार्बनडाय ऑक्साइड वायूचे आवरण हे काचेसारखे असते. सूर्याची उष्णता हा वायू थेट पृथ्वीवर येऊ देतो. त्यामुळे पृथ्वी तापते. कारण बरीचशी उष्णता पृथ्वी शोषून घेते. परंतु तिच्याकडील काही उष्णता पुन्हा वातावरणात उत्सर्जित केली जाते. त्यात प्रामुख्याने इन्फ्रारेड किरणांचा समावेश असतो. ही उष्णता दीर्घ तरंग लांबीची असून कार्बनडाय ऑक्साइड वायू मात्र अडवून ठेवतो. म्हणजे काचेतून जशी उष्णता बाहेर पडू शकत नाही. म्हणून हा वायू जर नसता तर पृथ्वीचे जे तापमान आहे त्यापेक्षा खूप कमी; म्हणजे सजीवांना गोठवून टाकणारं तापमान पृथ्वीचं राहिलं असतं. गेल्या शतकापासून एकूण जगभर औद्योगिकीकरण झपाट्याने वाढत आहे. त्याच वेगाने मानवाने जंगलांची कत्तल सुरू केली आहे. वनस्पती फार मोठ्या प्रमाणात कार्बनडाय ऑक्साईड वायू प्रकाश संश्लेषण प्रक्रियेसाठी वापरुन आपले अन्न तयार करतात. परंतु आता कार्बनडाय ऑक्साईडचे प्रमाणच एवढे भरमसाठ वाढत आहे की, तो वनस्पतींकडून वापरला जात नाही. सन १९८० मध्ये या वायूचे प्रमाण २६ पी. पी. एम. एवढे होते. हेच प्रमाण सध्या ३४ पी. पी. एम. झालेले असून सन २०५० मध्ये ते ६० पी. पी. एम. इतके झालेले असेल. याचे कारण म्हणजे गेल्या शतकापासून उद्योगधंद्यात व औष्णिक विद्युतकेंद्रांमध्ये दगडी कोळसा, खनिज तेल यांचा वापर वाढल्यामुळे अनेक घातक वायू वायुमंडळात पसरत आहेत. या वायूंमध्ये हरितगृह परिणाम करणारे गुणधर्म आहेत. पर्यायाने सूर्याकडून पृथ्वीवर आलेली उष्णता परावर्तित झाल्यावर वातावरणात साठवून ठेवली जात

आहे. व त्यामुळे पृथ्वी तापत आहे. वनस्पती कार्बनडाय ऑक्साईड वायू वापरतातच; पण बराच कार्बनडाय ऑक्साईड वायू हो सागराच्या पाण्यात शोषला जातो. सागरातील मृदुकाय प्राणी त्यांची कठीण कवचे तयार करण्यासाठी जो चुना तथा कॅल्शियम कार्बोनेट ($CaCO_3$) वापरतात. त्यासाठी हा कार्बनडाय ऑक्साइड वायू वापरला जातो. पण सागरी पाण्यात कार्बनडायऑक्साईड किती शोषला जावा ह्यालाही मर्यादा आहेत. म्हणून उरलेला हा वायू वातावरणात साठून राहातो.

कार्बनडाय ऑक्साईड वायूचे प्रमाण वाढण्याचे दुसरे कारण म्हणजे दलदलीच्या प्रदेशातील व जंगलातील कार्बनयुक्त घटकांचे नैसर्गिकरित्या विघटन व भस्मीकरण होत असते. त्यामुळेही कार्बनडायऑक्साईड वायूचे प्रमाण वाढते. तसेच सिमेंट निर्मिती करणारे कारखानेदेखील या कामी हातभार लावतात. लोह निर्मिती करणारे मोठमोठे कारखानेदेखील प्रचंड प्रमाणात या वायूची निर्मिती करतात. उत्तर गोलार्धातील अनेक प्रगत औद्योगिक राष्ट्रे जवळजवळ ८५ टक्के हा वायू तयार करतात. विकसनशील राष्ट्रेदेखील गेल्या २ दशकांपासून याकामी हातभार लावीत आहेत. शास्त्रज्ञांच्या मते गेल्या १०० वर्षात कार्बनडाय ऑक्साईडचे प्रमाण जवळपास १५ टक्क्यांनी वाढले आहे. जर वातावरणातील कार्बनडाय ऑक्साईडचे प्रमाण दुप्पट झाले, आणि ती शक्यता २१ व्या शतकाच्या मध्यावर आहे, तर मात्र पृथ्वीचे तापमान ३.६ °सें. वाढेल. अशा प्रकारे पृथ्वीचे तापमान वाढतच राहिले तर भूतलावरील दक्षिण व उत्तर ध्रुवावरील बर्फ वितळेल आणि सागरी पाण्याची पातळी २० से.मी. पर्यंत वाढू शकेल आणि त्यामुळे सागर किनाऱ्याजवळची मोठमोठी शहरे जलमय होतील. त्याचा परिणाम एवढ्यावरच थांबणार नाही तर पर्जन्यमान, वादळे, वाऱ्याच्या दिशा, समुद्रातील अंतर्गत प्रवाह व सागरपातळी यांच्यामध्ये बदल घडून येतील. या साऱ्या गोष्टींचा एकूण विपरीत परिणाम व भयंकर समस्या शेवटी मानवालाच भोगाव्या लागतील.

पृथ्वीचे तापमान वाढण्यामागे ओझोनच्या संरक्षक कवचामध्ये बदल घडून येत आहेत. या ढालीसारख्या संरक्षक कवचामुळे भूतलावरील सजीवांचे संरक्षण केले जात आहे. परंतु अलिकडे हे संरक्षक आवरण विरळ होत असल्याचे आढळून आले आहे. ध्रुवीय प्रदेशाकडे त्याला मोठे भगदाड पडले असल्याचे लक्षात आले आहे. ओझोनची ही भोके बुजवण्यासाठी आंतरराष्ट्रीय पातळीवर निधी उभारला असून प्रयत्न चालू आहेत. ओझोनचे आवरण विरळ होण्याचे दुसरे कारण म्हणजे क्लोरोफ्ल्युरो कार्बन्स ही रसायने होत. कारण त्यांच्यामुळे ओझोनचा ऱ्हास होतो. या विरळ थरातून सौर ऊर्जा सरळ भूतलावर येऊन तिचे

तापमानही वाढत आहे.

पृथ्वीच्या तापमानाची नोंद घेतली जाते. गेल्या १०० ते १३० वर्षांच्या तापमानाची नोंद दर्शविते की हळूहळू तापमान सुमारे ०.४५° से. ने वाढत आहे. पुढील शतकात अजून ०.३° से. ने सरासरी प्रत्येक दशकात तापमान वाढेल. समुद्राच्या पाण्यापेक्षा जमिनीचे तापमान लवकर वाढते. उत्तरेकडे दक्षिणेपेक्षा तापमान अधिक आहे. त्यामुळे दर दशकात समुद्राची पातळी ही ६ से.मी. ने वाढेल. सन २०३० मध्ये ही पातळी २० से.मी. पर्यंत वाढेल तर सन २१०० मध्ये ६५सें.मी पर्यंत जाईल.

वातावरणातील बदलांमुळे शेती, जंगले व पशुसंपदा यावर विपरीत परिणाम होतील. आजच अनेक देशांमध्ये उदा. ब्राझील, पेरू, मध्य आशिया इ. मध्ये शेतीचे उत्पादन घटले आहे. वनांचा ऱ्हास होत आहे. नैसर्गिक वातावरणात आमूलाग्र बदल घडून येत आहेत. पर्जन्यमानावरही अनिष्ट परिणाम घडून येत आहेत. काही प्रदेशात महापूर येतात. ओला दुष्काळ पडतो. तर काही ठिकाणी मात्र अवर्षणामुळे पाण्याचे दुर्भिक्ष्य आहे. आफ्रिकेत इथिओपियात पडलेला दुष्काळ याचे ज्वलंत उदाहरण आहे. भारतातही काही बदल दिसून येत आहेत. सन १९१२ पर्यंत ३६ टक्क्याहून अधिक भूप्रदेशावर जंगले होती. पण आता हे क्षेत्र फक्त १४ टक्के एवढेच शिल्लक राहिले आहे. वनांचा ऱ्हास व जीवाश्म इंधनाचा अमर्याद वापर यामुळे वातावरणात बदल घडून येत आहेत आणि पर्जन्याचे प्रमाण सातत्याने घटत आहे. कार्बनडाय ऑक्साइड वायूच्या संचयनामुळे मोठमोठ्या शहरांमध्ये तापमान वाढल्याचे आढळते. उदा. मुंबई, दिल्ली, कोलकोत्ता इ. शहरांमध्ये वृक्षांपेक्षा सिमेंटची जंगलेच वाढत आहेत. त्यामुळे इमारती दिवसा तापतात आणि रात्रीचे तापमान ४-६°से. ने वाढते.

वाढत्या तापमानामुळे समुद्र किनाऱ्यावरील शहरांचं भवितव्य धोक्यात येईल. सन २०५० पर्यंत समुद्रांची पातळी ३० ते ५० सें.मी. पर्यंत वाढेल. त्यामुळे समुद्र किनारपट्टी व बेटांना धोका पोहोचेल. जर ही पातळी १ मीटर पर्यंत वाढली तर अनेक बेटे जलमय होतील. मानवी वसाहतीस ती अयोग्य ठरतील. कृषीयोग्य जमीन निरूपयोगी होईल. गोडे पाण्याऐवजी खारट पाणी पसरेल. त्यामुळे लक्षावधी लोकांना सुरक्षित स्थळी स्थलांतर करावे लागेल. जेव्हा दुष्काळ पडतील, वादळांचा संहार सुरू होईल तेव्हा मात्र भयानक परिस्थिती उद्भवेल. पृथ्वीच्या अशा वाढत्या तापमानामुळे शेवटी मानवालाच तोंड द्यावं लागणार आहे. ही भयानक परिस्थिती उद्भवू नये म्हणून वेळीच उपाययोजना करणे गरजेचं आहे. त्यासाठी आंतरराष्ट्रीय स्तरावरच प्रयत्न होणे गरजेचं आहे. काही धोरणांची आखणी व अंमलबजावणी करावी लागेल.

विशेषत: विकसित राष्ट्रांनी वाढत्या कार्बनडाय ऑक्साईड वायूला आळा घालणं आवश्यक आहे. या संदर्भात ब्राझील येथे 'रिओ दी जानेरो' येथे झालेल्या वसुंधरा परिषदेत वादळी चर्चा झाली. दुसरा पर्याय म्हणजे दगडी कोळसा या इंधनाऐवजी पर्यायी इंधनाचा वापर केल्यास कार्बनडाय ऑक्साईडची निर्मिती कमी होईल. त्यासाठी अणु ऊर्जा, नैसर्गिक वायू, सौर व पवन उर्जेचा वापर करणे हितावह ठरेल. तसेच लोहउद्योगामुळे या वायूची निर्मिती मोठ्या प्रमाणात होत असल्यामुळे असे उद्योग कमी करणे उपयुक्त ठरेल. कार्बनडाय ऑक्साईडमुळे उद्भवणाऱ्या पर्यावरण समस्येवर मात करण्यासाठी सामाजिक वनीकरणासारखे प्रकल्प राबविणे हितावह ठरतात. या संदर्भात चीनने आमूलाग्र बदल घडवून आणले. सन १९४९ मध्ये या देशाने ५ टक्क्यावरून १२.७ टक्क्यांपर्यंत वनक्षेत्र वाढविले.

आंतरराष्ट्रीय स्तरावर सुरक्षा परिषदेने दोन मार्गांनी पृथ्वीच्या तापमान वाढीवर प्रयत्न सुरू केले आहेत. सन १९८८ मध्ये इंटर गव्हर्नमेंटल पॅनल ऑन क्लायमेट चेज (IPCC) या संघटनेची स्थापना केली. आंतरराष्ट्रीय स्तरावर वातावरण बदलांसंदर्भात वैज्ञानिक जागृती व्हावी हा उद्देश यामागे आहे. त्यामार्फत दोन अहवालही प्रसिद्ध करण्यात आले. दुसरी एक संघटना म्हणजे इंटरनॅशनल निगोसिएटिंग कमिटी (INC) ही वातावरण बदलाबाबतची संघटना १९९० मध्ये स्थापन करण्यात आली. तिचे कार्य दोन देशांमध्ये करार कसा करायचा याबाबत नियमावली करणे हे आहे. साऱ्या जगानेच या प्रश्नाकडे गांभीर्याने पाहिले तर ही समस्या सोडविणे अशक्य नाही.

◆

१२. वायू प्रदूषणाचे सजीवांवर होणारे दुष्परिणाम

१) वनस्पतींवरील परिणाम

वायू प्रदूषणाचा परिणाम जसा प्राण्यांवर व इतर सजीवांवर होतो तसा वनस्पतींवर देखील होतो. परंतु त्या माणसासारख्या बोलू शकत नाहीत. तसेच वनस्पतींचं दुर्दैव हे की त्यांना स्थलांतर करता येत नाही. पळून जाता येत नाही. निमूटपणे त्या अत्याचार सोसत असतात. प्रदूषणाचे त्यातील घातक विषारी घटकांचे वनस्पतींवर अत्यंत दूरगामी व गंभीर परिणाम होत असतात. हे परिणाम इतके भयानक असतात की कधी कधी त्यामुळे वनस्पतींचं अस्तित्वच नष्ट होतं. त्या जळून जातात. आज भूतलावरील जंगलांचा जो प्रचंड विनाश होत आहे त्यात प्रदूषण, आम्ल वर्षा, विविध विषारी वायू यांचा फार मोठा वाटा आहे. आम्ल पर्जन्यामुळे तर हजारो हेक्टर क्षेत्रावरील झाडी, वनस्पती नष्ट झाल्या आहेत. ही समस्या वेगाने वाढत आहे.

सुरूवातीला अशी धारणा होती की वनस्पतींना घातक ठरतो तो फक्त सल्फरडाय ऑक्साईड वायू! परंतु नवीन उद्योगधंद्यामुळे अनेक प्रकारचे घातक वायू व धुलीकण देखील वनस्पतींना मारक ठरतात. प्रदूषक घटकांच्या उगमस्थानापासून १००-१५० कि.मी. दूर अंतरावर असलेल्या वनस्पतींवर देखील दुष्परिणाम आढळून आले आहेत.

औद्यागिक वसाहतींमधील प्रदूषक घटकांनी विशेषत: धातूंच्या भट्ट्यांमुळे तर जंगलांचा विनाश फार मोठ्या प्रमाणात झाला आहे. उदा. डकटाऊन, टेनेसी (अमेरिका) येथील समस्या गंभीर आहे. कॅनडा आणि अमेरिका या दोन देशांमध्ये फार पूर्वीपासून आंतरराष्ट्रीय स्तरावर भांडण चालू आहे. त्याचे कारण म्हणजे 'ब्रिटीश कोलंबिया कॉपर स्मेल्टर' ही भट्टी होय. या भट्टीतून बाहेर पडणाऱ्या प्रदूषकांनी फार मोठे नुकसान केले आहे. लॉस एंजेलिसच्या धुरामुळे तर फार मोठ्या प्रमाणात दक्षिण कॅलिफोर्नियातील पिकांची व जंगलांची हानी होत आहे. या संदर्भात अमेरिकेत अनेक अहवाल व पुस्तके देखील प्रकाशित

झाली आहेत. काही पिकांच्या बाबतीत अमेरिकेला किती नुकसान होते याचा आढावादेखील घेतला गेला आहे. आणि लाखो डॉलर्सची नुकसान भरपाई देखील संबधितांना देण्यात आली आहे. आपल्या, देशातदेखील सिमेंट कारखान्यांमुळे, औष्णिक विद्युत केंद्रातील धुलीकण व राखेमुळे पिकांची अपरिमित हानी होत आहे. याबद्दलचे अहवाल सादर झाले आहेत. परंतु कोणतीही नुकसानभरपाई मात्र दिली जात नाही. ही शोकांतिका आहे. शेतकरी नुकसान सोसत असतात. वनस्पतींवर प्रदूषकांचे परिणाम कसे होतात? त्यासाठी पानांची रचना पाहणे महत्त्वाचे ठरते. त्यावर वनस्पतींना धोका कसा पोहोचतो त्याची कल्पना येते. जर आपण पान पाहिले तर त्यात असंख्य अशा शिरा (Veins) एकमेकांना जोडलेल्या असतात आणि त्या पानांच्या देठाजवळ एकत्र येतात. पानातील या शिरा पानांना अन्न आणि पाणी यांचा पुरवठा करतात. मानवाच्या शरीरातील रक्तवाहिन्यांचं जे कार्य असतं तेच कार्य या शिरांचं असतं. पानाच्या वर आणि खाली पातळ संरक्षक आवरण असून त्याखाली पेशींनी बनलेल्या ऊती अथवा स्नायू असतात. या पेशींमध्ये क्लोरोफिल (Chlorophyll) नावाचे हरितद्रव्य असते. प्रकाशसंश्लेषण क्रियेद्वारा वनस्पती आपले अन्न तयार करतात. प्रकाश संश्लेषणक्रियेसाठी सूर्यप्रकाश व कार्बनडायऑक्साईड वायूची गरज असते. पानांच्या खालच्या बाजूला सूक्ष्म अशी पर्णरंध्रे तथा छिद्रे (Stomata) असतात. त्या छिद्रांमधून कार्बनडाय ऑक्साईडवायू पानांमध्ये शिरतो व अन्न तयार करण्याच्या प्रक्रियेस मदत करतो. ह्या छिद्रांना दोन विशेष प्रकारच्या संरक्षक पेशी असतात. त्यांच्या उघडझापेमुळे वायू आत शिरतो किंवा बाहेर टाकला जातो. मग हा वायू एखादा घातक विषारी सल्फरडाय ऑक्साईड देखील असू शकतो.

पानाखालची छिद्रे किती प्रमाणात उघडी आहेत त्यावरच वायू पानात शोषून घेणे अवलंबून असते. जेव्हा ही रंध्रे अधिक प्रमाणात उघडी असतात. तेव्हा अधिक प्रमाणात वायू पानात शिरतो. पण याउलट जर ही रंध्रे फार अल्प प्रमाणात उघडी असतील तर कमी प्रमाणात वायू आत शिरतो. प्रखर सूर्यप्रकाशात ही पर्णरंध्रे अधिक प्रमाणात उघडतात आणि अधिक प्रमाणात कार्बनडाय ऑक्साईड वायू पानांमध्ये शिरतो. तसेच सापेक्ष आर्द्रता अधिक असेल, योग्य तापमान व मुळांना योग्य बाष्पाचा पुरवठा असेल तरीही छिद्रे अधिक उघडतात. त्यामुळे जर हवेत सल्फर डायऑक्साईडसारखा विषारी वायू अधिक असेल तर मात्र तो मोठ्या प्रमाणात पानांमध्ये शिरून पानाला घातक ठरतो.

बहुसंख्य वनस्पती ह्या रात्री पर्णछिद्रे बंद करतात त्यामुळे त्या दिवसापेक्षा रात्री अधिक प्रभावीपणे प्रदूषक वायूंना तोंड देतात. परंतु काही वनस्पती उदा.

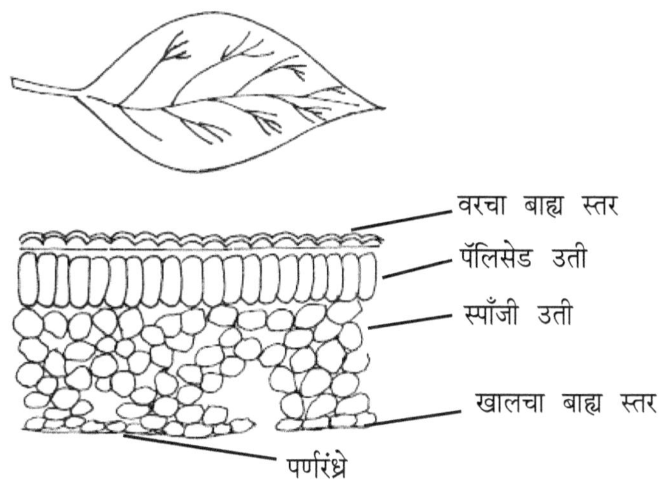

आकृती १२.१ : वनस्पतींच्या पानाचा आडवा छेद व पर्णरंध्रे.

बटाटा मात्र रात्रीदेखील पर्णरंध्रे बंद करीत नाहीत. त्यामुळे ती वनस्पती दिवसा जशी संवेदनशील असते तशीच रात्रीही असते.

वनस्पतींना घातक ठरणारे प्रदूषक खालीलप्रमाणे आहेत.

१) सल्फरडाय ऑक्साईड वायू

२) फ्ल्युराईडची संयुगे (उदा. हायड्रोजन फ्ल्युराईड)

३) ओझोन

४) क्लोरीन

५) हायड्रोजन क्लोराईड

६) नायट्रोजन ऑक्साईडस् (उदा. नायट्रीक ऑक्साईड, नायट्रोजन डाय ऑक्साइड)

७) अमोनिया

८) हायड्रोजन सल्फाईड

९) हायड्रोजन सायनाईड

१०) पारा

११) इथिलिन

१२) पेरॉक्सी ॲसेटिल नायट्रेट (PAN)

१३) तणनाशके

१४) धूर, धूळ इ.

वरील प्रदूषक घटक वनस्पतींच्या वाढीला अडथळा निर्माण करतात. तसेच प्रकाश संश्लेषण प्रक्रियेतही ढवळाढवळ करतात. धूर, धुलीकण, राख यांच्यामुळे पानांवर थर बसतात व त्यांना पुरेशा प्रमाणात प्रकाश मिळू देत नाहीत. त्याचप्रमाणे हे प्रदूषक पदार्थ पर्णछिद्रांमध्ये शिरून ती छिद्रे बंद करतात म्हणून पानांना पुरेशा प्रमाणात कार्बनडाय ऑक्साईड मिळू शकत नाही आणि अपुऱ्या कार्बनडाय ऑक्साइडमुळे प्रकाशसंश्लेषण प्रक्रिया सुरळीतपणे पार पडत नाही. म्हणजेच पर्यायाने वनस्पती अन्न तयार करू शकत नाही. अन्नच नसेल तर वनस्पतींची वाढ कशी होणार? पर्यायाने त्यांची वाढ खुंटते.

पानांना होणारी इजा

वनस्पतींचे नाजूक अवयव म्हणजे पाने! त्यांनाच सर्वप्रथम प्रदूषणामुळे धोका पोहोचतो. खालीलप्रमाणे पानांना इजा पोहोचते.

१) पेशी व उतींचा मृत्यू - पर्णछिद्रातून जर विषारी वायू पानांच्या पेशी व उतींमध्ये शिरला म्हणजे त्यांच्यावर आपला दुष्परिणाम दर्शवितो. पेशी अत्यंत नाजूक व संवेदनशील असतात. विषबाधेमुळे त्या पेशी मरतात. अनेक

आकृती १२.२ : फ्ल्युराईडमुळे द्राक्षाच्या पानांना झालेली इजा. कडेने पाने जळून जातात.

पेशींनी मिळून उती तयार होतात. त्या उतींनाही धोका पोहोचतो. त्या मरतात. त्यालाच नेक्रॉसिस (Necrosis) असे म्हणतात. पेशी किंवा उती मरायला लागल्या म्हणजे पानांचा विनाश सुरू होतो.

२) हरितद्रव्याची कमतरता - हरितद्रव्य तथा क्लोरोफिल हा वनस्पतींचा जीव की प्राण असतो. कारण त्यामुळेच सूर्यप्रकाश व कार्बनडाय ऑक्साईड वायू यांच्या साहाय्याने वनस्पती आपले अन्न पिष्ठमय पदार्थांच्या रूपाने करू शकतात. अन्नच नसेल तर वनस्पतींची वाढही खुंटते. प्रदूषक पदार्थांमुळे हरितद्रव्याची निर्मिती खुंटते, त्याची कमतरता भासते. त्याच्या न्यूनत्वामुळे पाने पिवळी पडतात. गर्द हिरवा रंग राहात नाही. माणसात ज्याप्रमाणे रक्ताचे प्रमाण कमी झाले म्हणजे माणूस पिंगट दिसतो तसाच हा प्रकार आहे. पोषक घटकांची कमतरता देखील वनस्पतींमध्ये आढळते. या प्रकाराला क्लोरोसिस (Chlorosis) असे म्हणतात.

३) पानगळ - प्रदूषणकारी घटकांचा वनस्पतींवर विपरीत परिणाम झाल्यामुळे पाने गळू लागतात. दूषित वातावरणाच्या परिणामामुळे नाजूक पाने जळून जातात. ती गळतात त्यालाच पानगळ (Abscission) असे म्हणतात. निष्पर्ण वृक्ष म्हणजे लाकडाचे सांगाडे दिसतात.

४) वक्राकार पाने - वनस्पतींची पाने सर्वसामान्यपणे सपाट असतात. ती वेडीवाकडी नसतात. कारण सरळ पानांमुळे वनस्पतीला भरपूर सूर्यप्रकाश मिळतो. परंतु प्रदूषणाच्या प्रभावामुळे मात्र पाने वाकडी, वक्राकार होतात. पानांच्या खालच्या बाजूच्या पर्णछिद्रांमधून विषारी वायू आत शिरल्यामुळे त्याचा प्रभाव खालच्या बाजूने सुरू होतो. त्या बाजूच्या पेशींची वाढ व विभाजन खुंटते. या उलट वरील बाजूच्या पेशींची वाढ होते. या प्रकारामुळे पाने सरळ, सपाट न राहता वक्राकार बनतात. ही खरं तर एक प्रकारची विकृतीच पानांना होते. अर्थात हा प्रकार प्रदूषणामुळे उद्भवतो.

५) पानांचे बदलते रंग - प्रदूषक घटकांमुळे वनस्पतीच्या पानांना जी इजा पोहोचते त्यामुळे पानांना विशिष्ट प्रकारचा रंग येतो. अनेकदा पाने पांढरी दिसतात. त्याचे कारण म्हणजे सल्फरडाय ऑक्साईडचा परिणाम. अमोनिया वायुच्या प्रभावामुळे पाने पिवळी पडतात. तर फ्ल्युराईडमुळे पानांना तपकिरी रंग येतो. पेरॉक्सी ऑसिटिल नायट्रेटमुळे वनस्पतीची पाने चंदेरी किंवा कास्यरंगाची बनतात. वनस्पतींना घातक ठरणाऱ्या अशा पदार्थांना वनस्पतींचे विष मानले जाते.

वनस्पतींना होणाऱ्या इजा व त्यांचे स्वरुप

वनस्पतींवर होणारे परिणाम हे प्रदूषणाच्या तीव्रतेवर अवलंबून असतात.

जेवढी तीव्रता अधिक तेवढा परिणाम गंभीर व चटकन् होत असतो. परंतु कधी कधी तीव्रता कमी असली तरी दीर्घकाळ परिणाम होत असेल तर मात्र वनस्पतींवर दूरगामी परिणाम होतात हे परिणाम खालीलप्रमाणे असतात.

१) गंभीर इजा - प्रदूषणकारी घटक जर वातावरणात विपुल प्रमाणात असतील तर अगदी अल्पावधीत ते वनस्पतींना हानीकारक ठरतात. अगदी काही तासात किंवा दिवसांमध्ये वनस्पतींच्या पानांवर गंभीर इजा दिसू लागतात. त्याचे कारण म्हणजे विषबाधेमुळे पानांमधील पेशी चटकन् मरतात. पानांवर जळालेले मृत चट्टे अथवा ठिपके दिसतात. वनस्पतींच्या या पानांवरील इजांमुळे प्रदूषणाची तीव्रता लक्षात येते.

२) सौम्य इजा - बऱ्याचदा वातावरणात प्रदूषणाची पातळी काहीशी कमी तीव्रतेची असते आणि त्यामुळे त्याचा परिणाम चटकन् दिसून येत नाही. परंतु अशा प्रदूषित वातावरणात वनस्पती दीर्घकाळ राहिल्या तरीदेखील त्यांना हळूहळू विषबाधा होते. हा परिणाम एकदम गंभीर नसला तरी पानांमधील हरितद्रव्याचे प्रमाण मात्र घटते. त्यामुळे पाने हिरवीगार दिसत नाही. हरितद्रव्याचे प्रमाण घटते तर प्रकाशसंश्लेषण प्रक्रियेवरही परिणाम होतो. वनस्पतीची अन्न तयार करण्याची प्रक्रिया मंदावते. जमिनीतून वनस्पती पोषक घटकही पुरेशा प्रमाणात वनस्पती घेऊ शकत नाही. त्यामुळे वनस्पतींची वाढ खुंटते. अशा प्रकारच्या इजेमुळे पाने गळू लागतात.

३) खुंटित वाढ - प्रदूषणाचा वनस्पतींवरील आणखी एक परिणाम म्हणजे त्यांची कुंठित अथवा खुरटलेली वाढ. या प्रकारात इजेचे स्वरुप दृश्य स्वरुपात नसले तरी वाढीवर मात्र परिणाम झालेला असतो. इतर वनस्पतींप्रमाणे या विषबाधित वनस्पतीची वाढ होत नाही. वाढच खुंटल्यामुळे त्या वनस्पतीपासून मिळणाऱ्या उत्पादनावरही परिणाम होऊन ते घटते. कारखान्याच्या परिसरातील दूषित घटकांचा परिणाम म्हणून वनस्पतींची वाढ खुंटते. कृषी उत्पादन घटते. इतर घटकांमुळे देखील वनस्पतींमध्ये रोग उद्भवतात. त्यांची लक्षणे व हवेच्या प्रदूषणामुळे उद्भवलेल्या रोगाची लक्षणे बऱ्याचदा सारखी असतात. उच्च तापमान, वनस्पतींची व्यवस्थितरित्या न घेतलेली काळजी, पाणी व पोषक घटकांचा अभाव यामुळे देखील वनस्पतींच्या वाढीवर परिणाम होतो. त्यातून उद्भवणारी लक्षणे प्रदूषणामुळे उद्भवणाऱ्या लक्षणांसारखी असतात. किडीच्या प्रादुर्भावामुळेही समस्या उद्भवते म्हणून दूषित हवेचा परिणाम अभ्यासताना अभ्यासकाने वनस्पतीचा रोग, पोषण इतिहास, हवामानाचा परिणाम, किडीचा प्रादुर्भाव आणि विविध प्रकारच्या प्रदूषक घटकांचा अभ्यास करणे महत्त्वाचे असते.

विविध प्रदूषकांचा परिणाम

हवेत अनेकविध प्रकारचे विषारी प्रदूषक असतात. त्यात प्रामुख्याने सल्फरडाय ऑक्साइड, ओझोन, फ्ल्युराईडस् इ. चा वनस्पतींवर परिणाम होत असतो.

१) सल्फरडाय ऑक्साईड वायूचे परिणाम - हा वायू विषारी असल्यामुळे त्याची तीव्रता आणि वनस्पतीचा त्याच्या सान्निध्यातील काळ यावर परिणाम अवलंबून असतो. यामुळे गंभीर तशीच टिकाऊ प्रकारची इजा उद्भवते. या वायूमुळे जी गंभीर इजा उद्भवते ती म्हणजे पानांच्या कडा जळून जातात. त्याचे कारण म्हणजे तेथील पेशी व ऊती मरून जातात. आणि पाने कडेच्या बाजूंनी कोरडी होतात. पर्णरंध्रामधून हा वायू आत शिरतो व पेशींना निष्क्रिय करतो. तेथील पाणी नष्ट होते. जेथे पेशी मरतात तो भाग हस्तीदंतासारखा पांढरा फटफटीत पडतो. काही वनस्पतींमध्ये हा रंग तपकिरी किंवा तांबडा तपकिरी दिसतो. पानांचा हिरवा रंग या विषबाधेमुळे पांढरा पडतो. कपाशी, गहू, बार्ली, सफरचंद इ. वनस्पती या वायूस अत्यंत संवेदनशील आहेत. कमी तीव्रता पण दीर्घ काळात या वायूमुळे परिणाम उद्भवतात. ०.१ ते ०.२ पी. पी. एम. एवढी सल्फर डाय ऑक्साइडची मात्रा वनस्पतींना विषारी ठरते. ०.४ पी. पी. एम. पेक्षा कमी मात्रा प्रकाश संश्लेषण प्रक्रियेत अडथळा निर्माण करते. तसेच

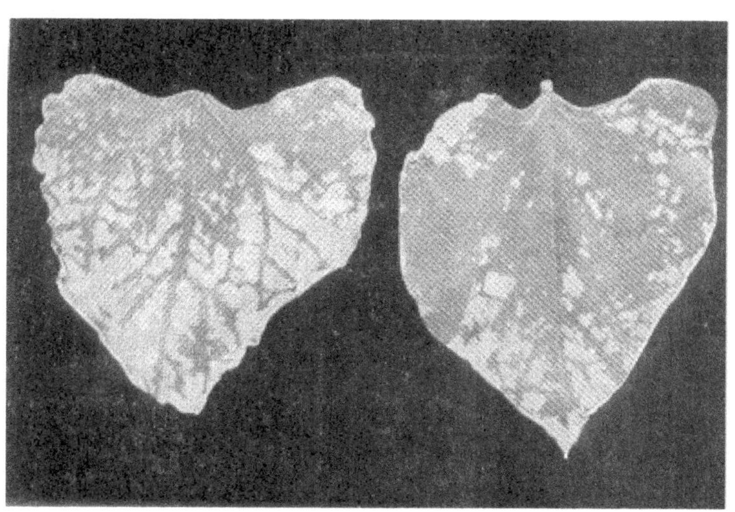

आकृती १२.३ : सल्फरडाय ऑक्साईड वायूमुळे वाटाण्याच्या पानांना खालून व वरून झालेली इजा

वनस्पतींच्या श्वसनातही अडथळे निर्माण होतात.

२) हायड्रोजन फ्ल्युराईडचे परिणाम - या विषारी प्रदूषकाचे वनस्पतीवरील दुष्परिणाम बरेचसे सल्फरडाय ऑक्साइड सारखे असतात. कणरूप व वायुरूप फ्ल्युराईडसमुळे पानात व बाहेर त्याचा संचय होतो. ५० ते २०० पी. पी. एम. एवढे प्रमाण वाढले म्हणजे वनस्पतींना इजा पोहचते. सल्फरडाय ऑक्साईड-पेक्षा हा प्रदूषक १० पट अधिक घातक आहे. पानांचा रंग हिरव्या रंगाऐवजी रंगीबेरंगी होतो. हरितद्रव्यावर परिणाम होऊन ते फिक्कट होते. जर पानांमध्ये ५० पी. पी. एम पेक्षा अधिक फ्ल्युरिन असेल तर अशा वनस्पती गुरांना वैरण म्हणून वापरणे धोक्याचे असते. पानांपेक्षा फुले व फळे या वायूला अधिक प्रभावीपणे प्रतिकार करतात. फ्ल्युराईडस् देखील वनस्पतींच्या श्वसनात व प्रकाशसंश्लेषण प्रक्रियेत ढवळाढवळ करतात. स्वयंचलित कार्बनडाय ऑक्साईड विश्लेषक या उपकरणाने हे दर्शविता येते. काही वनस्पती या प्रदूषकात अत्यंत संवेदनशील आहेत तर काही मात्र सहजपणे प्रतिकार करतात. दुसरे एक वैशिष्ट्य म्हणजे जमिनीमध्ये मोठ्या प्रमाणात फ्ल्युराईडस असूनही वनस्पती मात्र फारच अल्प प्रमाणात मुळांवाटे शोषून घेतात.

३) ओझोन - हवेतील ओझोनमुळे देखील वनस्पतींना इजा पोहोचते. परंतु ही इजा पानांच्या वरच्या पृष्ठभागावरच असते. पानांवर सर्वत्र पांढरे ठिपके, डाग दिसतात. असे ठिपके द्राक्ष, संत्री आणि तंबाखू इ. वनस्पतींच्या पानांवर दिसतात.

४) धुरळणी प्रदूषकांचे परिणाम - क्लोरीन, हायड्रोजन क्लोराईड, अमोनिया, हायड्रोजन सल्फाईड, इथिलिन व तणनाशके इ. प्रदूषकांच्या धुरळणीमुळे वनस्पतींना इजा पोहोचते. क्लोरीन हा वायू वनस्पतींना अत्यंत घातक प्रदूषक आहे. त्यामुळे पानांच्या कडा जळून जातात. अपघातामुळे या वायूची गळती झाली अथवा पाण्यात शुध्दीकरणासाठी अति प्रमाणात वापरला तर वनस्पतींना विषारी ठरतो. हायड्रोजन क्लोराईड देखील विषारी घटक असून पानांच्या कडा पांढऱ्या बनतात. उती मरतात. १० पी. पी. एम. एवढी मात्रा देखील घातक ठरते. नायट्रिक ऑक्साईडमुळे पानांच्या कडा तपकिरी बनतात. तसेच काळे किंवा तपकिरी रंगाचे डाग पानांवर पडतात. अमोनिया वायू फार विषारी असून त्याचा चटकन परिणाम होतो. हायड्रोजन सायनाईडची धुरळणी, ऑर्किड्सवरील कीटकांचा नाश करण्यासाठी वापरतात. परंतु बऱ्याचदा ही मात्रा जास्त असली तर वनस्पतींना विषारी ठरते. इथिलिनमुळे संवेदनशील वनस्पतींमध्ये वक्राकार पाने, हरितद्रव्याची कमतरता, पानगळ व खुरटी वाढ इ. समस्या उद्भवतात. निष्काळजीपणे जर तणनाशके, कीटकनाशके अमर्याद प्रमाणात वापरली तरी

देखील वनस्पतींना इजा पोहोचते. कपाशी, टोमॅटो, गुलाब, कोबी, मिरी, द्राक्षे, व तंबाखू इ. वनस्पती संवेदनशील असतात. धूर आणि धुके यांच्यापासून तयार होणाऱ्या धुरक्याचे देखील घातक परिणाम वनस्पतीवर होतात. प्रकाशाचा परिणाम होऊन त्या धुरापासून प्रकाशरासायनिक धूर तयार होतो. त्यात ओझोन, पेरॉक्सी ऑसिटील नायट्रेटस इ. विषारी घटक असतात. त्यामुळे कोवळ्या वनस्पतींना इजा पोहोचते. वनस्पती अकाली पक्व होतात. अशा रीतीने प्रदूषणाचा प्रत्यक्ष अप्रत्यक्षपणे वनस्पतीवर परिणाम होत असतो.

२. वायूप्रदूषणाचे मानव व प्राण्यांवर होणारे दुष्परिणाम

सजीवांना जगण्यासाठी शुद्ध व चांगल्या हवेची गरज असते. हवेमुळेच भूतलावर सजीवांचं जीवन सुरळीत चालू असते. कारण हवेमध्ये सजीवांसाठी जीवनदायी गुणधर्म आहेत. परंतु ही हवा जर दूषित असेल तर सजीवांच्या आरोग्याला घातकदेखील ठरते. प्रसंगी जीवघेणीदेखील ठरते. हवेत विविध वायुरूप घटकांचे संतुलन व्यवस्थित असले म्हणजे मानव व इतर सजीवांना ती उपयुक्त ठरते. परंतु तिच्यात दूषित विषारी वायू, घातक प्रदूषक घटक शिरले आणि तिचे संतुलन ढासळले म्हणजे सजीवांचे आरोग्य धोक्यात येते.

सर्वसामान्यपणे माणूस दिवसभरात सुमारे २२ हजार वेळा श्वासोच्छ्वास करतो. त्यामुळे सुमारे १६ कि.ग्रॅ. हवा तो शरीरात घेतो. अन्न व पाण्यापेक्षा त्याला अधिक प्रमाणात हवेची गरज असते. माणूस अन्नाविना ५ आठवडे जगू शकतो. पाण्याविना ५ आठवडे तो राहू शकतो. परंतु हवेविना तो ५ मिनिटे देखील जिवंत राहू शकत नाही. यावरुन हवेचं महत्त्व अनन्यसाधारण असेच आहे.

अर्थात सर्वच हवा दूषित नसते. त्यामुळे शरीराला इजा होत नाही. परंतु तिच्यात मिसळलेल्या दूषित घटकांचे प्रमाण व तीव्रता यावर धोका अवलंबून असतो. माणूस किंवा प्राणी अशा दूषित हवेत किती वेळ राहिला यावर ही विषबाधा अवलंबून असते. त्यामुळे दूषित हवेचे परिणाम खालील गोष्टींवर अवलंबून असतात.

१) दूषित घटकांचे स्वरूप
२) दूषित घटकांचे प्रमाण अथवा संहिता.
३) दूषित हवेत राहाण्याचा कालावधी
४) व्यक्तीचे शारीरिक आरोग्य
५) व्यक्तीचा वयोगट

हवा प्रदूषणाला लहान बालके लवकर बळी पडतात. त्याचप्रमाणे हृदय व

फुप्फुस विकाराचे रुग्ण यांनाही वायू प्रदूषणाचा अधिक धोका असतो. शालेय विद्यार्थ्यांवरही प्रदूषणाचा चटकन् परिणाम होतो. हिवाळ्यात जेव्हा प्रदूषणाची पातळी अत्युच्च असते तेव्हा मानवाच्या आरोग्यावर अधिक दुष्परिणाम होतात. दुर्गंधी, धूसर दिसणे, डोळ्यांचे चुरचुरणे, वनस्पतींची हानी यावरूनही प्रदूषणाची पातळी कळते. त्याचप्रमाणे प्रदूषणाच्या दुष्परिणामांची जाणीव होते. काही वेळा शहराच्या वातावरणात हवेत धुराचे ढग अथवा थर दिसतात तेदेखील घातक असतात. प्रत्येक प्रदूषक घटकांचे शरीरावर होणारे दुष्परिणाम भिन्न भिन्न असतात. माणसं अनेक रोगांची शिकार होतात. प्रदूषणकारी घटकांचा संपर्क त्वचा, श्वासनलिका, फुप्फुसे, डोळे यांच्याशी येतो. नाकातोंडातील नाजूक आंतरत्वचेवर चटकन् परिणाम आढळतात. त्वचेपेक्षा त्या पातळ आवरणातून हे दूषित घटक चटकन् शोषले जातात. आम्लाच्या वाफा, दूषित विषारी वायू, धुरके, धूळ, इ. घटक नाजूक आवरणावर बसून तेथे दाह सुरू होतो. डोळे, नाक, घसा, श्वासनलिका आणि फुप्फुस यांचा दाह, जळजळ सुरू होते. काही दूषित घटक तोंडावाटे अन्ननलिकेतही शिरतात.

हवेतील प्रदूषक घटकांमुळे मानवी आरोग्यावर प्रामुख्याने खालील दुष्परिणाम होतात.

१) डोळे चुरचुरतात.

२) नाक व घशाचा दाह

३) श्वास नलिकेचा दाह

४) हायड्रोजन सल्फाईड, अमोनिया, मर्क्याप्टन्सच्या उग्र वासामुळे मळमळ होते.

५) माणसं रोगट होतात. काही वेळा मृत्युमुखीही पडतात.

६) अनेक जुनाट आजार बळावतात. उदा. दमा, खोकला वाढतो. सल्फरडाय ऑक्साईड, नायट्रोजनडाय ऑक्साईड, कणरूप प्रदूषक, प्रकाश रासायनिक धुरके यांच्यामुळे हे विकार अधिक बळावतात.

७) कार्बन मोनाक्साईड वायुमुळे त्याचा रक्तातील हिमोग्लोबीनशी संयोग होऊन शरीराला मात्र ऑक्सिजनचा तुटवडा पडतो. हृदय व फुप्फुस विकाराच्या रुग्णांना अधिक त्रास होतो. श्वासोच्छ्वासात अडथळे निर्माण होतात.

८) हायड्रोजन फ्ल्युराईडमुळे 'फ्ल्युरासिस' हा हाडे ठिसूळ होण्याचा विकार उद्भवतो. तसेच दात काळे पडतात.

९) अनेक रसायने उदा. धुलीकण सिलिका, कीटकनाशके. ऑसबेस्टॉस, किरणोत्सारी पदार्थ हे कर्करोगाला कारणीभूत ठरतात. हवा प्रदूषणामुळे फुप्फुसाचा कर्करोग अधिक प्रमाणात आढळतो.

१०) धुलीकण, परागकण, बुरशीचे बीजाणू, कणरूप प्रदूषक, रासायनिक पदार्थ, आम्लाच्या वाफा यांच्यामुळे श्वसनमार्गाचे विकार होतात. खोकला, दमा, वातीशोथ, श्वासनलिकेचा दाह, फुप्फुसाचा कर्करोग इ. विकार उद्भवतात. सिलिकॉसिस, ॲसबेस्टॉसिस, यासारखे रोगही विशिष्ट धुळिमुळे उद्भवतात.

११) किरणोत्सारी धुळीमुळे शारीरिक व अनुवंशिक विकार उद्भवतात. अणुचाचण्यांमुळे कॅन्सर व अनुवंशिक व्याधी जडतात. माणूस अल्पायुषी बनतो.

१२) हवा प्रदूषणामुळे अकाली गर्भपात घडून येतो. मानवी गर्भात जन्मजात विकृती निर्माण होतात.

प्राण्यांवर होणारे परिणाम

हवा प्रदूषणाचे परिणाम मानवाप्रमाणेच इतर प्राण्यांवरही होतात ते परिणाम खालीलप्रमाणे असतात.

१) हवेतील दूषित घटक वनस्पती, वैरण, गवत यावर साठून राहातात. अशा दूषित वनस्पती गुरांनी खाल्ल्या म्हणजे गुरांना विषबाधा होते.

२) फ्ल्युरिन, आर्सेनिक व शिसे या विषारी पदार्थांमुळे विषबाधा होते. फ्ल्युरिनला मेंढ्या अत्यंत संवेदनशील असतात. त्यामुळे प्राण्यांमध्ये हाडांचे विकार उद्भवतात. त्याचप्रमाणे भूक मंदावणे, कुपोषण, गर्भधारणेचे प्रमाण कमी होणे, दुधाचे प्रमाण कमी होणे व वाढ खुंटणे ह्या समस्याही उद्भवतात.

३) आर्सेनिकमुळे मृत्यू येतो.

४) मोठमोठ्या शहरात धुरामुळे कुत्री, मांजरे यासारखे पाळीव प्राणी व्याधीग्रस्त होतात.

५) किरणोत्सर्गी पदार्थांमुळे कर्करोगही होतो.

१३. वायू प्रदूषण आणि आर्थिक नुकसान

हवा तथा वायू प्रदूषणामुळे सजीवांचे आरोग्य धोक्यात येते. मानवात जसे अनेक विकार उद्भवतात तसेच इतर प्राणीदेखील विविध रोगांचे शिकार ठरतात. फक्त मानवाचाच विचार केला तर दमा, ॲलर्जी, त्वचारोग, श्वसनाचे विकार, कॅन्सर, रक्तदाब, हृदयविकार यासारख्या अनेकविध रोगांवर औषधोपचारासाठी मोठ्या प्रमाणात खर्च केला जातो. कोट्यवधी रूपयांचा खर्च केवळ प्रदूषणामुळे उद्भवणाऱ्या विकारांना आळा घालण्यासाठी केला जातो. एकूण जगाचा विचार केला तर हा आकडा किती प्रचंड असेल याची कल्पनाही करवत नाही. प्रदूषणाच्या भयंकर दुर्घटनांमुळे जीवितहानीदेखील मोठ्या प्रमाणात होते. अनेक निष्पाप लोकांचे प्राण जातात. भोपाळ वायूकांडामुळे तर जवळपास १५ हजार लोक मृत्युमुखी पडले. अनेक विकलांग, अपंग व विकृत बालके जन्माला आली. या जीवित हानीचे काय? त्याची पैशात कधी किंमत करता येईल का? अनेक गरजूंना अद्यापही कंपनीकडून नुकसान भरपाई मिळाली नाही. नुकसान भरपाई मिळाली तरी उद्ध्वस्त कुटुंबातील व्यक्ती थोड्याच परत येणार? ही हानी कदापि भरून निघणार नाही. त्या भयानक दुर्घटनेचे घाव कधीच भरणार नाहीत. जगाच्या इतिहासात प्रदूषणाची एक काळीकुट्ट घटना म्हणून तिची नोंद राहील.

प्रदूषणामुळे मानवाच्या मालमत्तेचे फार मोठ्या प्रमाणात आर्थिक नुकसान होत असते. नैसर्गिक संपदेचाही विनाश होत असतो. प्रदूषणामुळे फार मोठी आर्थिक झळ पोहोचते. या संदर्भात पाश्चात्त्य राष्ट्रांमध्ये सखोल अभ्यास केला गेला आहे. प्रदूषणामुळे होणाऱ्या आर्थिक नुकसानीचा अंदाज त्यामुळे घेता येतो. तसेच या अभ्यासावरून प्रदूषणाची तीव्रता कमी करण्याबाबत प्रभावी उपाययोजनाही राबविता येतात. वायू प्रदूषणामुळे अनेकविध प्रकारे मालमत्तेचे नुकसान होत असते. त्यात प्रामुख्याने धातूच्या वस्तूंची होणारी झीज, इमारतीच्या गिलाव्याची झीज, इमारतींचा रंग विटणे, रबराच्या वस्तूंना तडे जाणे, भाजीपाला

पिकाचा विनाश, पाण्यावर होणारे दुष्परिणाम, तसेच उत्पादन व सेवा यामध्ये येणारे अडथळे इ. गोष्टींचा समावेश होतो. इतकेच काय पण कलाकुसरीच्या वस्तू, कलाकृती, पेंटिंग्ज इ.वर देखील प्रदूषणाचे दुष्परिणाम होऊन त्यांचे नुकसान होते. दुर्मिळ गोष्टी नष्ट होतात. पाश्चात्त्य राष्ट्रांप्रमाणे मात्र आपल्या देशात प्रदूषणामुळे होणाऱ्या आर्थिक हानी संदर्भात अभ्यास तथा पाहणी केली जात नाही. जे काम झालं आहे ते अत्यंत जुजबी व नगण्य स्वरूपाचे असते. म्हणून अशाप्रकारच्या अभ्यासाची नितांत गरज आहे. त्यामुळे आर्थिक नुकसानाचा अंदाज येऊ शकतो. दूषित वातावरणातील प्रदूषक घटक तथा अपद्रव्ये यांच्यामुळे वस्तूंचे, मालमत्तेचे विविध प्रकारे नुकसान होते. ही पाच प्रकारे होते.

१) ओरखडे पडणे - कणरूप दूषित घटक वातावरणात वेगाने वाहून नेले जात असतील तर त्यांच्यामुळे नाजूक वस्तूंवर ओरखडे पडतात. ती वस्तू घासली जाते. तसेच तीक्ष्ण, टोकदार आणि धारदार दूषित घटक तर कपड्यांच्या धाग्यात रूतून बसतात, आणि त्यांच्यामुळे कपड्यांची झीज होते.

२) थर बसणे - दूषित वातावरणातील कणरूप, द्रवरूप दूषित घटक इमारतीच्या भिंतीवर, वस्तूंवर, तावदानांवर बसतात. त्यांचे थर तयार होतात. या थरांमुळे त्या वास्तुचे नुकसान तर होतेच पण वास्तू ओंगळ, काळवंडलेली दिसते. ताजमहाल या सुंदर वास्तुला पोहोचलेल्या धोक्याबद्दलचे उदाहरण आपण बघितलेच. लंडन शहरातील अनेक भव्य इमारती प्रदूषणाच्या परिणामांमुळे काळवंडल्या आहेत. अशा वास्तूंची वारंवार साफसफाई करतांना, धुवून काढतांना ती विद्रूप होते. दूषित घटकांचे थर कालांतराने निखळून पडतात. परंतु इमारती, वस्तू आदींचे सौंदर्य मात्र नष्ट होते.

३) रासायनिक प्रक्रिया - वातावरणातील अनेक रासायनिक दूषित घटकांची वस्तूंवर रासायनिक प्रक्रिया होते. हा रासायनिक बदल कायमस्वरूपी असतो. त्यामुळे त्या वस्तूचा, पदार्थाचा ऱ्हास होतो. उदा. सल्फरडाय ऑक्साईडमुळे संगमरवरी दगड पांढरा पडतो. तर हायड्रोजन सल्फाईडमुळे वस्तू, मूर्ती, दागिने काळवंडतात. आम्लयुक्त धुक्याची रासायनिक प्रक्रिया धातूंवर मोठ्या प्रमाणात होते. त्यामुळे धातूंचे पृष्ठभाग खडबडीत होतात. त्यांच्यावर छिद्रे पडतात किंवा ते कोरले जातात.

४) अप्रत्यक्ष रासायनिक प्रक्रिया - काही रासायनिक प्रदूषकांची प्रत्यक्ष रासायनिक प्रक्रिया वस्तूवर न होता ते वस्तूमार्फत शोषून घेतले जातात. नंतर ह्या पदार्थांमध्ये रासायनिक बदल घडून येतात आणि त्यामुळे वस्तू खराब होतात. उदा. कातडी वस्तूंमध्ये सल्फरडाय ऑक्साइड हा प्रदूषक विषारी वायू शोषून घेतला जातो आणि काही काळाने त्याचे रूपांतर सल्फ्युरिक आम्लात

होऊन त्यामुळे कातडी वस्तू खराब होतात. अशा प्रकारे रासायनिक प्रदूषके वस्तूंमध्ये अप्रत्यक्ष रासायनिक प्रक्रिया घडवून आणतात आणि वस्तूंचा नाश करतात.

५) गंजण्याची प्रक्रिया - वातावरणात लोखंड हा धातु विद्युत् रासायनिक प्रक्रियेमुळे गंजतो. अर्थात गंजण्याची प्रक्रिया हवेत असलेल्या प्रदूषकामुळे व बाष्पामुळे वेगाने होत असते. प्रदूषक घटकांचा विनाशकारी प्रभाव हा प्रामुख्याने चार गोष्टींवर अवलंबून असतो. ते घटक म्हणजे वातावरणातील बाष्प तथा आर्द्रता, तापमान, सूर्यप्रकाश आणि वाऱ्याची दिशा. वातावरणात जर आर्द्रता जास्त असेल तर दूषित घटकांमुळे गंजण्याची प्रक्रिया वेगाने होत असते. अधिक तापमानामुळे रासायनिक प्रक्रियांचा वेगही वाढतो आणि विनाशकारी प्रक्रियाही वाढते. सूर्यप्रकाशामुळेही प्रदूषक घटकाचा परिणाम वाढतो. उदा. ओझोनसारख्या घातक वायूची निर्मिती क्लिष्ट अशा प्रकाश रासायनिक प्रक्रियेमुळे होते. सूर्यप्रकाशाचा प्रत्यक्ष काही वस्तूंवर विपरीत परिणाम होतो. रंग विटणे, रबराला तडे जाणे. हे प्रकार सूर्यप्रकाशामुळे उद्भवतात. प्रदूषक घटकांचा परिणाम हा वाऱ्याच्या दिशेवरही अवलंबून असतो. उदा. कारखान्याच्या जवळपासच्या शेतीतील पिकांचे होणारे नुकसान. प्रदूषकाचा परिणाम हा वाऱ्याच्या वेगावरही अवलंबून असतो. कारण दूषित घटक एखाद्या पृष्ठभागावर किती वेगाने आदळले जातात त्यावर ओरखडे पडण्याची अथवा घासण्याची प्रक्रिया अवलंबून असते.

आर्थिक नुकसान

वायू प्रदूषकांमुळे अनेक वस्तूंचे मोठ्या प्रमाणात नुकसान होते. त्यामुळे आर्थिक हानी होते. हे घटक प्रामुख्याने धातूची झीज घडवून आणतात. त्यासाठी सल्फरडाय ऑक्साईड वायू कारणीभूत असतो. ऑक्सिजन वायूच्या सान्निध्यात सल्फरडाय ऑक्साईडचे रूपांतर सल्फर ट्राय ऑक्साइडमध्ये होते. ह्या वायूची प्रक्रिया हवेतील बाष्पाशी होऊन त्यापासून सल्फ्युरिक आम्ल तयार होते. इमारतींच्या छतावरील धातूच्या भागांवर, वळचणीवर, सांडपाणी वाहून नेणाऱ्या पाईप्सवर हे आम्ल जमा होते. आणि त्यामुळे धातूच्या वस्तू गंजतात. वातावरणातील या प्रदूषकांमुळे गंजण्याची प्रक्रिया घडते. त्यामुळे फार प्रचंड प्रमाणात नुकसान होते. एकट्या न्यूयॉर्क शहरात १९५५ मध्ये केलेल्या पाहणीत ६० लाख डॉलर्स आर्थिक नुकसान दरवर्षी होते असे आढळले होते. पश्चिम बंगाल येथील धूर उपद्रव विभागाने केलेल्या एका पाहणीत दरवर्षी प. बंगालमध्ये धुरामुळे गंजणाऱ्या वस्तूंचे नुकसान ५ कोटी रूपयांपर्यंत होते. या संदर्भात कोलकोता व

आकृती १३.१ : वायू प्रदूषणामुळे इमारती काळवंडतात.

प. बंगालमधील काही जिल्ह्यांमध्ये ५ वर्षे सर्वेक्षण केले गेले.

कार्बनयुक्त धुरामुळे गंजण्याची प्रक्रिया अधिक वेगाने घडून येते. तसेच या प्रक्रियेत तापमान व सापेक्ष आर्द्रता ह्या गोष्टी सहाय्यभूत ठरतात. धातूंची फार मोठ्या प्रमाणात हानी होते. त्यात प्रामुख्याने लोखंड, तांबे, ॲल्युमिनियम, आणि जस्त या धातूंवर परिणाम होतो. लोहमार्ग, विद्युत्वाहक तारा, पुलांमध्ये वापरलेले धातू, विद्युत्संपर्क इ. मध्ये वापरलेल्या धातूची हानी मोठ्या प्रमाणात होते. या नुकसानीचा अंदाज घेता येतो. या गोष्टींना रंगरंगोटी करणे, निकामी भाग बदलणे याचा खर्चही मोठा असतो. त्यावरून किती मोठ्या प्रमाणात आर्थिक हानी पोहोचते याची कल्पना येते. या व्यतिरिक्त इतरही अनेक गोष्टींची हानी होत असते.

१) बांधकाम साहित्य - बांधकामासाठी विविध प्रकारचे साहित्य वापरले जाते. उदा. दगड, वाळू, लोखंड, सिमेंट, विटा, चुना इ. गोष्टी बांधकामात प्रामुख्याने वापरल्या जातात. त्यामुळेच उत्तुंग इमारती मानवाला उभ्या करता आल्या. या साहित्याची झीज वातावरणातील प्रदूषणामुळे होत असते. धूर,

द्रवरूप सूक्ष्म प्रदूषक हे दगड, विटा, लोखंड, सिमेंट यावर चिकटतात आणि त्यांच्यावर एक सूक्ष्म थर तयार होतो. तो दिसतही नाही. सल्फरडाय ऑक्साईड आणि सल्फर ट्रायऑक्साईड हे बाष्पाच्या सान्निध्यात चुनखडीवर प्रक्रिया करतात. आणि त्यापासून कॅल्शियम सल्फेट आणि जिप्सम हे रासायनिक पदार्थ तयार होतात. हे दोन्ही पदार्थ पाण्यात सहजपणे विरघळतात. अशा प्रकारची हानी कलाकुसरीच्या शिल्पाच्या बाबतीत आढळते. हवेतील कार्बनडाय ऑक्साईड आणि बाष्पापासून कार्बोनिक आम्ल तयार होते. या आम्लामुळे चुनखडी किंवा संगमरवराचे रूपांतर पाण्यात विरघळणाऱ्या बायकार्बोनेटमध्ये होते आणि ते धुतले जाते. अशा ठिकाणी खड्डे पडतात.

सल्फरयुक्त वायुंमुळे दगडी इमारती काळवंडतात. हा परिणाम प्रदूषकांमुळेच होतो. हे ओंगळ काळे डाग धुऊन काढायचे म्हणजे त्यासाठी अधिक खर्च येतो. प्रदूषणामुळे इमारतींचे, वास्तुंचे, घरांचे, ऐतिहासिक शिल्पांचे किती नुकसान होते हे सहज लक्षात येते. या वास्तुंची आतून बाहेरून निगा ठेवणेदेखील महागडे काम असते. थोडक्यात, प्रदूषणामुळेच किती आर्थिक नुकसान होते याची कल्पना येते. म्हणून प्रदूषणाच्या मुळावरच घाव घालणे महत्त्वाचे ठरते.

२) **रंगकाम** - हवेतील प्रदूषकांचा रंगांवर परिणाम होतो. इमारतींचा बाहेरील, तसेच घरातील रंग विटतो. ज्या परिसरात वायू प्रदूषण अधिक प्रमाणात आहे, तेथील घरांना वारंवार रंग द्यावा लागतो. कृत्रिम रंगांमध्ये रंगद्रव्य व रासायनिक वाहक द्रव असतो. रंगद्रव्यामुळे रंग छटा मिळतात तसेच पृष्ठभाग झाकण्याची क्षमता व टिकाऊपणाही त्यात असतो. वाहक पदार्थामुळे रंग पृष्ठभागावर चिकटून राहातो. या दोहोंमुळे पृष्ठभाग आकर्षक तर दिसतो पण त्याखालच्या भागाची झीज होत नाही. हवेतील प्रदूषक घटकांमुळे रंगावर परिणाम होतो. संरक्षक थरावरच त्याचा प्रभाव होतो आणि त्यामुळे खालचा पृष्ठभाग उघडा पडतो. यात प्रामुख्याने सल्फरडाय ऑक्साईड, ओझोन, हायड्रोजन सल्फाईड, आणि द्रवरूप तरंगणारे प्रदूषक यांचा समावेश होतो. हायड्रोजन सल्फाईडमुळे तर ज्या रंगात पांढरे शिसे वापरलेले असते तो रंग काळवंडतो. वारंवार रंगकाम करावे लागते. त्यामुळे आर्थिक नुकसान होते.

३) **कापड** - कापड हे नैसर्गिक तसेच कृत्रिम धाग्यांपासून विणले जाते. या धाग्यांवर सल्फरडाय ऑक्साईडस या प्रदूषक घटकांचा परिणाम होऊन ते निकामी होतात. सेल्युलोज या वनस्पतीजन्य घटकांपासून कापसाचे धागे तयार होतात. हे धागे सल्फरडाय ऑक्साइडमुळे कमकुवत होतात. सल्फ्युरिक आम्लाचा परिणाम नायलॉन धाग्यांवर होत असल्यामुळे ते निकामी बनतात. प्रदूषणकारी घटकांचा अधिक प्रभाव तर दारे, खिडक्यांना शोभेसाठी लावलेल्या पडद्यांवर

होतो. कारण ते उघड्या खिडक्यांना टांगलेले असतात. बच्याच अंशी ते धुलीकण, धूर, आणि आम्लाच्या सूक्ष्म कणांना घरात जाऊ देत नाहीत. चाळणी तथा फिल्टरसारखे कार्य ते करतात. वस्त्रांना आकर्षक बनविण्यासाठी विविधरंग वापरलेले असतात. हे कापडाचे रंग प्रदूषणकारी घटकांमुळे फिक्कट पडतात किंवा विटतात. वस्त्रोद्योगात प्रामुख्याने नायट्रोजन ऑक्साइडस् व ओझोनसारखे प्रदूषक घटक नुकसानकारक ठरतात. ओझोन व वातावरणातील आर्द्रता यांच्या एकत्रित परिणामामुळे कापडाचे रंग फिक्कट पडतात, विटतात.

४) **रबर** - मानवी जीवनात रबराचे महत्त्व अनन्यसाधारण असे आहे. विद्युत् उपकरणे, टायर, टेलिफोन एक्सचेंजमध्ये, विद्युत स्टेशन्स इ. ठिकाणी रबराचा वापर केला जातो. परंतु वायू प्रदूषणामुळे रबर व रबरी वस्तूंचे फार मोठ्या प्रमाणात नुकसान होते. अमेरिकेत तर हे प्रमाण फार मोठे आहे. रबराला प्रदूषणामुळे तडे जातात. विशेषत: वाहनांचे टायर दोन्ही बाजूंना निकामी होतात. तसेच विद्युत उपकरणांची रबरी आवरणे ही खराब होतात. विद्युत तारांवरील रबरी आवरणे निकामी होऊन विजेचे धक्के बसून प्राणहानी होण्याची शक्यता निर्माण होते. हे नुकसान ओझोन वायूमुळे होते. रबरात वापरलेल्या हायड्रोकार्बन्सच्या साखळीतील बंधांवर या वायूचा परिणाम होतो. ही समस्या अमेरिकेतील लॉस एंजेलिस शहरात अधिक जटील बनली आहे. त्यामुळे तेथील टायर उत्पादक तर टायर निर्मिती प्रक्रियेमध्ये ओझोनला प्रतिकार करणारे संयुग वापरले जाते. या समस्येप्रमाणेच तेथे दुसरी समस्या म्हणजे विद्युत पुरवठा केंद्रातील आणि टेलिफोन एक्सचेंजमध्ये वापरली जाणारी रबरी आवरणे निकामी होतात. तसेच उपकरणांमध्ये बिघाड होतो. याचे कारण म्हणजे रबरावर होणारा ओझोन प्रदूषक वायूचा परिणाम.

५) **कातडी वस्तू** - कातडी वस्तूंचा वापर आपण मोठ्या प्रमाणात करतो. कातड्यावर प्रामुख्याने सल्फरडाय ऑक्साईड या प्रदूषकाचा चटकन् परिणाम होतो. कातड्याची मजबूती नष्ट होऊन त्याचे विघटन होते. पुस्तकांच्या बांधणीसाठी ही कातडी वापरतात. अशी पुस्तके आता ग्रंथालयात ठेवणे ही अवघड समस्या बनली आहे. उघड्या खोल्यांमध्ये ही पुस्तके लवकर खराब होतात. या उलट जी पुस्तके काचेच्या कपाटात ठेवलेली असतात ती मात्र लवकर खराब होत नाहीत. प्रदूषक घटकांमुळे कातड्यावर तडे पडतात. पुस्तकाची बांधणी सुटते. कातड्याचे विघटन होऊन त्याची तांबडी तपकिरी पावडर तयार होते आणि संपूर्ण पुस्तक खिळखिळे होते.

६) **कागद, पुस्तके** - आपलं कागदाविना पानही हालत नाही. वृत्तपत्रे, मासिके, पुस्तके, यासाठी फार प्रचंड प्रमाणात कागद वापरला जातो. परंतु या

कागदावरही प्रदूषक घटकांचा परिणाम होतो. सन १७५० पूर्वी तयार केलेल्या कागदावर मात्र सल्फरडाय ऑक्साइड या प्रदूषकांचा विशेष परिणाम होत नाही. त्याचे कारण म्हणजे तो कागद रासायनिक प्रक्रियेद्वारा तयार केला जात नव्हता. त्यानंतर मात्र कागदनिर्मितीसाठी रासायनिक पध्दतीचा वापर सुरू झाला. या कागदामध्ये काही प्रमाणात धातूचे कण असतात. त्यामुळे सल्फरडाय ऑक्साईड वायू ह्या आधुनिक कागदामध्ये शोषला जाऊन त्याचे रूपांतर आर्द्रतेमध्ये सल्फ्युरिक आम्लात केले जाते. कधी कधी कागदामध्ये १ टक्क्यांपर्यंत हे आम्ल असते. या आम्लामुळे कागद अत्यंत कडक व ठिसूळ बनतो. पुस्तके निकामी होतात. चाळतांना पानांचे तुकडे पडतात. आम्ल वर्षावामुळे अमेरिकेतील काही ग्रंथालयांमधील कोट्यावधी डॉलर्स किंमतीची पुस्तके वापरण्यायोग्य राहिली नाहीत. त्याचे प्रमुख कारण म्हणजे सल्फरडाय ऑक्साइडवायू होय आणि सल्फ्युरिक आम्ल होय. २ ते ९ पी. पी. एम. सल्फरडाय ऑक्साईड वायूच्या सान्निध्यात १० दिवस कागद, पुस्तके ठेवले तर पाने ठिसूळ बनतात. पानांना घड्या देखील घालता येत नाहीत. थोडक्यात, या दूषित घटकांमुळे दुर्मिळ ग्रंथांचे नुकसान होते.

७) काच व चिनीमातीची भांडी - काच व चिनी मातीच्या वस्तूंवर दूषित घटकांचा शक्यतो परिणाम होत नाही. असे समजले जात असते. परंतु ३ वर्षपर्यंत जर चिनीमातीची भांडी हवा प्रदूषकांच्या सान्निध्यात ठेवली तर त्याच्या पृष्ठभागावर विपरीत परिणाम दिसून येतो. अर्थात आम्लयुक्त प्रदूषक घटकांमुळे ही प्रक्रिया होते. हायड्रोजन फ्ल्युराईड या दूषित वायूचा परिणाम काच व चिनीमातीच्या वस्तूंवर होतो. कारण वस्तूंमधील सिलिकॉन संयुगावर या वायूंची रासायनिक प्रक्रिया होते. कृत्रिम खताच्या कारखान्याच्या परिसरातील खिडक्यांच्या काचा देखील अपारदर्शक बनतात. त्याचे कारण म्हणजे फ्ल्युराईडची रासायनिक प्रक्रिया. फ्ल्युराईड या वायूला वनस्पती देखील संवेदनशील असतात. त्यांचा विनाश होतो. म्हणून अनेक देशांमध्ये या वायूच्या अधिक निर्मितीवर बंधने घातली आहेत. त्यामुळे वस्तूंचे नुकसान मोठ्या प्रमाणावर होण्याचे टाळले जाते.

८) इलेक्ट्रॉनिक्स उद्योग - अत्यंत सूक्ष्मकणरूप व द्रवरूप दूषित घटक व वायूरूप प्रदूषक हे तर इलेक्ट्रॉनिक्स उद्योगांना एक डोकेदुखी आहे. हे घटक अनेकविध प्रकारच्या इलेक्ट्रॉनिक उपकरणांना, सुट्या भागांना हानीकारक ठरतात. प्रदूषक घटक अशा उपकरणांच्या भागांवर एक पातळ थर तयार करतात. संपर्काच्या ठिकाणी अशा थरामुळे अडथळे निर्माण होऊन त्या उपकरणाचे कार्य सुरळीतपणे होत नाही. सल्फरडाय ऑक्साईड आणि हायड्रोजन सल्फाइड या

दूषित वायूंमुळे तांबे आणि चांदी काळवंडते. सल्फाईडचा पातळ थर संपर्कांच्या ठिकाणी तयार होतो. सोनेचांदी पासून बनविलेली संपर्क यंत्रणादेखील या वायूंमुळे निष्प्रभ होऊ शकते. हवेतील कणदेखील अशा ठिकाणी जमा होतात. जर या कणांमध्ये क्षरण क्षमता असेल तर ते भागच खाऊन टाकतात. कधी कधी तेथे रासायनिक प्रक्रिया घडून येते. उदा. एखाद्या रासायनिक पदार्थच्या कारखान्यातील विविध प्रक्रिया संगणकाच्या साहाय्याने नियंत्रित केल्या जातात. परंतु जर विद्युत संपर्कासाठी स्वस्त, वारंवार काळवंडणाऱ्या धातूचा वापर केला तर संगणकाचे कार्य देखील थांबते. त्यामुळे कारखान्यात हजारो रुपयांचे नुकसान होते. म्हणून मौलिक संपर्क धातू म्हणून सोने, प्लॅटिनम, पॅलडियम यांचा वापर केला जातो. अर्थात हे काम महागडे असते.

हवा प्रदूषणाशी निगडित समस्या विद्युत कंपन्यांनाही असतात. हवेतील कणरूप प्रदूषक उच्चदाबाच्या विद्युत वाहक तारांच्या आवरणावर बसतात. पावसाळी वातावरणात धुके, पाऊस यामुळे या कणांचे आवरण वाहक आवरण बनते आणि त्यामुळे ठिणग्या पडतात.

९) धुलाई आणि ड्रायक्लिनिंग - प्रदूषित परिसरात फार मोठ्या प्रमाणात धुलीकण, कार्बनचे कण, राखेचे कण असतात. त्यामुळे अशा वातावरणात काम करणाऱ्यांचे कपडे चटकन मळतात. त्यामुळे कपडे पुन्हा पुन्हा धुवावे लागतात. त्यासाठी धुलाईचा खर्च वाढतो. पडदे, बेडशीट्स, गालिचे इ. देखील वारंवार स्वच्छ करावे लागतात. हा खर्च प्रदूषणामुळेच होतो. गर्दीच्या ठिकाणी, कारखान्याच्या परिसरात उदा. मुंबई येथील चेंबूर परिसरात ही समस्या अधिक तीव्र आहे. महानगरांमध्ये वाहनांमुळे व धुरामुळे ही समस्या गंभीर बनली आहे.

१०) वनस्पतींचा विनाश - हवा प्रदूषणामुळे फार मोठ्या प्रमाणात वनस्पतींना हानी पोहोचते. आम्ल पावसामुळे तर हजारो हेक्टर क्षेत्रावरील जंगलांचा विनाश होतो. पिके जळून जातात. दूषित जमिनीवर वनस्पतींची वाढ खुंटते. हवेतील सल्फरडाय ऑक्साइड, ओझोन, फ्ल्युराईड्स, नायट्रोजन ऑक्साईड, सारख्या दूषित वायूंमुळे वनस्पतींची पाने पिवळी पडतात. शेंडे जळून जातात. पानांवर डाग पडतात. ती वाकडी होतात. प्रकाश संश्लेषण प्रक्रिया मंदावते त्यामुळे वनस्पतींची वाढ खुंटते. प्रदूषणाचा परिणाम पालेभाज्या, फळभाज्या, फळबागा अन्नधान्याची पिके यांच्यावर होतो त्यामुळे कोट्यावधी रुपयांचे नुकसान होते. पश्चिम बंगालमध्ये या संदर्भात पाहणी केली गेली. नाशिक शहराजवळील एकलहरे येथील औष्णिक विद्युत केंद्रातून बाहेर पडणाऱ्या राखेमुळे व विषारी वायूंमुळे परिसरातील शेतीचे फार मोठे नुकसान होत आहे.

उत्पादन घटले आहे. त्यांचे प्रमुख कारण म्हणजे राखेचा होणारा परिणाम. शेतकऱ्यांनी अनेकदा निदर्शने केली पण त्यांची समस्या सुटली नाही. पाश्चात्य राष्ट्रांमध्ये नुकसान भरपाई दिली जाते. परंतु आपल्याकडे याबाबत दुर्लक्ष होत असतं.

११) इतर नुकसान - वर उल्लेखिलेल्या बाबींबरोबरच वायू प्रदूषणामुळे इतरही आर्थिक नुकसान मोठ्या प्रमाणात होते. ते खालीलप्रमाणे आहे.

१) प्रदूषणामुळे मानवी आरोग्यावर परिणाम होतो आणि विविध रोग उद्भवतात. त्या आजारांवर उपचारासाठी मोठ्या प्रमाणात खर्च होतो.

२) पाळीव प्राणी, गुरे, गाई म्हशी, शेळ्या मेंढ्या, कोंबड्या इ. प्राण्यांवर प्रदूषणामुळे विपरीत परिणाम होऊन आर्थिक नुकसान होते.

३) प्रदूषणामुळे उद्भवणाऱ्या धुरामुळे वाहतुकीवर परिणाम होतो. वाहतुकीचा खर्च वाढतो. धुरामुळे अंधुक प्रकाशात रस्त्यांवर विजेचे दिवे चालू ठेवावे लागतात. त्यामुळे विजेवरील खर्च वाढतो.

४) प्रदूषित प्रदेशात पर्यटकांची वर्दळ कमी होते. ते नुकसानच असते. तसेच कला, शिल्प, ऐतिहासिक स्मारक व पर्यटन स्थळांवर देखील प्रदूषणाचा परिणाम होतो. काही गोष्टी नष्ट होतात. त्यामुळे देशाचे आर्थिक नुकसान तर होतेच; पण ऐतिहासिक स्थळे ओंगळ बनतात.

५) कारखान्यांमधून बाहेर पडणाऱ्या धुराच्या, प्रदूषक वायूंच्या नियंत्रणासाठी अत्याधुनिक यंत्रणा बसवावी लागते. त्यासाठीदेखील मोठ्या प्रमाणात खर्च करावा लागतो.

६) विद्युत ऊर्जा केंद्रे व अणु ऊर्जा केंद्रामधील धूळ अलग करण्यासाठी व धुरावर प्रक्रिया करण्यासाठी मोठ्या प्रमाणात विजेचा खर्च होतो. त्यामुळे आर्थिक नुकसान होते.

७) प्रदूषण नियंत्रणासाठी प्रशासकीय कर्मचाऱ्यांसाठी देखील मोठ्या प्रमाणात खर्च करावा लागतो.

८) प्रदूषण नियंत्रणासाठी वापरली जाणारी तंत्रे, प्रदूषण तीव्रता मोजमापासाठी लागणाऱ्या सुविधा, तसेच वैद्यकीय, कृषी, रासायनिक इ. संशोधनासाठी आर्थिक तरतूद करावी लागते.

९) अनेक कारखान्यातील सांडपाण्यामुळे, विषारी वायूंमुळे, मळीमुळे परिसरात दुर्गंधी पसरते. विशेषतः साखर कारखान्यांमुळे ही समस्या मोठ्या प्रमाणात उद्भवते. या दुर्गंधीमुळे त्या परिसरात राहाणे देखील अशक्य होते. लोकांना स्थलांतर करावे लागते. आरोग्याच्या समस्या उद्भवतात.

सारणी क्र १३.१ वायू प्रदूषणामुळे विविध गोष्टींचे होणारे नुकसान

वस्तू	प्रमुख प्रदूषक घटक	होणारा परिणाम
१. धातू	सल्फरडाय ऑक्साईड व आम्लयुक्त पाऊस	पृष्ठभागाचे नुकसान, त्यावर खड्डे पडणे, धातू काळवंडणे, झीज होणे.
२. बांधकाम साहित्य	सल्फरडाय ऑक्साईड वायू, आम्लयुक्त पाऊस, कणरूप प्रदूषक	रंग विटणे, पदार्थ विरघळणे.
३. रंग	कणरूप प्रदूषक	रंग विटणे, रंग उडून जाणे.
४. वस्त्र व वस्त्रांचे रंग	सल्फरडाय ऑक्साईड, नायट्रोजनडाय ऑक्साईड	धागे कमकुवत होणे, रंग विटणे रंग फिकट पडणे.
५. रबर	ऑक्सीडंटस, ओझोन	आम्लयुक्त वायू, ओझोन रबराला तडे जातात, रबर कमकुवत बनते.
६. कातडी वस्तू	सल्फरडाय ऑक्साईड वायू, आम्लयुक्त वायू	विघटन, पावडर मध्ये रूपांतर
७. कागद	सल्फर डायऑक्साईड वायू, आम्लयुक्त वायू,	कागद कडक व ठिसूळ बनतो.
८. चिनी मातीच्या वस्तू व काचेच्या वस्तू	आम्लयुक्त वायू	पृष्ठभाग खडबडीत होतो. चकाकी, झळाळी नष्ट होते. अपारदर्शकता येते.

१४. वायू प्रदूषण आणि ऐतिहासिक स्मारकांचा विनाश

वायू प्रदूषणाच्या विळख्यात जे जे काही सापडते त्याचा विनाश केल्याशिवाय ते राहात नाही. जगात अनेक देशांमध्ये त्यांची संस्कृती, कला, शिल्प, स्मारके आजही इतिहासाची साक्ष देतात. परंतु औद्योगिक क्रांतीनंतर मात्र औद्योगिक क्षेत्रात आघाडीवर असलेल्या राष्ट्रांमध्ये प्रदूषणाने आपला विळखा राष्ट्रीय संपत्तीला घातला आहे. प्रदूषणकारी घटकांमुळे या ऐतिहासिक स्मारकांचे सौंदर्य नष्ट होत आहे. शांतपणे जणू त्यांना गिळंकृत करीत आहेत. याची साक्ष आता ठिकठिकाणी दिसत आहे. अत्यंत सुंदर कोरीव शिल्प, पुतळे, ऐतिहासिक इमारतींवर प्रदूषक घटक आपला हल्ला चढवितात. त्यांचं सौंदर्य नष्ट करतात. त्यांना ओंगळ बनवितात. जगातील बहुसंख्य राष्ट्रांना आता याची प्रचिती येत आहे. अनेक सुंदर वास्तू प्रदूषणामुळे काळवंडल्या आहेत. त्यांचं सौंदर्य नष्ट झालं आहे. आपल्या देशातील ताजमहाल, जो जगातील सात आश्चर्यांपैकी एक आश्चर्य मानला जातो. त्यालाही आता धोका पोहोचला आहे. देशातील प्राचीन मंदिरे, शिल्पकृती, अप्रतिम देवालयेदेखील प्रदूषणाच्या संकटात सापडली आहेत.

भारतीय व आंतरराष्ट्रीय पर्यावरण शास्त्रज्ञांच्या अभ्यासानुसार विषारी वायूचे दुष्परिणाम ताजमहाल या शिल्पावर होत आहेत. प्रदूषणाच्या गर्तेत सापडलेल्या ताजमहालास वाचविण्यासाठी पर्यावरणवाद्यांनी आवाज उठविला आहे. आग्र्याजवळील मथुरा तेलशुद्धीकरण कारखान्यांतून निघणारे विषारी सल्फरडाय ऑक्साईड वायू व त्यापासून तयार होत असलेल्या सल्फ्युरीक आम्लामुळे ताजमहालाची संगमरवरी चकाकी कमी होत असून तो काळवंडत आहे. हा तेलशुद्धीकरण कारखाना ताजमहालापासून अवघ्या ४० किमी. अंतरावर आहे या कारखान्यातील दूषित वायूंना आवर घातला नाही तर थोड्याच वर्षात ताजमहाल कोसळायला वेळ लागणार नाही असे इंटरनॅशनल युनियन फॉर नॅचरल रिसोर्सेंस (INUR), वर्ल्ड वाईल्ड लाईफ फंड (WWF) व इतर पर्यावरण संघटनांचे म्हणणे आहे. म्हणून आता 'ताजमहाल बचाव' मोहीम सुरू

झाली आहे. आतापर्यंत वृत्तपत्रे, मासिके यामधून या संदर्भात खूप चर्चा झाली आहे. अनेक अहवालही प्रसिद्ध झाले आहेत. काही अहवालांनुसार या परिसरात ओतकाम करणारे कारखाने, विद्युत् प्रकल्प, रेल्वे यार्डस् यांच्यामुळेही ताजमहालवर परिणाम होत आहे. ताजमहालच्या शुभ्र संगमरवरी दगडांवर काळे, तपकिरी रंगाचे चट्टे पडले आहेत. त्यामुळे त्याची चकाकी नष्ट होत आहे. जगातील एक आश्चर्य म्हणून ओळखल्या जाणाऱ्या या शिल्पाला ३६६ वर्षे उलटूनही अगदी अलिकडेच त्याचे बांधकाम झाले असावे अशी ही अप्रतिम कलाकृती आहे. आग्रा येथे यमुनानदीच्या तीरावर मोठ्या दिमाखात ताजमहालाची वास्तू उभी आहे. लोक तासन्तास या शिल्पाकडे पाहत राहतात. आश्चर्यचकित होतात. हे शिल्प ज्यांनी पाहिलं आहे त्यांना हे सहज पटेल.

आग्राापासून ४० किमी पश्चिमेला असलेला मथुरा तेल शुद्धीकरण कारखान्यामधून मोठ्या प्रमाणात बाहेर पडणारा सल्फरडाय ऑक्साइड वातावरणात जमा होऊन त्याचा हवेतील बाष्पाशी संयोग होऊन त्यामुळे सल्फ्युरीक आम्ल तयार होते. या घातक आम्लाचे ढग तयार होऊन ते वाहात जाऊन ताजमहालावर आम्लाचा वर्षाव करू लागले आहेत. विषारी आम्लवर्षावामुळे ताजमहालाचा शुभ्र रंग काळवंडत आहे. त्यावर लहानलहान खड्डे पडत आहेत. आतील लोखंड गंजत आहे. त्यामुळे ताजमहाल कमकुवत होत आहे. रासायनिक प्रक्रियेमुळे जिप्सम तयार होते. कॅल्शियम कार्बोनेटचे खवले निघत आहेत. पृष्ठभाग ठिसूळ होत आहे. त्यामुळे ताजमहालाच्या अस्तित्वालाच आता धोका पोहोचला आहे. शास्त्रज्ञ सन १९९० पासून धोक्याचा इशारा देत आहेत. परंतु सरकारला ताजमहालापेक्षा पेट्रोल, डिझेल देणारा कारखाना महत्त्वाचा वाटतो. मध्यंतरी तेलशुद्धीकरण कारखान्यातील यंत्रांमध्ये उच्च प्रतीचे तंत्रज्ञान वापरून प्रदूषणाचा धोका थोडासा कमी केला होता. परंतु आज तो पूर्ववत् झाला आहे.

ताजमहाल १६४६ मध्ये पूर्ण झाल्यावर काही वर्षातच वरच्या भागात पाणी गळती सुरू झाली. गोलाकार घुमटाला तडे गेले. नंतर १५० वर्षांमध्ये काय घडले याची माहिती उपलब्ध नाही. सन १८१० मध्ये ताजमहालाचे नुकसान नजरेस पडले. त्यात अनेक ठिकाणी रंगीत संगमरवरी छताला तडे गेले व त्यातील रंगीत खडे गळून पडलेले आढळले. नंतर १८१० ते १८१५ या कालावधीत झीज झालेला भाग व तडे दुरूस्त करण्यात आले. तसेच संपूर्ण बाहेरील डागडुजी करून रंग देण्यात आला. १८८२ मध्ये जोरदार वादळी पावसाने या सौंदर्याचे पुन्हा नुकसान झाले. नंतर १९४० मध्ये या शिल्पाच्या रक्षणासाठी पाच सदस्यांची एक समिती नेमण्यात आली व ती ताजमहालाची काळजी घेऊ लागली. वेळोवेळी डागडुजी करून ताजमहालाचे सौंदर्य जपण्याचा

प्रयत्न झाला. डायरेक्टर ऑफ सेंट्रल इलेक्ट्रिकल रिसर्च इन्स्टिट्यूटचे के. वाय. बसू यांनी १९८७ मध्ये ताजमहालाचे होत चाललेले नुकसान लक्षात घेऊन सरकारकडे ही वास्तू वाचविण्यासाठी अहवाल सादर केला. हा अहवाल लक्षात घेऊन सरकारने सर्व संगमरवरावर पॉलीश केल्याने थोड्या प्रमाणात संवर्धन झाले. परंतु आता ताजमहालला खऱ्या अर्थाने ग्रासले आहे ते मथुरा येथील तेलशुद्धीकरण कारखान्यातून बाहेर पडणाऱ्या सल्फरडाय ऑक्साइड वायूच्या वलयांनी! त्यामुळे जणू ताजमहालास ग्रहण लागले आहे. योग्य उपाययोजना केली नाही तर मात्र ताजमहाल कोसळेल व जगातील एक आश्चर्य, अप्रतिम सौंदर्य शिल्प कायमचे नष्ट होईल असा सावधानतेचा इशारा पर्यावरणवादी व शास्त्रज्ञ अनेक वर्षांपासून देत आहेत. सरकार मात्र फारशी दखल घेताना दिसत नाही. शेवटी कायद्याचा आधार घ्यावा लागला. तब्बल १३ वर्षांनी मात्र एका वकिलाने ताजमहाल वाचविण्यासाठी सर्वोच्च न्यायालयाचे दरवाजे ठोठावले. ढिसाळ आणि उदासीन प्रशासन, सरकारी यंत्रणा यामुळे दोषी कारखानदार अजूनही आपले पाय घट्ट रोवून उभे आहेत. आग्रा शहरातील अनेक छोट्यामोठ्या उद्योगांमुळे देखील हवेचे प्रदूषण वाढत आहे. त्यात सल्फरडाय ऑक्साइड, धुलीकण, राख, धुराचे कण यांचे प्रमाण फार मोठे आहे. ताजमहालाच्या आजूबाजूला हे प्रमाण अनुक्रमे ३० मायक्रोग्रॅम व ४०० मायक्रोग्रॅम एवढे आहे. त्यांच्या अतिरिक्त प्रमाणामुळे ताजमहालाला फार मोठी हानी पोहोचत आहे. म्हणून अनेक उद्योगधंदे बंद करण्याची वेळ आली आहे.

ऑगस्ट १९९३ मध्ये न्यायालयाने ताजमहालाच्या १०,४०० चौरस कि.मी. क्षेत्रातील ५०८ उद्योगांना 'प्रदूषण नियंत्रण करा अन्यथा उद्योग बंद करा' असा आदेश दिला. जवळपास २१२ उद्योग या आदेशामुळे बंद पडले. या कारखान्यांमध्ये प्रदूषण नियंत्रणाची कोणतीही उपाययोजना नव्हती. त्यामुळे तो न्यायालयाचा अवमान ठरला आणि उद्योगधंदे बंद झाले. उरलेल्या कारखान्यांच्या मालकांनी प्रदूषण नियंत्रण मंडळाने घालून दिलेल्या नियमांप्रमाणे प्रदूषण नियंत्रण करू असे लेखी दिल्यामुळे ते सुरू झाले. या उद्योगधंद्यांमध्ये जवळपास ३०० लहान मोठे लोखंड धातूचे ओतकाम करणारे कारखाने आहेत. दरदिवशी हे कारखाने १२९ टन दगडी कोळसा जाळतात. ताजमहालपासून ४० मैल दूर असलेल्या फिरोझाबाद या शहरात अनेक काचेच्या भट्ट्या आहेत. या भट्ट्यांमधून फार मोठ्या प्रमाणात राख, सल्फरडाय ऑक्साइड वायू, धूळ, धूर, वातावरणात सोडले जातात. आग्र्यातील ओतकाम उद्योगाला एक इतिहास आहे आणि त्यामुळे येथील अर्थव्यवस्थेवर या उद्योगांचे वर्चस्व आहे. ताजमहाल बांधण्यापूर्वी देखील मोगलांच्या काळात ओतकाम कारखाने तेथे होते. बिडाचे लोखंड तयार

करणारे आग्रा हे प्रमुख केंद्र आहे.

नागपूरच्या राष्ट्रीय पर्यावरण आणि अभियांत्रिकी संशोधन संस्थेने १९८१ मध्ये या संदर्भात अध्ययन केले होते. दर दिवशी १२१ कि. ग्रॅ. सल्फरडाय ऑक्साइड वायू या कारखान्यांमुळे वातावरणात सोडला जातो. असा निष्कर्ष या संस्थेने काढला होता. परंतु अलिकडे त्याच संस्थेने मात्र हे प्रमाण १० पटीने अधिक असल्याचे सांगितले आहे. खरं तर मथुरा तेलशुद्धीकरण कारखान्यांमुळे प्रदूषणाची समस्या वाढली असून त्याकडे मात्र दुर्लक्ष होत आहे. या परिसरात रेल्वे देखील कोळशाच्या या इंधनावर धावतात त्यामुळेही वातावरणात धूर, विषारी वायू पसरतात. त्याऐवजी डिझेल इंधनाचा वापर करणे हिताचे ठरेल किंवा विजेचा वापर फायदेशीर ठरेल. आग्रा येथील ऊर्जा प्रकल्प, ओतकाम भट्ट्या इतरत्र हलविल्या पाहिजेत आणि मथुरा तेलशुद्धीकरण कारखाने प्रदूषण नियंत्रण उपाययोजना प्रभावीपणे करणे गरजेचे आहे. तरच ताजमहाल वाचविता येईल.

बेलूरचे मंदिर - कर्नाटक राज्यातील हसन जिल्ह्यात सुप्रसिद्ध श्री चान्नकेशवचे मंदिरदेखील प्रदूषणाच्या विळख्यात सापडले असून त्यालाही धोका पोहोचला आहे. या मंदिराजवळ प्लायवूड फॅक्टरी असून या कारखान्यांतून फार मोठ्या प्रमाणात धूर बाहेर टाकला जातो. या धुरात कार्बनचे विपुल कण विपुल प्रमाणात आहेत. ह्या धुराचे कण या मंदिराच्या आतील व बाहेरील उत्तम कलाकुसरीच्या शिल्पावर बसतात आणि हानी पोहोचवितात ह्या मंदिराचा रंग देखील धुरामुळे काळवंडला आहे.

चारमिनारलाही धोका - हैद्राबाद शहरातील सुप्रसिद्ध ऐतिहासिक शिल्प म्हणजे चारमिनार! आंध्र प्रदेशात गेलेला माणूस हे सौंदर्यशिल्प पाहिल्याशिवाय राहत नाही. देश विदेशातील असंख्य पर्यटक या ऐतिहासिक वास्तू शिल्पाला आवर्जून भेट देतात. स्वयंचलित वाहनांमधून बाहेर पडणाऱ्या धुरामुळे चारमिनारला धोका पोहोचत असल्याचा इशारा संशोधकांनी दिला आहे. वाहनांच्या धुराड्यातून बाहेर पडणाऱ्या सल्फरडाय ऑक्साइड, नायट्रोजन ऑक्साइड, हायड्रोकार्बन्स इ. दूषित घटकांमुळे चारमिनारच्या चुन्यावर प्रतिकूल परिणाम होऊन तो ठिसूळ बनत चालला आहे. याबाबत काही प्रभावी उपाययोजना केली नाही तर मात्र चारमिनार देखील काही वर्षांत कोसळल्याशिवाय राहणार नाही.

परदेशातील शिल्पांना धोका - जगात अनेक राष्ट्रांमध्ये ऐतिहासिक वास्तू शिल्पे असून त्यांनाही प्रदूषणाने धोका पोहोचविला आहे. वायू प्रदूषणाकडे अथेन्स शहरातील देऊळ पार्थेनॉन येथील क्लिओपात्रा राणीचे दगडी शंखाकृती शिल्प ज्याला 'क्लिओपात्राची सुई' मानले जाते. हे शिल्प लंडन येथे हलविले

आहे. परंतु लंडन शहरात तर प्रदूषणाची समस्या फार मोठी असून दमट, धुरकट व आम्लयुक्त वातावरणामुळे ह्या शिल्पाचीदेखील वाट लागली आहे. त्याचे कारण म्हणजे गेल्या शतकात प्रदूषणाची तीव्रता प्रचंड प्रमाणात वाढली आहे.

न्यूयॉर्क शहरातील दुसरे, ईजिप्तमधील शंखाकृती शिल्पालादेखील धोका पोहोचला आहे. रोम येथील भव्य सभागृह आणि व्हेनिस येथील सॅन मारको बासिलिकासारख्या वास्तूंनादेखील वायू प्रदूषणामुळे हानी पोहोचली आहे. फ्रान्समध्ये तर पर्यावरणवाद्यांनी चर्चच्या बाहेरील भव्य पुतळे काढून घेतले असून त्याऐवजी त्यांच्या प्रतिकृतींची तेथे मांडणी केली आहे. कारण दूषित वातावरणामुळे पुतळ्यांचे नुकसान तर होत आहेच पण ते ओंगळही होत आहेत. जपानमध्येदेखील प्रदूषणाने कहर केला आहे. विशेषत: औद्योगिक क्षेत्रांमुळे, प्राचीन मंदिरे आणि अनेक उत्तुंग इमारतींना हानी पोहोचली आहे. त्याचबरोबर उत्तम प्रतीची प्राचीन पेंटिंग्ज, दुर्मिळ पुस्तके, वस्त्रे आणि कलेच्या शोभेच्या वस्तूंवर देखील प्रदूषणाचे परिणाम होत आहेत.

प्रदूषणामुळे हानी झालेल्या या कलात्मक व प्राचीन वस्तूंची उणीव कधीच भरून काढता येणार नाही. त्यांची दुरूस्तीही अशक्य असते. आर्थिकदृष्ट्या या मौलिक गोष्टींचे पैशात मोल करता येत नाही. या अमोल ठेव्याचे जतन करणे आता प्रदूषणामुळे किती जिकिरीचे आणि कठीण बनले आहे याची सहज कल्पना येते. काही संरक्षक पदार्थांचा वापर करून त्यांचे संरक्षण करता येते. परंतु ते नेहमीच उपयुक्त ठरेल असे नाही. म्हणून अत्यंत संवेदनशील कलाकुसरीच्या वस्तू, पेंटिंग्ज, इ. गोष्टी बंदिस्त अशा पारदर्शक पेट्यांमध्ये ठेवणे गरजेचे ठरते. त्यामुळे त्यांचा संपर्क दूषित हवेशी येत नाही. तसेच अशा दुर्मिळ व प्राचीन वस्तू वातानुकुलीत इमारतींमध्ये प्रदर्शनार्थ ठेवल्यास त्याचे संरक्षण होऊ शकते परंतु ते आर्थिकदृष्ट्या महाग असते.

◆

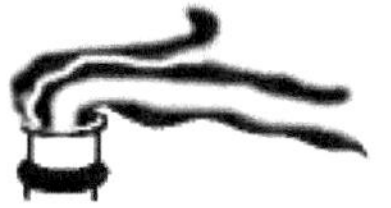

१५. वायू प्रदूषण नियंत्रक उपकरणे

वायू प्रदूषणास कारणीभूत ठरणारे प्रदूषक घटक, त्यांचे मानव व सजीवांवर होणारे दुष्परिणाम व हानी यांचा अभ्यास केल्यावर वायू प्रदूषण समस्येचे गांभीर्य लक्षात येते. या समस्येचे नीट आकलन झाले म्हणजे प्रदूषणाचे नियंत्रण कसे करता येईल याचा विचार अपरिहार्य ठरतो. प्रदूषक घटक जेथे तयार होतात अशा उगमस्रोताजवळच त्यांचे नियंत्रण केले तर प्रदूषणाच्या समस्येला काही प्रमाणात आळा घालता येतो. तसेच होणारे नुकसान टाळता येते. प्रदूषणामुळे उद्भवणारे धोके टाळण्यासाठी प्रगत राष्ट्रांमध्ये विज्ञान तंत्रज्ञानच्या साहाय्याने प्रदूषण नियंत्रण पद्धती विकसित केल्या आहेत. अनेक उपकरणे वापरून घातक, विनाशकारी प्रदूषक घटकांना विनाअपायकारक करता येते. त्यामुळे आपोआपच वायू प्रदूषण समस्येला आळा घालता येतो. अर्थात हे प्रयत्न विकसित राष्ट्रांमध्ये पर्यावरणाबद्दल असलेल्या आस्था व जागृतीमुळे मोठ्या प्रमाणात होत आहेत. तेथील कायदेही कडक असून काटेकोरपणे पाळले जातात म्हणून विकसनशील व अविकसित राष्ट्रांमध्येही हे प्रयत्न वेगाने होण्याची गरज आहे.

प्रदूषण ही मानवनिर्मित समस्या आहे त्यामुळे ती मानव केंद्रित आहे. या संदर्भात जनमानसात जागृती निर्माण करण्यासाठी विविध मार्गांचा अवलंब करावा लागतो. त्यासाठी सरकार, प्रशासक, वैज्ञानिक, पर्यावरणतज्ज्ञ, अभ्यासक, सामाजिक संस्था, सेवाभावी संस्था, या सर्व घटकांचे संघटन व सहकार्य जोपासावे लागते. अर्थात प्रदूषणाचे नियंत्रण फक्त यांत्रिक उपकरणांनीच होत नाही. त्यासाठी जनजागृती, कडक व कठोर कायद्यांची अंमलबजावणी, दोषी व्यक्तींना शिक्षा इ. गोष्टी महत्त्वपूर्ण ठरतात. प्रदूषण नियंत्रणाखाली कोणकोणती यांत्रिक उपकरणे उपयुक्त ठरतात याची माहितीदेखील तितकीच उपयुक्त ठरेल.

वायू प्रदूषण नियंत्रणाच्या प्रमुख दोन पद्धती आहेत.

१) अपायकारक प्रदूषकांना अलग करून त्यांची विल्हेवाट लावणे.

२) अपायकारक प्रदूषक हवेत सोडण्यापूर्वी त्यांचे रूपांतर विनाअपायकारक घटकात करणे.

प्रदूषक पदार्थांवर प्रक्रिया करून त्यांच्या रासायनिक व भौतिक गुणधर्मांचा अभ्यास करावा लागतो. त्यानुसार सुयोग्य पद्धती वापरणे हितावह ठरते. त्यासाठी संग्राहकांचा वापर करावा लागतो. वायू प्रदूषण नियंत्रणासाठी आता अनेकविध वैज्ञानिक व तांत्रिक पद्धती, व्यापारी तत्त्वांवर उपलब्ध होत आहेत. ही उपकरणे महागडी असली तरी ती अत्यावश्यक आहेत. खाली काही महत्त्वाच्या उपकरणांची रचना व कार्य याबद्दल माहिती दिली आहे.

१) संग्राहक (Collectors) श्रेणीचा वापर- वायू प्रदूषण नियंत्रणासाठी कारखान्यांमध्ये उगमस्थानीच प्रदूषणकारी घटकांना अलग करण्यासाठी संग्राहकांचा वापर श्रेणी किंवा शृंखलेत केला जातो. त्यात प्राथमिक व दुय्यम संग्राहकांचा समावेश असतो. प्राथमिक संग्राहक वायू झोतातील मोठे घनतरंग अलग करतो तर दुय्यम संग्राहकाद्वारा अत्यंत सूक्ष्म कणरूप तरंग, धुलीकण अलग केले जातात. या शृंखलेमुळे दूषित घटकांचे मिश्रण विलग करून उपयोगी पदार्थ गोळा करता येतात व निरूपयोगी पदार्थ वेगळे करता येतात.

२) स्थिर घट (Settling Chambers) हे उपकरण अत्यंत साध्या प्रकारचे असून त्यामुळे कणरूप प्रदूषक घटक धुलीकण, गोळा केले जातात. ह्या उपकरणात एक खोलीवजा कप्पा असतो. त्यात दूषित वायू अत्यंत मंदगतीने सोडलेला असतो. त्यातील कणरूप पदार्थ वजनामुळे घटाच्या तळाशी बसतात आणि दुसऱ्या टोकाच्या नळीतून काही प्रमाणात स्वच्छ झालेला वायू बाहेर सोडला जातो. ही खोली तथा घर विटा किंवा कांक्रीटने बांधलेली असते. तळाशी गोळा झालेले कणरूप पदार्थ काढून त्यांची विल्हेवाट लावता येते.

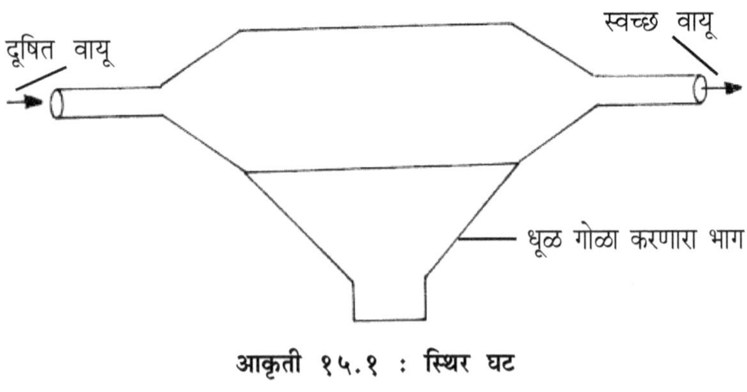

आकृती १५.१ : स्थिर घट

३) जड कणरूप पदार्थ गोळा करणारी उपकरणे - या उपकरणांमध्ये अशी योजना केलेली असते की जड वजनाचे धुलीकण, कणरूप घटक हे वेगळे करता येतात. यामध्ये विविध प्रकारची रचना असून त्यातून दूषित वायू सोडतात. एका रचनेत वायू हा वेडावाकडा किंवा वक्राकार मार्गातून सोडतात. त्याची दिशा अचानक बदलते आणि त्यामुळे घनपृष्ठभागावर जडकण आदळतात व तेथे त्यांचा थर बसतो. नंतर ते स्वच्छ करून जमा झालेले घन पदार्थ वेगळे करतात. दुसऱ्या प्रकारात अडथळे निर्माण केले जातात. त्यात एका खोलीत अथवा घटात विशिष्ट कोनात पट्ट्या बसविलेल्या असतात. त्यामुळे आत येणाऱ्या दूषित वायूच्या प्रवाहाची दिशा बदलते आणि त्यातील कणरूप पदार्थ त्या पट्ट्यांना चिकटतात. असे चिटकलेले कण पुन्हा खेळत्या वायूच्या प्रवाहात येतात व आतील खोलीत गोळा केले जातात. त्यासाठी दुसऱ्या हवेच्या झोताची योजना केलेली असते. यातील तिसऱ्या प्रकारात एका मुख्य पाईपद्वारे धूळयुक्त वायू एका मोठ्या घटात सोडला जातो आणि त्याला १८०° च्या कोनातून फिरविले जाते. खालच्या नरसाळ्यासारख्या भागात धुलीकण जडत्वामुळे गोळा केले जातात. अशा प्रकारे या नरसाळ्यात धूळ पकडली जाऊन एकत्रित केली जाते. त्यामुळे वातावरणात सरळ धूळ मोठ्या प्रमाणात फेकली जात नाही.

४) चक्रीय संग्राहक (Cyclone Collectors) वायूरूप कणांपेक्षा घनरूप कण हे वजनाने जड असतात. दूषित वायूमधील हे कण विलग करण्यासाठी चक्रीय संग्राहक उपयुक्त ठरतात. कणरूप घटक मिश्रित दूषित वायूचा प्रवाह जर चक्रीय संग्राहकात सोडून चक्रीय पद्धतीने गतिमान केला तर वायूपेक्षा जड घनरूप कण हे संग्राहकांच्या आतील आवरणावर बसतात व तळाशी साचतात.

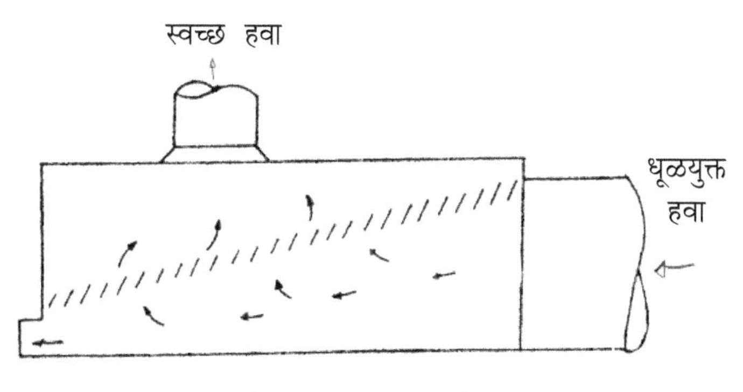

आकृती १५.२ : धूळ संग्राहक

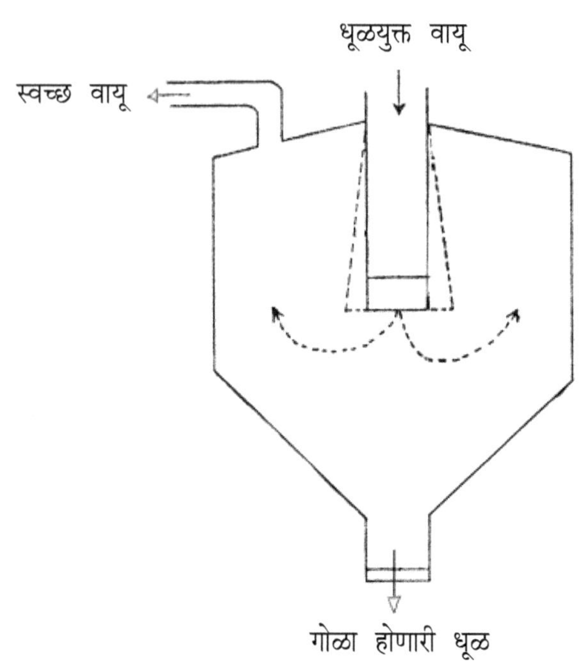

आकृती १५.३ : धूळ पिंजरा

या उपकरणात वायूमधील कणरूप घटक विलग झाल्यामुळे स्वच्छ झालेला वायू वरील बाजूने सोडला जातो. या उपकरणात सोडलेला दूषित वायू आत भोवऱ्यासारखा चक्राकार फिरवला जातो. वायूमधील जड कण खाली बसतात व वायू मात्र वरील दिशेने निघून जातो. खाली तळाशी बसलेले जड धुलीकण नंतर काढून बाहेर टाकता येतात.

अधिक प्रमाणात कणरूप घटक वायूंमधून विलग करण्यासाठी चक्रीय संग्राहक (Multiple Cyclones) वापरले जातात. या उपकरणात अनेक चक्रीय संग्राहक एकमेकांना समांतर ठेवले जातात. त्यांच्यात दूषित वायू फिरवला जातो व त्यातील कणरूप प्रदूषक घटक अलग करून गोळा केले जातात. स्वच्छ वायू वरच्या बाजूने बाहेर टाकला जातो. या उपकरणाद्वारे मोठ्या प्रमाणात धूलीकण वेगळे केले जातात.

५) चाळणी यंत्र किंवा चाळण्या :- (Filters) उत्सर्जित वायू व त्यामधील दूषित कणरूप घटक हे अलग करण्यासाठी अत्यंत प्रभावी व

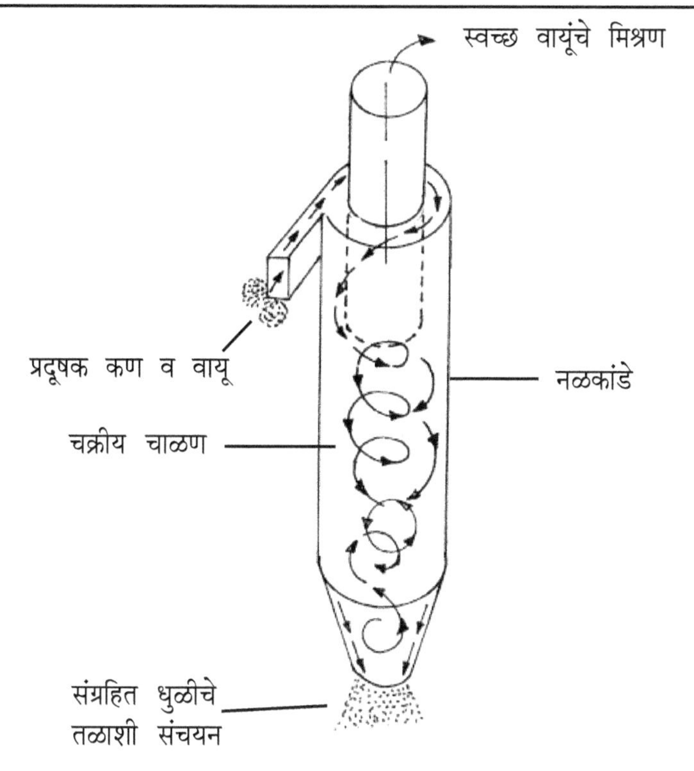

आकृती १५.४ : चक्रीय संग्राहक व त्याची रचना

विश्वासार्ह आणि फायदेशीर पद्धत म्हणजे चाळण्यांचा वापर होय. त्यासाठी कापड किंवा धाग्यांचा वापर केला जातो. कापडापासून तयार केलेल्या चाळण्या म्हणजे कापडी पिशव्या असून त्या नळकांड्यासारख्या शिवलेल्या असतात. या अशा पिशव्या एकमेकांना समांतर टांगलेल्या असतात. पिशव्यांच्याखाली नरसाळ्यासारखे भांडे धुलीकण गोळा करण्यासाठी ठेवलेले असते. एका नळीतून या पिशव्यांच्या खालच्या उघड्या बाजूने दूषित धूळ मिश्रित वायू सोडला जातो. तो पिशव्यांमधून वर जातो. जाड कण खाली पडतात. व जे कण पिशव्यांमधून जातात ते तेथेच कापडाच्या चाळणीमुळे अडकून राहतात. या पिशव्या धुळीने भरल्या म्हणजे मधून मधून त्या काढून साफ कराव्या लागतात. त्यासाठी त्यामधून हवेचा उलटा झोत सोडला जातो. किंवा त्या पिशव्या हलविल्या जातात. त्यासाठी पिशव्यांच्या चाळण्या हलत्या ठेवण्याची यांत्रिक प्रणाली

वापरली जाते. अशा रीतीने पिशव्यांमध्येच जमा झालेले धूलीकण खाली गोळा केले जातात.

तंतुमय धाग्यांच्या चाळण्या देखील अत्यंत उपयुक्त ठरतात. यात लोकर, ॲसबेस्टॉस, कापूस, काचतंतू, तथा लोखंडी तारेच्या चटया चाळण्या म्हणून वापरतात. वायू विजनासाठी तसेच वातानुकूलीत यंत्रणेसाठी त्यांचा वापर केला जातो. या चाळणींमधून फक्त वायूच बाहेर जाऊ शकतो. परंतु वायूमधील धुलीकण मात्र तंतुमध्ये अडकून राहतात. या चाळण्यादेखील वारंवार स्वच्छ कराव्या लागतात.

ह्या चाळण्यादेखील दोन प्रकारच्या असतात. एक म्हणजे पूर्णत: कोरड्या चाळण्या आणि दुसरा प्रकार म्हणजे चिकट द्रवपदार्थ लावलेल्या चाळण्या. चिकट पदार्थांमुळे धुलीकण त्याला चिकटतो व पुन्हा तो इकडे तिकडे पसरत नाही. अनेक उद्योगधंद्यांमध्ये या प्रकारच्या चाळण्यांचा वापर मोठ्या प्रमाणात केला जातो. किरणोत्सर्गी पदार्थांची धूळ, विषारी पदार्थांची धूळ, इ. साठी या

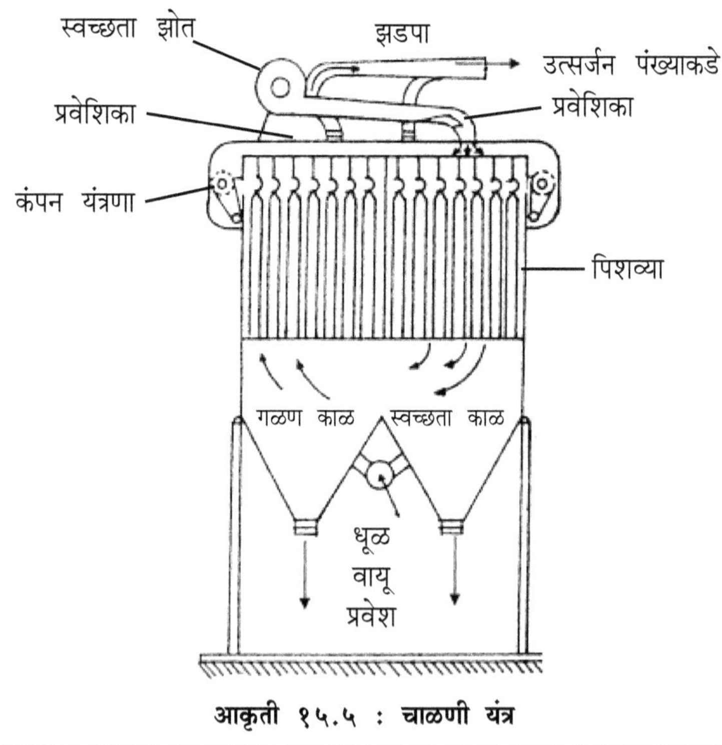

आकृती १५.५ : चाळणी यंत्र

चाळण्या वापरल्या जातात. फोटोग्राफीचे साहित्य व उपकरणे तयार करणाऱ्या कारखान्यांमध्ये या चाळण्या अत्यंत उपयुक्त ठरतात. त्यामुळे कारखान्यातील हवादेखील स्वच्छ राहते.

६) स्थिर विद्युत उत्सारक (Electrostatic Precipitators) या उपकरणात देखील चक्रीय संग्राहक तत्त्वाचा वापर केलेला असतो. परंतु दूषित वायुझोतास विद्युतभारित केलेले असते. त्यामुळे वायूमधील धुलीकण टाकीच्या आतील भिंतीवर साचतात किंवा एकमेकांना चिकटून जडत्वाने खाली तळाशी बसतात. शिवाय अशा सयंत्राला विद्युत ऊर्जाही कमी लागते. कारण फक्त कणरूप धुलीकणांसाठी विद्युतभारिता कार्य करते. अर्थात मोठ्या कारखान्यांमध्ये त्याचा वापर अत्यावश्यक ठरतो. त्यासाठी मोठी जागा व अधिक खर्च करावा लागतो. विशेषत: मोठमोठ्या औष्णिक विद्युत प्रकल्पात, व पोलाद उद्योगात त्यांचा वापर केला जातो.

या उपकरणात दूषित वायू एका नळाद्वारे यंत्रात खालून सोडतात. सयंत्रात विद्युत प्रवाह सोडल्यामुळे दूषित वायूंमधील धुलीकण विद्युतभारित होऊन

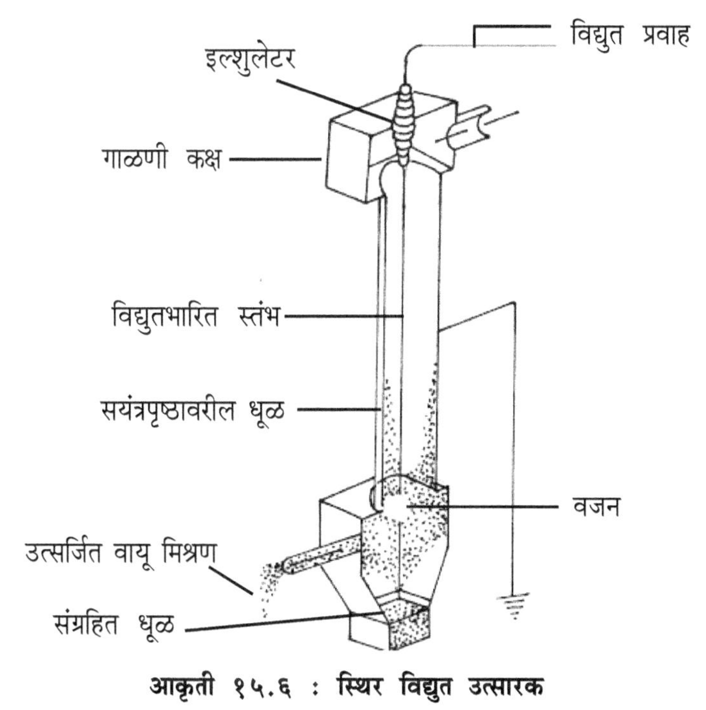

आकृती १५.६ : स्थिर विद्युत उत्सारक

संयंत्राच्या आतील भिंतीला ते चिकटतात व तळाशी एकत्र केले जातात. हलका वायू वर जातो आणि बाहेर टाकला जातो. कोरडे व ओले उत्सारक देखील यासाठी वापरले जातात. ओल्या उत्सारकांमध्ये पाणी किंवा इतर द्रव वापरला जातो. परंतु कोरड्यापेक्षा ओले उत्सारक हे अधिक प्रभावी असतात. आडवे स्थिर विद्युत उत्सारक देखील मोठ्या प्रमाणात वापरले जातात.

७) ओले संग्राहक (Wet Collectors) किंवा घासणी (Scruber): या उपकरणांमध्ये दूषित वायूंमधील कणरूप प्रदूषक घटक अलग करण्यासाठी पाण्याचा उपयोग केला जातो. दूषित वायूंमधील धुलीकण हे पाण्यात मिसळून वायूपासून अलग केले जातात. निसर्गत देखील वातावरण शुद्धीकरणासाठी पाणी उपयुक्त ठरते. दूषित हवेवर पाणी पडले म्हणजे ती हवा धुतली जाऊन तिच्यातील दूषित धुलीकण वेगळे केले जातात म्हणून पाण्याला घासणी तथा धुणारे साधन म्हटले आहे. ही उपकरणे स्वस्त जरी असली तरी वापरण्यात मात्र महागडी आहेत. त्यांचेही वेगवेगळे प्रकार आहेत. उदा. फवारणी मनोरे (Spray Towers) व्हेच्युरी घासणी, चक्रीय घासणी, बंदिस्त घासणी, (Packed Scruber)

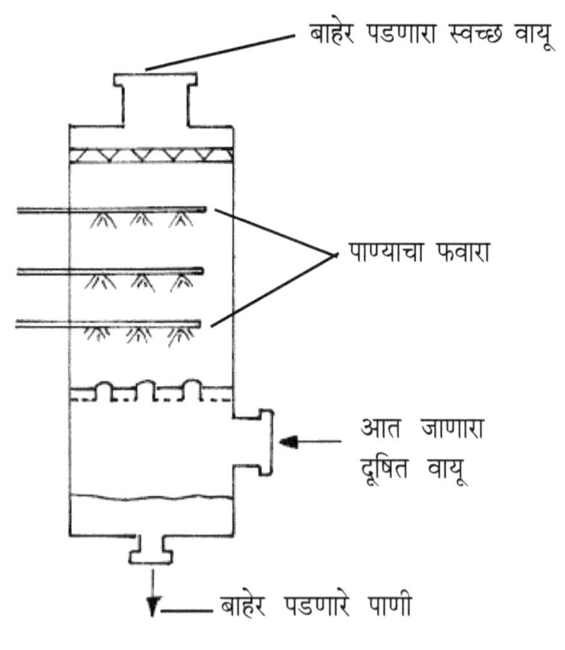

आकृती १५.७ : फव्वारणी मनोरा

यांत्रिक घासणी इ. ओले संग्राहक आहेत.

फवारणी मनोरा हा उंच, चौकोनी अथवा गोलकार नळकांड्यासारखा असून खालच्या बाजूने दूषित वायू त्यात सोडले जातात. आत पाण्याचे सूक्ष्म तुषार अथवा फवारा तयार होईल अशी योजना केलेली असते. या पाण्याच्या फवाऱ्यामुळे दूषित वायू ओला करून धुलीकण, इतर दूषित घटक पाण्यात मिसळून तळाशी गोळा केले जातात. आणि मनोऱ्याच्या वरच्या टोकाला असलेल्या नळाच्या साहाय्याने स्वच्छ वायू बाहेर टाकला जातो.

व्हेच्युरी घासणी या उपकरणाची क्षमता देखील उत्तम असून उपकरणात दूषित वायू व्हेंच्युरी नळीतून आत सोडला जातो. दर सेंकदाला ६० ते १०० मीटर वेगाने दूषित वायू उपकरणात सोडला जातो. उपकरणाच्या घशापाशी पाण्याचे फवारे सोडले जातात. त्यामुळे वायूंमधील धुलीकण वेगळे होतात. ही उपकरणे क्राफ्टमिल भट्ट्या, धातूशुद्ध करणाऱ्या भट्ट्या आणि सल्फ्युरिक आम्ल तयार करणाऱ्या कारखान्यांमध्ये वापरले जातात.

चक्रीय घासणी या उपकरणात दूषित वायू चक्राकार फिरवला जातो आणि त्यावर मध्यभागातून पाण्याचा फवारा सोडला जातो. त्यामुळे वायूमधील धुलीकण

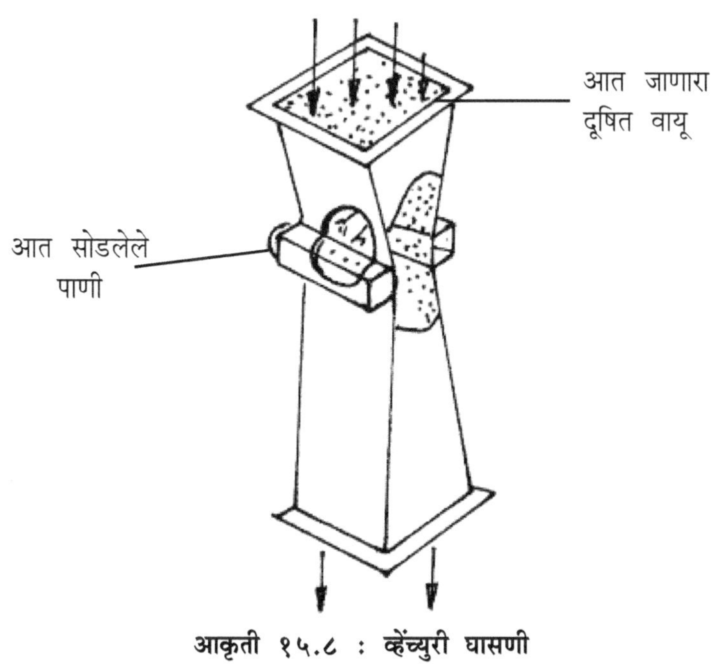

आकृती १५.८ : व्हेंच्युरी घासणी

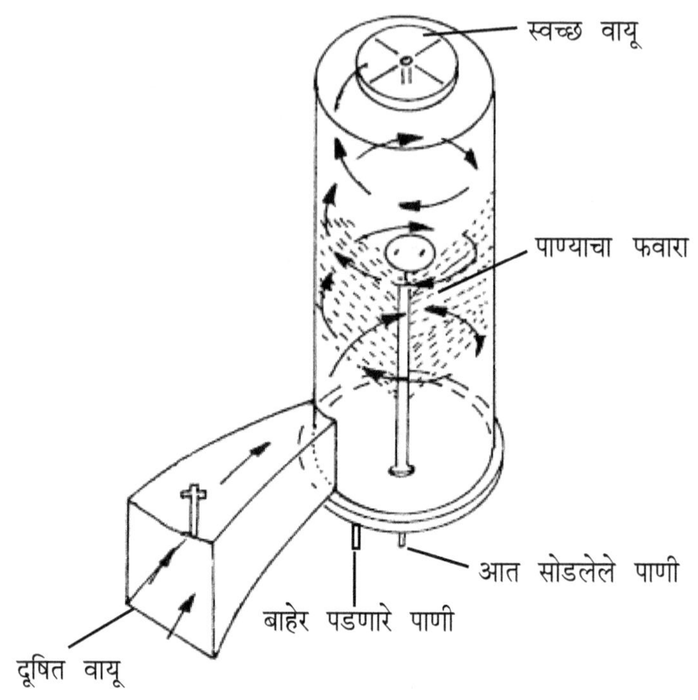

आकृती १५.९ : चक्रीय फवारणी घासणी

पाण्यात मिसळून खाली बसतात व दुसऱ्या नळीतून बाहेर पडतात. वरच्या बाजूने मात्र स्वच्छ वायू बाहेर टाकला जातो. कोरड्या चक्रीय संग्राहकापेक्षा ही घासणी उपकरणे अधिक प्रभावी ठरतात.

आणखी एक दुसरे उपकरण म्हणजे बंदिस्त घासणी होय. त्यामध्ये मनोऱ्यासारख्या भागात मध्यभागी सूक्ष्म काचतंतू किंवा फायबर ग्लास किंवा दुसरे बंदिस्त केलेले पदार्थ वापरतात. खालच्या बाजूने दूषित वायू आत सोडला जातो. मध्यभागी असलेल्या बंदिस्त तंतूमधून तो वायू वर जातो आणि वरून या बंदिस्त पेटीवर पाण्याचा प्रवाह सोडतात. त्यामुळे तंतूंमध्ये अडकून बसलेले धुलीकण, दूषित घटक वायूपासून वेगळे होतात. वरील बाजूने स्वच्छ वायू बाहेर पडतो.

काही प्रदूषक वायूंचे मिश्रण अथवा वायू यांत्रिक पद्धतीने गोळा करता येत नाहीत किंवा अलगही करता येत नाहीत. कारण अशा वायूंचे रेणू हवेपेक्षा जड व मोठे नसतात. अमोनिया, क्लोरिन यासारखे प्रदूषक वायू मात्र पाण्यात

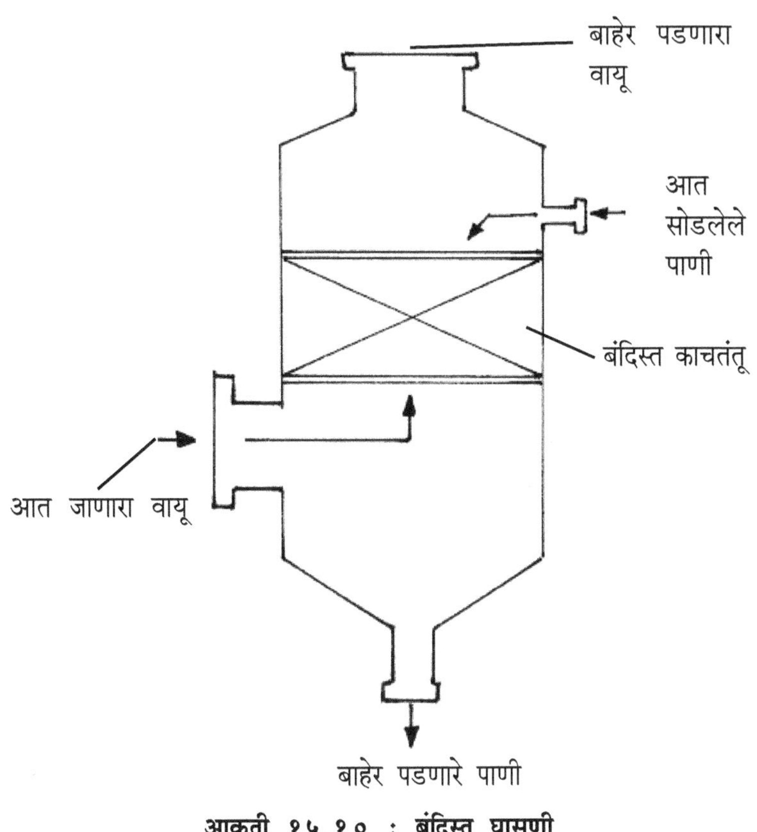

आकृती १५.१० : बंदिस्त घासणी

विरघळतात व हवेतील त्याचा शिरकाव टाळता येतो. त्यामुळे होणारी विषबाधाही टाळता येते.

वायूंचे रेणू घनपृष्ठभागावर चिकटतात आणि जर पृष्ठभागाला सच्छिद्र केले तर पृष्ठभागाचे क्षेत्रफळ वाढते. ॲक्टीव्हेटेड कार्बनमध्ये क्षेत्रफळ वाढ मोठी होते म्हणून प्रदूषण नियंत्रणासाठी या कार्बनचा उपयोग केला जातो. हा कार्बन तयार करण्यासाठी नारळाच्या करवंट्या, जाड लाकूड यासारख्या पदार्थांना वाफेच्या संपर्कात उच्च तापमानाला ठेवले जाते. ॲक्टिव्हेटेड कार्बनच्या शोषक तळात ३ मी.मी. व्यासाचे कार्बन कण असतात. अशा कार्बन कणांच्या सान्निध्यातून सच्छिद्र रचनेद्वारे प्रदूषक वायूंना सोडल्यास शोषक तळ घातक वायूंचे रेणू शोषून घेण्याचे काम करतो.

भस्मीकरण पद्धत (Oxidation method) : कधी कधी दूषित वायूंमधील रासायनिक प्रदूषक पदार्थ अलग करणे अत्यंत अवघड प्रक्रिया असते. अशा वेळी या वायूंचे भस्मीकरण (Oxidation) करणे हितावह ठरते. या पद्धतीचा खर्च मोठा असतो. परंतु यंत्रणा मात्र प्रभावी असते. जर वायूंचा प्रवाह तप्त भट्टीतून सोडला तर त्यातील प्रदूषक घटक उच्च तापमानात जळून खाक होतात आणि उरलेले पदार्थ मात्र घातक नसतात. कार्बन, हायड्रोजन आणि ऑक्सिजनयुक्त सेंद्रिय पदार्थांचे भस्मीकरण केल्यास कार्बनडाय ऑक्साइड वायू व पाणी तयार होते. हे दोन्हीही घटक विषारी, घातक प्रदूषक घटकांपेक्षा अपायकारक नसतात. भस्मीकरण प्रक्रियेसाठी भट्टीचे तापमान ७००° सें. एवढे ठेवावे लागते. रासायनिक सहाय्यकांच्या मदतीने अशा उच्च तापमानाची गरज कमी करता येते.

वास किंवा दुर्गंधीमुळेही हवा प्रदूषण मोठ्या प्रमाणात होते. अनेक कारखान्यांमध्ये असे दुर्गंधी निर्माण होणारे घटक तयार होतात. उदा. खाद्यप्रक्रिया करणारे उद्योग, तेल शुद्धीकरण कारखाने, कागद व रबर उद्योग, कातडी कमाविणारे कारखाने, साखरकारखाने, इ. मधून मोठ्या प्रमाणात दुर्गंधी वातावरणात पसरते. ह्या वासाची घाणेंद्रियामुळे म्हणजे नाकामुळे आपल्याला चटकन कल्पना येते. हा वास कधी कधी असह्य होतो. त्रासदायक वाटतो. त्यामुळे मळमळ, निद्रानाश, अस्वस्थपणा, इ. समस्या उद्भवतात. आपल्या देशात अजूनही दुर्गंधी नियंत्रणाबाबत उदासीनता आहे. परंतु दुर्गंधीमुळे आपले स्वास्थ्य बिघडते.

कारखान्यांमध्ये कच्च्या मालामुळे, रासायनिक प्रक्रियांमुळे, कुजण्याच्या प्रक्रियेमुळे दुर्गंधी सुटते. हायड्रोजन सल्फाईड, कार्बनडाय सल्फाईड, मरकॅप्टन्स, प्रथिनांच्या विघटनामुळे तयार होणारे पदार्थ, फेनॉल्स, पेट्रोलियम, हायड्रोकार्बन्स, इ. पदार्थांपासून वास सुटतो.

दुर्गंधी नियंत्रणासाठी कारखान्यांमध्ये काही बदल करावे लागतात. किंवा एखाद्या प्रक्रियेत बदल घडवून आणावे लागतात. योग्य वायुविजन ठेवल्यास वास कमी होतो. वासयुक्त घटक जाळून टाकणे योग्य असते. काही वेळा दुर्गंधीयुक्त वायू पाण्यात सोडले तरी वासाचे प्रमाण कमी होते. ऑक्टीव्हेटेड कार्बन देखील दुर्गंधीयुक्त वायूंमधील वास शोषून घेतो. सेंद्रिय पदार्थांच्या वाफा कार्बन शोषून घेतो. कारण त्याचा पृष्ठभाग हा सच्छिद्र असतो. अधिक क्षेत्रफळाच्या पृष्ठभागामुळे त्याची शोषणक्षमता मोठी असते. या छिद्रांमध्ये दुर्गंधी निर्माण करणारे पदार्थ शोषून घेतले जातात. दुर्गंधीच्या ठिकाणी काम करणाऱ्या कामगारांना दुर्गंधीपासून बचावासाठी वासाचे मुखवटे (Odour Masking) वापरले जातात. त्यासाठी एखादा वास नको असेल तर त्याला दाबून टाकण्यासाठी दुसरा

चांगला वास देणारा मुखवटा व्यक्तीने नाकावर लावायचा असतो. परंतु हे मुखवटे ज्वालाग्राही, ॲलर्जीकारक किंवा हानीकारक नसावेत.

कधी कधी दोन भिन्न प्रकारचे वास एकत्र आले तर त्यांचा प्रभाव कमी होतो. त्यांचे उदासिनीकरण (Neutralisation) होते. उदा. कस्तुरी व कडू बदाम, रबर आणि सिडार बुड यांचे वास हे एकमेकांना निष्प्रभ करणारे आहेत. म्हणून असे वास निर्माण करणारे पदार्थ वापरावे लागतात. काही वेळा वास नियंत्रणासाठी काही रसायनांची वायूमध्ये पेरणी करावी लागते. उदा. क्लोरीन व ओझोन. त्यामुळेही वास कमी येतो. दुर्गंधी नियंत्रणासाठी कारखान्यांवर कायद्याचाही वापर करावा लागतो. कायद्याचे उल्लंघन करणाऱ्या कारखानदारांना शिक्षा करावी लागते. परंतु आपल्याकडे मात्र याबाबत खूपच उदासीनता आहे. कायद्याचे पालन केले जात नाही. विशेषत: साखर कारखान्यांच्या परिसरात तर दुर्गंधीमुळे प्रदूषण मोठ्या प्रमाणात होते.

◆

१६. वायू प्रदूषण प्रतिबंधक कायदे

प्रदूषण मग ते हवेचे असो अथवा पाण्याचे, जमिनीचे असो वा आवाजाचे, परंतु समस्येचे गांभीर्य पाश्चात्त्य राष्ट्रांना लवकर कळल्यामुळे तेथे प्रदूषण प्रतिबंधक कायदे पूर्वीच केले गेले असून त्यांची अंमलबजावणीदेखील अत्यंत कडकपणे केली जाते. त्यामुळे प्रदूषणाला तेथे आळा बसतो. तसेच तेथे पर्यावरणाबद्दल अधिक जागरूकता निर्माण केली आहे. पर्यावरणाची गुणवत्ता चांगली ठेवण्यासाठी सर्वदूर कायद्याची गरज असते. प्रगत राष्ट्रांनी याबाबत चटकन पाऊले उचलली. परंतु विकसनशील व अविकसित राष्ट्रांमध्ये मात्र या संदर्भात खूपच अनास्था आहे. कायदेपण जुजबी आहेत. त्यांची अंमलबजावणी देखील प्रभावी नाही. माणसाची प्रवृत्ती फक्त निसर्गाकडून घेण्याची आहे. निसर्गसंपदेचा वापर माणूस फार मोठ्या प्रमाणात करीत आहे. पण त्यामुळे निर्माण होणाऱ्या पर्यावरण, प्रदूषणासारख्या समस्यांची सोडवणूक करणे, त्यासाठी तंत्रज्ञानाचा वापर करणे गरजेचे आहे. अर्थात ह्या गोष्टी काहीशा खर्चिक आहेत म्हणून माणूस त्यांच्याकडे जाणूनबुजून दुर्लक्ष करीत आहे.

अर्थात नुसते कायदे करूनही भागत नाही. कायदे फक्त कागदावर न राहता त्यांची प्रभावी अंमलबजावणी देखील तितकीच महत्त्वाची असते. कायद्यांची परिणामकारकता त्या त्या देशातील सरकारच्या कार्यवाहीवर आणि यंत्रणेवर अवलंबून असते. सामान्य जनतेला जागरूक करणे गरजेचे आहे. आपल्या देशात प्रदूषण, पर्यावरण याबद्दल जागृती प्रभावीपणे करणे तितकेच महत्त्वाचे आहे. परंतु दुर्दैवाने आपल्या देशात प्रदूषण प्रतिबंधक कायद्यांची परिणामकारक अंमलबजावणी होत नाही. अनेक छोटे-मोठे उद्योजक, कारखानदार, या बाबत उदासीन आहेत. भ्रष्टाचारी अधिकाऱ्यांमुळे कायद्याची प्रभावीपणे अंमलबजावणी होत नाही. त्यामुळे बेपर्वा मालक पर्यावरण व मानवांच्या, सजीवांच्या जीवाशी खेळ खेळतात. आणि त्यामुळे भोपाळ वायुकांडासारख्या वायू प्रदूषणाच्या

भयानक घटना घडतात आणि हजारो निष्पाप लोकांना आपले प्राण गमवावे लागतात. खरं तर भारतीय दंडविधानांतर्गत एखाद्याच्या दुर्लक्षामुळे दुसऱ्याला इजा पोहोचली अथवा प्राण गमवावे लागले तर त्या व्यक्तीवर कायदेशीर कारवाई करता येते. सार्वजनिक नदी, तलाव, विहीरींचे पाणी कुणी विषारी केले तर कलम २७७ खाली व्यक्ती गुन्हेगार ठरते. मानवी आरोग्यास घातक विषारी पदार्थांची निर्मिती करून हानी पोहोचविली तर कलम २८४ खाली त्याला शिक्षा करता येते. भोपाळच्या दुर्घटनेनंतर याच कलमाखाली कंपनीवर कारवाई करण्यात आली.

जागतिक स्तरावर संयुक्त राष्ट्र संघ (UNOS), युनायटेड नेशन्स एनव्हारोंमेंटल प्रोटेक्शन (UNEP), वर्ल्ड वाईल्ड लाईफ फड (जागतिक वन्यजीव निधी) (WWF), वर्ल्ड हेल्थ ऑर्गनायझेशन (WHO), युनायटेड नेशन्स एज्युकेशनल सोशल अँड कल्चरल ऑर्गनायझेशन (UNESCO) या सारख्या आंतरराष्ट्रीय संस्था, संघटना प्रदूषण नियंत्रण व पर्यावरण संरक्षणासाठी कार्य करीत आहेत.

आकृती १६.१ : आपल्या देशात प्रदूषण विरोधात पाश्चात्त्यांप्रमाणे निदर्शने, आंदोलने होत नाहीत.

विविध उपक्रम राबवित आहेत. भारतातदेखील काही बिगर सरकारी स्वयंसेवी संस्था पर्यावरणाबाबत जागृती, शिक्षण, सल्ला, दबावगट, माहितीचा स्रोत म्हणून कार्यरत आहेत. भारतात जवळपास १८७ अशा संस्था असून १२९ संस्था ह्या पर्यावरणाचे शिक्षण व जागृती निर्माण करण्यासाठी झटत आहेत. ५६ संस्था निसर्ग रक्षणासाठी कार्यरत आहेत. तर ४७ संस्था प्रदूषण नियंत्रणासाठी कार्यरत आहेत. ४६ संस्था वनीकरण व सामाजिक वनीकरण क्षेत्रात काम करीत आहेत. २८ संस्था वनस्पती व प्राण्यांचा शोध व त्यांच्या अभ्यासात गुंतल्या आहेत. त्यात प्रामुख्याने

कल्पवृक्ष, केरळशास्त्र साहित्य परिषद, वर्ल्ड वाईल्ड लाईफ फंड फॉर नेचर, बॉंबे नॅचरल हिस्ट्री सोसायटी, चिपको आंदोलन, अपिको चळवळ इ. संस्थांचा समावेश आहे.

भारतात आता पर्यावरण प्रदूषण नियंत्रणाबाबत जाणीव मोठ्या प्रमाणावर निर्माण होत आहे. तरी पण प्रदूषण नियंत्रण कायदे सर्वंकष आणि प्रभावीपणे राबविले जात नाहीत. अस्तित्वात असलेले कायदे, त्यांचे अर्थ, अन्वयार्थ आणि न्यायालयीन कामकाजात होणारी प्रदीर्घ दिरंगाई याचा फायदा दोषी व्यक्तीलाच जास्त मिळतो. भारतात जानेवारी १९८८ मध्ये सर्वोच्च न्यायालयाने एक महत्त्वपूर्ण आदेश काढला. त्यात म्हटले आहे की, प्रदूषण विषयक गुन्हेगारी स्वरूपाचे जे खटले उच्च न्यायालयापुढे येतात त्यांना एखादा अपवाद वगळता स्थगिती दिली जाणार नाही. सर्वोच्च न्यायालयाची ही जनहितवादी भूमिका अत्यंत कौतुकास्पद आहे. यामुळे पूर्वी अपिल केल्यावर स्थगिती मिळविणे हा एक राजरोस मार्ग होता. परंतु आता त्यावर बंधने पडली आहेत. तरीही पर्यावरण संदर्भात असलेले कायदे व इतर प्रचलित नियम यांच्यामध्ये मोठी तफावत आढळते. प्रभावी कार्यवाहीबाबत राज्य, केंद्र व सरकारी यंत्रणांचे विविध घटक यांच्यात प्रदूषण नियंत्रण कार्यवाहीबाबत एकवाक्यता नसते. त्या त्या क्षेत्रातील तज्ज्ञांचा अभाव असतो. त्यामुळे या संदिग्धतेचा फायदा शेवटी प्रदूषणास दोषी असणाऱ्या व्यक्तीस जास्त मिळतो. कायद्यांमध्ये अनेक त्रुटी आहेत. हे कायदे काळानुरुप अद्ययावत करणे गरजेचे आहे. कायदे करतांना त्यामागची भूमिका आणि धोरण यात कमालीची स्पष्टता हवी. सध्याची प्रदूषण नियंत्रण कायद्यांची अंमलबजावणी करणारी सरकारी यंत्रणा व तिचे कार्य अत्यंत भोंगळ आहे. काही वेळा एकाच कायद्याचे अर्थ सरकारी पातळीवरच परस्परविरोधी लावले जातात. गुन्हेगारांना अत्यंत जुजबी दंड तथा शिक्षा होते. त्यामुळे कायद्यांबाबत त्यांना भीति, दहशत वाटत नाही. म्हणून ते पुन्हा पुन्हा गुन्हा करण्यास प्रवृत्त होतात. त्यासाठी अत्यंत कडक कायदे प्रचंड दंड व मोठे शासन होणे गरजेचे आहे.

सन १९७२ मध्ये स्टॉकहोम (स्वीडन) येथे ११३ देशांच्या प्रतिनिधींची परिषद भरली होती. 'मानवी पर्यावरण' या विषयावर संयुक्त राष्ट्रसंघाने ती परिषद आयोजित केली होती. त्या परिषदेस तत्कालिन पंतप्रधान श्रीमती इंदिरा गांधी हजर होत्या. त्यानंतर अनेक देशांनी कडक कायदे केले. पर्यावरण संरक्षणासाठी स्वतंत्र पर्यावरण खात्याची निर्मिती केली. परंतु हे धोरण राज्यांपर्यंत अपेक्षेइतके पोहोचले नाही.

भारताच्या घटनेच्या कलम ५१ अ मध्येच पर्यावरण संरक्षणासंदर्भात

राज्यांनी प्रयत्न करावेत अशी तरतूद केलेली आहे. भारताने या संदर्भात खालील काही महत्त्वाचे कायदे केले आहेत.

१) कारखाने कायदा १९४८
२) कीटकनाशकांसंदर्भातील कायदा १९६८
३) जलप्रदूषण नियंत्रक कायदा १९७४
४) हवा प्रदूषण नियंत्रक कायदा १९८१
५) वनरक्षण कायदा १९८०
६) वन्यजीव संरक्षण कायदा १९७२
७) पर्यावरण संरक्षण कायदा १९८६

कीटकनाशकांसंदर्भातील कायदा १९६८ - जंतुनाशके, कीटकनाशके अत्यंत विषारी रसायने असून त्यांच्या वापरामुळे पर्यावरणाला व मानवाला तसेच सजीवांना धोका असतो. त्यांच्या अमर्याद वापरामुळे पर्यावरणात गंभीर समस्या उद्भवतात. मानवी आरोग्य व पर्यावरणाचे आरोग्य चांगले राहावे यासाठी कीटकनाशकांचा योग्य वापर करण्यासाठी हा कायदा करण्यात आला. हा कायदा मात्र १९७१ पासून अंमलात आला. कीटकनाशकांची आयात, त्यांची निर्मिती, विक्री, वाहतूक, वितरण आणि वापर करतांना प्राणी व मानव यांना धोका पोहोचणार नाही यासाठी हा कायदा करण्यात आला आहे. या कायद्याच्या प्रभावी अंमलबजावणीसाठी मध्यवर्ती कीटकनाशक मंडळ (Central insecticide Board), नोंदणी समिती (Registration Committee), मध्यवर्ती कीटकनाशक प्रयोगशाळा (Central Insecticide Laboratory) इ. संस्थांची निर्मिती केली आहे.

हवा प्रदूषण नियंत्रण कायदा १९८१
(Air prevention & control of pollution Act, 1981)
भारतात स्वातंत्र्योत्तर काळात औद्योगिकरणाचा व नागरीकरणाचा वेग झपाट्याने वाढला. अनेक मोठमोठे कारखाने उभारले गेले. स्वयंचलित वाहनांची संख्याही भरमसाठ वाढली. त्यामुळे हवा तथा वायू प्रदूषणाचा प्रश्न गंभीर झाला. हवेची गुणवत्ता चांगली ठेवण्यासाठी आणि प्रदूषण नियंत्रण करण्यासाठी भारत सरकारने १६ मे १९८१ पासून हा कायदा अंमलात आणला. या कायद्यानुसार केंद्रसरकारने केंद्रीय स्तरावर व राज्य स्तरावर मंडळांची स्थापना करून हवेचे प्रदूषण रोखण्यासाठी या कायद्याद्वारे महत्त्वपूर्ण पाऊल उचलले. या कायद्यानुसार भारतातील कोणत्याही नागरिकास विषारी, अपायकारक हवेपासून ठरवून दिलेल्या राष्ट्रीय प्रमाणित

मर्यादेपेक्षा जास्त प्रदूषित हवेचा त्रास झाला, त्याचे आरोग्य धोक्यात आले अथवा गंभीर इजा झाली तर ज्या कारणामुळे इजा झाली त्या कारणाच्या निर्मितीस जबाबदार व्यक्तीला किंवा व्यक्तींना शिक्षा करण्यासाठी कायदेशीर तरतूद केलेली आहे. राज्यस्तरावर देखील हवा प्रदूषण नियंत्रक कायद्यातील कार्यक्रम व नियमावली तयार करण्यात आली आहे. या कायद्याचा प्रमुख उद्देश पर्यावरणाची, हवेची तथा वातावरणाची गुणवत्ता टिकविणे हा आहे. जहाजे, बोटी आणि विमाने यामुळे होणारे वायू प्रदूषण मात्र या कायद्यात समाविष्ट केलेले नाही. या कायद्यात खालील गोष्टींचा समावेश केलेला आहे.

१) विविध प्रदूषणविषयक शब्दप्रयोगांची व्याख्या.

२) मध्यवर्ती मंडळे (Central Boards) व राज्य मंडळांच्या (State Boards) घटना तथा नियमावली.

३) मंडळांची कार्ये

४) मंडळांचे अधिकार

अ) हवा प्रदूषण नियंत्रक परिसर ठरविणे

ब) स्वयंचलित वाहनांमधून ठरवून दिलेल्या मर्यादेतच धूर, दूषित घटक बाहेर टाकण्याबाबत सूचना देणे.

क) काही ठराविक औद्योगिक प्रकल्पांच्या वापरावर प्रतिबंध घालणे.

ड) कारखाने व दूषित परिसरात जाऊन त्यांची तपासणी करणे.

इ) दूषित हवेचे, धुरांचे नमुने घेणे.

फ) राज्य हवा तपासणी प्रयोगशाळेची स्थापना करणे.

५) दोषी व्यक्तींना दंड तथा तुरुंगवासाची शिक्षा करणे.

प्रदूषण नियंत्रक मंडळाची रचना

कायद्यानुसार राज्य मंडळाची स्थापना केली जाते. त्यात १७ सदस्य असून राज्य शासनाकडून त्यांची नियुक्ती केली जाते.

१) पूर्ण वेळ किंवा अर्धवेळ अध्यक्ष

२) राज्य सरकारचे ५ कार्यालयीन अधिकारी.

३) स्थानिक संस्थांमधील ५ प्रतिनिधी

४) ३ अकार्यालयीन सदस्य

५) कंपन्या तथा राज्य शासननियंत्रित तथा मालकीच्या महामंडळाचे दोन सदस्य.

६) सचिव - पूर्ण वेळ सदस्य.

मध्यवर्ती प्रदूषण नियंत्रक मंडळाची प्रमुख कार्ये

१) वायू प्रदूषणास आळा घालणे, प्रतिबंध करणे आणि हवेची गुणवत्ता सुधारणे.

२) हवेची गुणवत्ता सुधारण्यासंदर्भात केंद्र सरकारला सल्ला देणे. हवा प्रदूषणास प्रतिबंध करणे.

३) हवा प्रदूषण नियंत्रणाबाबत नियोजन करणे, त्याची अंमलबजावणी करणे, त्यासंदर्भात प्रशिक्षण कार्यक्रम राबविणे.

४) राज्यमंडळांच्या उपक्रमांमध्ये समन्वय ठेवणे, त्यांना तांत्रिक सहकार्य देणे, हवा प्रदूषणनियंत्रणाबाबत संशोधन करणे.

५) हवा प्रदूषण प्रतिबंध व नियंत्रणासाठी प्रसार माध्यमांद्वारे जनजागृती करणे, भरीव प्रशिक्षण कार्यक्रम राबविणे.

६) हवा प्रदूषण संदर्भात माहिती गोळा करणे. ती माहिती एकत्र करून तांत्रिक व सांख्यिकी माहिती प्रकाशित करणे. प्रदूषण नियंत्रणासाठी विकसित केलेल्या पध्दती, उपकरणे यांची माहितीपत्रके, मार्गदर्शक माहिती पुरविणे.

७) हवेच्या गुणवत्तेसाठी मानक (Standards) ठरविणे.

८) हवा प्रदूषण अभ्यासासाठी प्रयोगशाळांची स्थापना करणे. त्यांना मान्यता देणे.

राज्य प्रदूषण नियंत्रक मंडळांची कार्ये

१) हवा प्रदूषण प्रतिबंधक व नियंत्रणासाठी भरीव कार्यक्रम राबविणे, त्यांची अंमलबजावणी करणे.

२) हवा प्रदूषण संदर्भात राज्य सरकारला सल्ला देणे, एखाद्या कारखान्यातून दुर्गंधी तथा दूषित पदार्थ मोठ्या प्रमाणात सोडले जात असतील तर त्याबद्दल माहिती देणे.

३) माहिती गोळा करणे, तिचा प्रसार करणे, प्रशिक्षण कार्यक्रम राबविण्यासंदर्भात मध्यवर्ती मंडळाचे सहकार्य घेणे, सर्वसामान्य जनतेला शिक्षण देणे.

४) कोणत्याही औद्योगिक प्रकल्पाला अचानक भेट देणे, तेथील प्रदूषण नियंत्रण यंत्रणेची तपासणी करणे, प्रदूषण होत असेल तर ते थांबविण्यासाठी सूचना देणे.

५) हवा प्रदूषणनियंत्रण परिसराची पाहणी करणे, तपासणी करणे तेथील हवेच्या गुणवत्तेची चाचणी घेणे व प्रदूषण प्रतिबंधासाठी योग्य ती पाऊले उचलणे.

६)हवेत सोडल्या जाणाऱ्या वाहनांचा, कारखान्याचा धूर व त्यात असलेल्या दूषित घटकांचे प्रमाण या संदर्भात मध्यवर्ती मंडळाशी सल्लामसलत करून त्या बाबत मानक ठरविणे.

७)प्रदूषणसंदर्भात कार्य करणाऱ्या प्रयोगशाळांची स्थापना करणे, असलेल्या प्रयोगशाळांना मान्यता देणे.

या कायद्यातील कलम १९ ते २६ ही कार्यवाही संदर्भात कलमे आहेत. प्रदूषक उगमांची स्थाने प्रामुख्याने ३ भागात विभागलेली आहेत.

१) हवा प्रदूषित करणारे मोठे उद्योग असून त्यात २० औद्योगिक प्रकल्पांचा समावेश आहे. त्यांची तपशीलवार यादी खालीलप्रमाणे आहे.

१) ॲसबेस्टॉस व त्याची उत्पादने करणारा उद्योग.

२) सिमेंट उद्योग

३) चिनीमातीची भांडी (Ceramics) तयार करणारा उद्योग.

४) रासायनिक पदार्थ व त्यांची निर्मिती करणारा उद्योग.

५) कोळसा उद्योग

६) अभियांत्रिकी उद्योग

७) लोखंड कारखाने

८) खत कारखाने

९) ओतकाम करणारे उद्योग

१०) खाद्य व कृषी पदार्थ निर्मिती करणारे उद्योग

११) खाणकाम उद्योग

१२) लोह व्यतिरिक्त इतर धातू शुध्द करणारे उद्योग

१३) कच्च्या धातूवर प्रक्रिया करणारे कारखाने

१४) विद्युत प्रकल्प, औष्णिक / विद्युत प्रकल्प

१५) कागद, लगदा तयार करणारे कारखाने

१६) वस्त्रोद्योग

१७) तेलशुध्दीकरण कारखाने

१८) पेट्रोल, पेट्रोलजन्य पदार्थ तयार करणारे उद्योग

१९) टाकाऊ पदार्थांपासून उपयुक्त पदार्थ तयार करणारे उद्योग

२०) केरकचरा जाळण्याच्या भट्ट्या.

२) स्वयंचलित वाहने (विमाने, जहाजे, बोटी सोडून)

३) घरगुती स्रोत

दंड, शिक्षा याबद्दलची तरतूद

कायद्याचा भंग करणाऱ्या दोषी व्यक्तीस कायद्यातील कलम ३७ ते ४० मध्ये दंडाची तथा कडक शिक्षेची तरतूद केलेली आहे. गुन्हेगारावरील खटले, मेट्रोपॉलिटन मॅजिस्ट्रेटच्या कोर्टात अथवा ज्युडिशियल मॅजिस्ट्रेट कोर्ट प्रथम वर्ग आणि वरच्या कोर्टांमध्ये चालविले जातात. परंतु त्यासाठी प्रदूषण नियंत्रक मंडळाने गुन्हेगारांविरुध्द लेखी तक्रार करणे गरजेचे असते. गुन्हेगारास ३ ते ५ हजार रुपये दंड व ६ महिने तुरुंगवासाची शिक्षा ठोठावता येते.

पर्यावरण संरक्षण कायदा, १९८६
(Environmental Protection Act, 1986)

हा कायदा पार्लमेंटने २३ मे १९८६ रोजी पास केला. या कायद्याचा संबंध स्टॉकहोम येथे १९७२ मध्ये झालेल्या मानवी पर्यावरण परिषदेशी असून तो भारतीय राज्य घटनेच्या कलम २५३ वर आधारित आहे. या कायद्यामुळे केंद्रसरकारला अधिकार मिळाले असून त्याचे उल्लंघन करणाऱ्या व्यक्तीस तुरुंगवासाची कडक शिक्षा ७ वर्षांसाठी केली जाते. या कायद्यान्वये कारखानदाराला उद्योग सुरू करण्यासाठी पर्यावरण व वनखात्याकडून आवश्यक अनुमतीचे प्रमाणपत्र मिळवावे लागते. गुन्हेगारास १ लाख रूपये दंड किंवा रोज ५ हजार रुपये दंड भरावा लागतो.

या कायद्यान्वये केंद्रशासनाच्या पर्यावरण व वनविभागांना अनेक अधिकार आहेत. त्यात राज्याराज्यांमध्ये समन्वय ठेवणे, राष्ट्रभर राबविण्यात येणाऱ्या कार्यक्रमांचे नियोजन व त्यांची कार्यवाही करणे. पर्यावरणाची गुणवत्ता राखण्यासाठी घालून दिलेल्या मर्यादांचे पालन करणे. विशेषत: वातावरणात उत्सर्जित होणाऱ्या प्रदूषकांची प्रमाणित मर्यादा निश्चित करणे. उद्योगधंदे, कारखाने उभारण्यावर बंधने घालणे इ. अधिकार या कायद्यामुळे त्या विभागाला आहेत. या कायद्यात घातक रसायनांची हाताळणी, पर्यावरणात होणारे अपघात टाळणे, संशोधन, प्रदूषण करणाऱ्या कारखान्यांची तपासणी करणे, प्रयोगशाळांची स्थापना, माहितीचा प्रसार करणे इ. गोष्टींचा व्यापक समावेश आहे. अर्थात या कायद्याच्या अंमलबजावणीत अजूनही त्रुटी आहेत. कारण पर्यावरणशास्त्रज्ञांच्या मते भोपाळ दुर्घटनेतील विषारी वायू मिथाईल आयसोसायनाइटपेक्षाही धोकादायक रसायनांचा सर्रास वापर सुरू आहे. उदा. प्लॅस्टिक कारखान्यांमध्ये टोल्युईन डाय आयसोसायनेट (TDI) हे भयानक रसायन पॉलियुरेथेन फेस तयार करण्यासाठी वापरतात. हे रसायन अत्यंत घातक व विषारी आहे. जागतिक आरोग्य संघटनेने जागतिक स्तरांवर पूर्ण बंदी घातलेल्या विषारी जंतुनाशकांचा, भारतात आजही वापर होत

आहे. उदा. डी.डी.टी. हे विषारी कीटकनाशक आजही भारतात वापरले जाते. यावरुन पर्यावरण रक्षण कायद्याची दुर्बलता स्पष्ट होते. पॉलीक्लोरीनेटेड बायफेनिल्स (PCBs) ह्या रसायनावर बंदी असूनही भारतात अद्याप कायद्याने बंदी नाही. हे रसायन इलेक्ट्रॉनिक कारखान्यांमध्ये वापरतात. भारतातील अनेक सिमेंट उद्योगांमध्ये प्रदूषण नियंत्रण यंत्रणा वापरात नाही. भारत सरकारने १९४८ चा 'फॅक्टरी ऑक्ट' व १९६८ चा 'इन्सेक्टिसाईड ऑक्ट' या दोन्ही कायद्यांमध्ये पर्यावरणाला गुणवत्ता सुधारणेसाठी बदल करणे अत्यावश्यक आहे. तसेच कायद्याची पायमल्ली करणाऱ्या गुन्हेगारांवर कडक कारवाई व शिक्षा होणे गरजेचे आहे. पाश्चात्त्य राष्ट्रांमध्ये प्रदूषण करणाऱ्या कारखान्यांवर प्रदूषण कराचा अवलंब केला जातो. त्यामुळे तेथे प्रदूषण करण्याचे धाडस कुणी करीत नाही. आपल्या देशातही असा कर गुन्हेगारांवर लादला तर प्रदूषणाच्या समस्येला आळा बसेल आणि प्रदूषणाचा विळखा सुटू शकेल असा विश्वास वाटतो.

सन २००० मध्ये वायू प्रदूषणाच्या समस्येमुळे काहूर माजले होते. दिल्लीच्या नागरी वस्त्यांमध्ये बेकायदेशीरपणे चाललेले छोटे, घरगुती आणि प्रदूषण पसरविणारे कारखाने हलविण्याच्या मुद्यावरून कारखाने हलविण्याचे आदेश आणि या निर्णयाची अंमलबजावणी विशिष्ट कालावधीत करण्याची मुदत दिली. परंतु त्याकडेही दुर्लक्ष केले गेले. तेव्हा सर्वोच्च न्यायालयाचा अवमान (निर्णय न पाळल्याबद्दल) केल्याच्या प्रकरणी दिल्ली सरकारच्या प्रमुख सचिवाविरूद्ध पकड वॉरंट काढले गेले. तेव्हा सरकारी पातळीवर धावाधाव झाली आणि सरकारने न्यायालयास दाखविण्यासाठी म्हणून मास्टर प्लॅनची कार्यवाही सुरू केल्याचे वरवर दाखविले आणि एका आठवड्यातच त्यावर या कारखानदारांतर्फे हिंसक आंदोलन सुरू झाले.

दिल्लीतील हे उद्योग घराघरात आहेत. सुमारे सव्वालाख कारखाने आहेत. त्यात १५ लाख कामगार काम करतात. हे कारखाने पूर्व दिल्ली आणि पश्चिम दिल्लीत प्रामुख्याने आहेत. यामध्ये वर्कशॉप, कपड्यांना रंग लावणे, पॉलिथिनचे कागद (शीट) बनविणे व त्यांच्या पिशव्या बनविणे यासारखे कारखाने आहेत. या कारखान्यांमुळे हवेचे व आवाजाचे प्रदूषण फार मोठ्या प्रमाणात होते. पॉलिथिन कागद बनविणाऱ्या किंवा टायर रिट्रेडिंग करणाऱ्या उद्योगांमुळे आग लागण्याचा धोका असतो. या उद्योगासाठी वापरात आणल्या जाणाऱ्या भट्टीतून बाहेर येणारा रासायनिक धूर व वाफा यामुळे हवेचे प्रचंड प्रदूषण होते. एखाद्या दाट लोकवस्तीत आग लागल्यास काय होऊ शकते याचा अंदाज केलेला बरा.

या कारखाना चालकांनी व तेथे काम करणाऱ्या कामगारांनी दिल्लीत धुमाकूळ घातला. कामगारांचे हितसंबंध या कारखान्यात अशासाठी गुंतले

आहेत, की नव्या पर्यायी जागेत त्यांचे कारखाने स्थलांतरीत झाल्यास त्यांना नोकरीसाठी लांब अंतराचा प्रवास करावा लागेल व अपुऱ्या पगारात त्यांना हे परवडणार नाही. कारखानदारांना कारखाने हलविण्याची इच्छा नाही. कारण त्यांना नव्या जागेत प्रदूषण नियंत्रणासाठी काही किमान उपाययोजना कराव्या लागतील. वीज, पाणी यांचे बिल नियमित द्यावे लागेल. थोडक्यात, त्यांना बऱ्याच प्रमाणात कायदेशीरपणे वागावे लागेल. बेकायदेशीर गोष्टी बिनदिक्कतपणे आतापर्यंत करून यापुढेही त्या चालू ठेवण्यासाठी आंदोलन करण्याचे कारखानदारांचे धाडस होते कसे? अर्थात त्याचे उत्तर अगदी सोपे आहे. या बेकायदेशीरपणास मिळणारे राजकीय, नोकरशाहीचे आणि पोलिसांचे मिळणारे संरक्षण, त्याची किंमत काय असू शकते, याची कल्पनाच केलेली बरी. दिल्लीत या आंदोलक मंडळींनी बसगाड्यांचे भरपूर नुकसान केले. दिल्लीतील प्रदूषणाची समस्या भयंकर असूनही त्यावर उपाययोजना झाली नाही. त्याचे कारण म्हणजे या प्रकरणात गुंतलेले हितसंबंध! सन १९९० मध्ये दिल्लीसाठी एक मास्टर प्लॅन तयार करून १९९३ मध्ये त्यास संसदेने मान्यता दिली होती. त्यामुळे नागरी वस्त्यांमधील प्रदूषण निर्माण करणारे उद्योग हलवून त्यांचे पर्यायी जागेत स्थलांतर करण्याची तरतूद होती. या निर्णयात सर्व राजकीय पक्ष सहभागी होते. सन १९९८ मध्येही त्याची अंमलबजावणी झाली नाही. राजकीय मंडळींनी या ज्वलंत समस्येला स्वार्थापोटी बगल दिली. नंतर शेवटी न्यायालयाचे दरवाजे ठोठवावे लागले. अशा पद्धतीने आपल्या देशात गंभीर प्रश्नांना दुय्यमस्थान दिले जाते. त्यामुळे या समस्या सुटण्याऐवजी वाढतच जातात. आणि मग शेवटची हिंसक उद्रेक होतो. त्यासाठी या प्रश्नांचं राजकारण न करता कायद्याने ते सोडवले पाहिजेत.

◆

वेध
पर्यावरणाचा

निरंजन घाटे

पर्यावरण हा विषय एकविसाव्या शतकात फार महत्त्वाचा ठरणार आहे. मानव शेती करू लागला. तेव्हापासून पर्यावरणावर परिणाम करणारा सर्वांत महत्त्वाचा घटक असं स्वरूप त्याला हळूहळू प्राप्त होऊ लागलं. शेतीसाठी जंगलतोड, पाण्यासाठी बांध, असं करत माणूस बरीच वर्षं जगला.

औद्योगिक क्रांतीनंतर मानवाची निसर्गातली ढवळाढवळ वाढीस लागली. विसाव्या शतकात तिनं फारच गंभीर स्वरूप धारण केलं. दुसऱ्या महायुद्धानंतर पर्यावरणाचं महत्त्व हळूहळू आपल्या लक्षात येऊ लागलं. १९६५ नंतर पर्यावर संरक्षणाला महत्त्व प्राप्त झालं.

पर्यावरण-प्रदूषण या महत्त्वाच्या ग्रंथानंतर निरंजन घाटे यांच्या लेखणीतून पर्यावरणाची सांगोपांग माहिती देणारा हा महत्त्वाचा ग्रंथ उतरला आहे. पर्यावरणाच्या चाहत्यांना तो खूप उपयोग पडेल.